U0231205

全国二级注册建造师继续教育教材

机电工程

中国建设教育协会继续教育委员会　组织
本书编审委员会　编写

中国建筑工业出版社

图书在版编目（CIP）数据

机电工程/中国建设教育协会继续教育委员会组织本书编审委员会编写. —北京：中国建筑工业出版社，2019.4
全国二级注册建造师继续教育教材
ISBN 978-7-112-23484-4

Ⅰ.①机…　Ⅱ.①中…②本…　Ⅲ.①机电工程-继续教育-教材　Ⅳ.①TH

中国版本图书馆 CIP 数据核字（2019）第 049673 号

2002 年 12 月 5 日，人事部、建设部联合印发了《建造师执业资格制度暂行规定》（人发［2002］111 号），标志着中国建造师执业资格制度正式建立。注册建造师作为从事建设工程项目总承包和施工管理关键岗位的专业技术人员，需要有丰富的实践经验和较强的组织能力，与时俱进不断的补充新技术、新法规、新材料、新工艺，为此中国建设教育协会继续教育委员会组织行业专家编写了本套教材。本书重点讲述二级机电工程建造师应掌握或熟识的相关专业知识，作为继续教育课程，供相关人员学习使用。

责任编辑：李　慧　李　明
责任校对：党　蕾

全国二级注册建造师继续教育教材
机电工程
中国建设教育协会继续教育委员会　组织
本书编审委员会　编写

*

中国建筑工业出版社出版、发行（北京海淀三里河路 9 号）
各地新华书店、建筑书店经销
霸州市顺浩图文科技发展有限公司制版
北京京华铭诚工贸有限公司印刷

*

开本：787×1092 毫米　1/16　印张：15¼　字数：378 千字
2019 年 5 月第一版　2019 年 5 月第一次印刷
定价：**60.00** 元
ISBN 978-7-112-23484-4
（32123）

全国二级注册建造师继续教育教材编审委员会

主 任 委 员：刘　杰
副主任委员：丁士昭　毛志兵　高延伟
委　　　员（按姓氏笔画排序）：

王雪青　王清训　叶　玲　白俊锋　宁惠毅　母进伟
成　银　向中富　刘小强　刘志强　李　明　杨健康
何红锋　余兴华　陆文华　陈泽攀　赵　峰　赵福明
宫毓敏　贺永年　唐　涛　黄志良　焦永达

参 与 单 位：

中国建设教育协会继续教育委员会
中国建筑股份有限公司
中国建筑工程总公司培训中心
江苏省建设教育协会
贵州省建设行业职业技能管理中心
浙江省住房和城乡建设厅干部学校
广东省建设教育协会
湖北省建设教育协会
同济大学工程管理研究所
天津大学
南开大学
中国矿业大学
重庆交通大学
山东建筑大学工程管理研究所
水中淮河规划设计研究有限公司
陕西建工集团有限公司
贵州省公路工程集团有限公司
北京筑友锐成工程咨询有限公司

本书编审委员会

主　　编：陆文华

主　　审：王清训

编写人员：王瑾烽　王汉生　安红印　周业梅

　　　　　周武强　袁洪章　郭育宏

前言
FOREWORD

　　注册建造师执业资格制度实行十多年，为我国建设行业培养了大量施工项目管理人员，随着建设行业的高速发展，对从事施工和项目管理的建造师提出了更高要求，加强继续教育培训是更新和完善从业者的知识体系的重要途径之一。因此中国建设教育协会继续教育委员会广泛征求各省市相关行业主管部门的意见后，组织注册建造师考试教材的主编、各省推荐的行业专家和院校教师编写了《全国二级注册建造师继续教育教材》。以期通过继续教育进一步提高注册建造师的执业素质，提高建设工程项目管理水平，保证工程质量安全，促进建筑行业发展。

　　本书共分三个章节，分别是：机电工程新颁布的法规、标准，机电工程施工新技术和新设备，机电工程项目施工管理。本书介绍和解读了机电行业最近几年更新或者颁布的新的标准、规范，工程四新技术及施工项目管理的内容以工程案例的方式编写，施工过程中的经验教训，更贴合实际应用。不断提高全国二级注册机电建造师的工程师的综合素质和执业能力。

　　本书由上海市安装工程集团有限公司陆文华统稿主编，浙江建设职业技术学院王瑾烽、武汉城市职业学院周业梅、中建一局集团建设发展有限公司安红印、陕西建工安装集团有限公司王汉生、中化二建集团有限公司周武强、中国电建集团山东电力建设第一工程有限公司袁洪章、山西安装集团有限公司郭育宏参与本书的编写工作。全书由中国机械工业建设集团有限公司王清训主审。

　　本书虽然经过了较充分的准备、讨论、论证、征求意见、审查和修改，但仍难免存在不足之处，殷切希望广大读者提出宝贵意见，以便进一步修改完善。

2018 年 12 月

目录
CONTENTS

机电工程新颁布的法规、标准

1.1 机电工程相关法规

1.1.1 《中华人民共和国特种设备安全法》(以下简称《特种设备安全法》)

《特种设备安全法》共 7 章, 101 条, 包括第一章总则、第二章生产、经营、使用、第三章检验、检测、第四章监督管理、第五章事故应急救援与调查处理、第六章法律责任、第七章附则。

军事装备、核设施、航空航天器、铁路机车、海上设施和船舶以及煤矿矿井使用的特种设备的安全监察不适用本法。房屋建筑工地、市政工程工地用起重机械和场 (厂) 内专用机动车辆的安装、使用的监督管理, 由有关部门依照本法和其他有关法律的规定实施。

1. 特种设备的规定

《特种设备安全法》第一章总则关于特种设备的规定共 12 条, 从立法的目的, 特种设备的定义, 特种设备安全管理的原则, 各部门的管理职责等对特种设备做出了规定, 以及行业协会和特种设备安全监督检查部门的责任。

(1) 立法的目的

《特种设备安全法》第一条规定:"为了加强特种设备安全工作, 预防特种设备事故, 保障人身和财产安全, 促进经济社会发展, 制定本法。"

(2) 特种设备的定义

《特种设备安全法》第二条规定:"所称特种设备, 是指对人身和财产安全有较大危险性的锅炉、压力容器 (含气瓶)、压力管道、电梯、起重机械、客运索道、大型游乐设施、场 (厂) 内专用机动车辆, 以及法律、行政法规规定适用本法的其他特种设备。

国家对特种设备实行目录管理。特种设备目录由国务院负责特种设备安全监督管理的部门制定, 报国务院批准后执行。"

(3) 特种设备安全管理的原则

《特种设备安全法》第三条规定:"特种设备安全工作应当坚持安全第一、预防为主、节能环保、综合治理的原则。"

(4) 各部门的管理职责

《特种设备安全法》规定了国务院和地方各级人民政府的管理职责。

《特种设备安全法》第四条规定:"国家对特种设备的生产、经营、使用, 实施分类的、全过程的安全监督管理。"

《特种设备安全法》第五条规定："国务院负责特种设备安全监督管理的部门对全国特种设备安全实施监督管理。县级以上地方各级人民政府负责特种设备安全监督管理的部门对本行政区域内特种设备安全实施监督管理。"

《特种设备安全法》第六条规定："国务院和地方各级人民政府应当加强对特种设备安全工作的领导，督促各有关部门依法履行监督管理职责。县级以上地方各级人民政府应当建立协调机制，及时协调、解决特种设备安全监督管理中存在的问题。"

《特种设备安全法》第八条规定："特种设备生产、经营、使用、检验、检测应当遵守有关特种设备安全技术规范及相关标准。特种设备安全技术规范由国务院负责特种设备安全监督管理的部门制定。"

（5）行业协会、安全监督管理的部门的责任

《特种设备安全法》第九条规定："特种设备行业协会应当加强行业自律，推进行业诚信体系建设，提高特种设备安全管理水平。"

《特种设备安全法》第十一条规定："负责特种设备安全监督管理的部门应当加强特种设备安全宣传教育，普及特种设备安全知识，增强社会公众的特种设备安全意识。"

《特种设备安全法》第十二条规定："任何单位和个人有权向负责特种设备安全监督管理的部门和有关部门举报涉及特种设备安全的违法行为，接到举报的部门应当及时处理。"

2. 特种设备制造安装改造维修许可制度

《特种设备安全法》第二章关于特种设备的生产、经营、使用规定共37条，规定了特种设备使用单位的义务，包括特种设备的登记、建档、制定救援预案、日常维护保养、定期检验，以及对管理人员和操作人员的要求。

（1）登记、建档、制定救援预案

《特种设备安全法》第二十四条规定："特种设备安装、改造、修理竣工后，安装、改造、修理的施工单位应当在验收后三十日内将相关技术资料和文件移交特种设备使用单位。特种设备使用单位应当将其存入该特种设备的安全技术档案。"

《特种设备安全法》第三十三条规定："特种设备使用单位应当在特种设备投入使用前或者投入使用后三十日内，向负责特种设备安全监督管理的部门办理使用登记，取得使用登记证书。登记标志应当置于该特种设备的显著位置。"

《特种设备安全法》第三十五条规定："特种设备使用单位应当建立特种设备安全技术档案。"安全技术档案应当包括以下内容：

1）特种设备的设计文件、产品质量合格证明、安装及使用维护保养说明、监督检验证明等相关技术资料和文件；

2）特种设备的定期检验和定期自行检查记录；

3）特种设备的日常使用状况记录；

4）特种设备及其附属仪器仪表的维护保养记录；

5）特种设备的运行故障和事故记录。

（2）特种设备的制造

《特种设备安全法》第十八条规定："国家按照分类监督管理的原则对特种设备生产实行许可制度。特种设备生产单位应当具备下列条件，并经负责特种设备安全监督管理的部

门许可，方可从事生产活动：

　　1）有与生产相适应的专业技术人员；

　　2）有与生产相适应的设备、设施和工作场所；

　　3）有健全的质量保证、安全管理和岗位责任等制度。"

《特种设备安全法》第十九条规定："特种设备生产单位应当保证特种设备生产符合安全技术规范及相关标准的要求，对其生产的特种设备的安全性能负责。不得生产不符合安全性能要求和能效指标以及国家明令淘汰的特种设备。"

《特种设备安全法》第二十条规定："锅炉、气瓶、氧舱、客运索道、大型游乐设施的设计文件，应当经负责特种设备安全监督管理的部门核准的检验机构鉴定，方可用于制造。

特种设备产品、部件或者试制的特种设备新产品、新部件以及特种设备采用的新材料，按照安全技术规范的要求需要通过型式试验进行安全性验证的，应当经负责特种设备安全监督管理的部门核准的检验机构进行型式试验。"

（3）特种设备的安装、改造

《特种设备安全法》第二十二条规定："电梯的安装、改造、修理，必须由电梯制造单位或者其委托的依照本法取得相应许可的单位进行。电梯制造单位委托其他单位进行电梯安装、改造、修理的，应当对其安装、改造、修理进行安全指导和监控，并按照安全技术规范的要求进行校验和调试。电梯制造单位对电梯安全性能负责。"

《特种设备安全法》第二十三条规定："特种设备安装、改造、修理的施工单位应当在施工前将拟进行的特种设备安装、改造、修理情况书面告知直辖市或者设区的市级人民政府负责特种设备安全监督管理的部门。"

《特种设备安全法》第二十五条规定："锅炉、压力容器、压力管道元件等特种设备的制造过程和锅炉、压力容器、压力管道、电梯、起重机械、客运索道、大型游乐设施的安装、改造、重大修理过程，应当经特种设备检验机构按照安全技术规范的要求进行监督检验；未经监督检验或者监督检验不合格的，不得出厂或者交付使用。"

（4）特种设备的日常维护

《特种设备安全法》第十五条规定："特种设备生产、经营、使用单位对其生产、经营、使用的特种设备应当进行自行检测和维护保养，对国家规定实行检验的特种设备应当及时申报并接受检验。"

《特种设备安全法》第二十九条规定："特种设备在出租期间的使用管理和维护保养义务由特种设备出租单位承担，法律另有规定或者当事人另有约定的除外。"

《特种设备安全法》第三十九条规定："特种设备使用单位应当对其使用的特种设备进行经常性维护保养和定期自行检查，并作出记录。特种设备使用单位应当对其使用的特种设备的安全附件、安全保护装置进行定期校验、检修，并作出记录。"

《特种设备安全法》第四十五条规定："电梯的维护保养应当由电梯制造单位或者依照本法取得许可的安装、改造、修理单位进行。电梯的维护保养单位应当在维护保养中严格执行安全技术规范的要求，保证其维护保养的电梯的安全性能，并负责落实现场安全防护措施，保证施工安全。电梯的维护保养单位应当对其维护保养的电梯的安全性能负责；接到故障通知后，应当立即赶赴现场，并采取必要的应急救援措施。"

（5）特种设备的定期检验

《特种设备安全法》第四十条规定："特种设备使用单位应当按照安全技术规范的要求，在检验合格有效期届满前一个月向特种设备检验机构提出定期检验要求。特种设备检验机构接到定期检验要求后，应当按照安全技术规范的要求及时进行安全性能检验。特种设备使用单位应当将定期检验标志置于该特种设备的显著位置。未经定期检验或者检验不合格的特种设备，不得继续使用。"

《特种设备安全法》第四十一条规定："特种设备安全管理人员应当对特种设备使用状况进行经常性检查，发现问题应当立即处理；情况紧急时，可以决定停止使用特种设备并及时报告本单位有关负责人。特种设备作业人员在作业过程中发现事故隐患或者其他不安全因素，应当立即向特种设备安全管理人员和单位有关负责人报告；特种设备运行不正常时，特种设备作业人员应当按照操作规程采取有效措施保证安全。"

《特种设备安全法》第四十二条规定："特种设备出现故障或者发生异常情况，特种设备使用单位应当对其进行全面检查，消除事故隐患，方可继续使用。"

《特种设备安全法》第四十三条规定："客运索道、大型游乐设施在每日投入使用前，其运营使用单位应当进行试运行和例行安全检查，并对安全附件和安全保护装置进行检查确认。"

《特种设备安全法》第四十四条规定："锅炉使用单位应当按照安全技术规范的要求进行锅炉水（介）质处理，并接受特种设备检验机构的定期检验。从事锅炉清洗，应当按照安全技术规范的要求进行，并接受特种设备检验机构的监督检验。"

3. 特种设备的监督检验

《特种设备安全法》第三章关于特种设备的检验、检测共 7 条，第四章关于监督管理共 12 条。

（1）特种设备的检验

《特种设备安全法》第五十条规定："从事本法规定的监督检验、定期检验的特种设备检验机构，以及为特种设备生产、经营、使用提供检测服务的特种设备检测机构，应当具备下列条件，并经负责特种设备安全监督管理的部门核准，方可从事检验、检测工作：

1）有与检验、检测工作相适应的检验、检测人员；

2）有与检验、检测工作相适应的检验、检测仪器和设备；

3）有健全的检验、检测管理制度和责任制度。"

《特种设备安全法》第五十三条规定："特种设备检验、检测机构及其检验、检测人员应当客观、公正、及时地出具检验、检测报告，并对检验、检测结果和鉴定结论负责。特种设备检验、检测机构及其检验、检测人员在检验、检测中发现特种设备存在严重事故隐患时，应当及时告知相关单位，并立即向负责特种设备安全监督管理的部门报告。

负责特种设备安全监督管理的部门应当组织对特种设备检验、检测机构的检验、检测结果和鉴定结论进行监督抽查，但应当防止重复抽查。监督抽查结果应当向社会公布。"

《特种设备安全法》第五十四条规定："特种设备生产、经营、使用单位应当按照安全技术规范的要求向特种设备检验、检测机构及其检验、检测人员提供特种设备相关资料和必要的检验、检测条件，并对资料的真实性负责。"

（2）特种设备的监督管理

《特种设备安全法》第五十七条规定："负责特种设备安全监督管理的部门依照本法规定，对特种设备生产、经营、使用单位和检验、检测机构实施监督检查。负责特种设备安全监督管理的部门应当对学校、幼儿园以及医院、车站、客运码头、商场、体育场馆、展览馆、公园等公众聚集场所的特种设备，实施重点安全监督检查。"

《特种设备安全法》第五十八条规定："负责特种设备安全监督管理的部门实施本法规定的许可工作，应当依照本法和其他有关法律、行政法规规定的条件和程序以及安全技术规范的要求进行审查；不符合规定的，不得许可。"

《特种设备安全法》第五十九条规定："负责特种设备安全监督管理的部门在办理本法规定的许可时，其受理、审查、许可的程序必须公开，并应当自受理申请之日起三十日内，作出许可或者不予许可的决定；不予许可的，应当书面向申请人说明理由。"

《特种设备安全法》第六十一条规定："负责特种设备安全监督管理的部门在依法履行监督检查职责时，可以行使下列职权：

1）进入现场进行检查，向特种设备生产、经营、使用单位和检验、检测机构的主要负责人和其他有关人员调查、了解有关情况；

2）根据举报或者取得的涉嫌违法证据，查阅、复制特种设备生产、经营、使用单位和检验、检测机构的有关合同、发票、账簿以及其他有关资料；

3）对有证据表明不符合安全技术规范要求或者存在严重事故隐患的特种设备实施查封、扣押；

4）对流入市场的达到报废条件或者已经报废的特种设备实施查封、扣押；

5）对违反本法规定的行为作出行政处罚决定。"

《特种设备安全法》第六十二条规定："负责特种设备安全监督管理的部门在依法履行职责过程中，发现违反本法规定和安全技术规范要求的行为或者特种设备存在事故隐患时，应当以书面形式发出特种设备安全监察指令，责令有关单位及时采取措施予以改正或者消除事故隐患。紧急情况下要求有关单位采取紧急处置措施的，应当随后补发特种设备安全监察指令。"

《特种设备安全法》第六十三条规定："负责特种设备安全监督管理的部门在依法履行职责过程中，发现重大违法行为或者特种设备存在严重事故隐患时，应当责令有关单位立即停止违法行为、采取措施消除事故隐患，并及时向上级负责特种设备安全监督管理的部门报告。接到报告的负责特种设备安全监督管理的部门应当采取必要措施，及时予以处理。

对违法行为、严重事故隐患的处理需要当地人民政府和有关部门的支持、配合时，负责特种设备安全监督管理的部门应当报告当地人民政府，并通知其他有关部门。当地人民政府和其他有关部门应当采取必要措施，及时予以处理。"

《特种设备安全法》第六十六条规定："负责特种设备安全监督管理的部门对特种设备生产、经营、使用单位和检验、检测机构实施监督检查，应当对每次监督检查的内容、发现的问题及处理情况作出记录，并由参加监督检查的特种设备安全监察人员和被检查单位的有关负责人签字后归档。被检查单位的有关负责人拒绝签字的，特种设备安全监察人员应当将情况记录在案。"

1.1.2 《建设工程消防监督管理规定》(公安部令第 119 号)

《建设工程消防监督管理规定》分总则,消防设计、施工的质量责任,消防设计审核和消防验收,消防设计和竣工验收的备案抽查,执法监督,法律责任,附则 7 章 49 条,自 2009 年 5 月 1 日起施行。

1. 消防施工的质量责任

《建设工程消防监督管理规定》第十条规定:"施工单位应当承担下列消防施工的质量和安全责任:

(1) 按照国家工程建设消防技术标准和经消防设计审核合格或者备案的消防设计文件组织施工,不得擅自改变消防设计进行施工,降低消防施工质量;

(2) 查验消防产品和具有防火性能要求的建筑构件、建筑材料及装修材料的质量,使用合格产品,保证消防施工质量;

(3) 建立施工现场消防安全责任制度,确定消防安全负责人。加强对施工人员的消防教育培训,落实动火、用电、易燃可燃材料等消防管理制度和操作规程。保证在建工程竣工验收前消防通道、消防水源、消防设施和器材、消防安全标志等完好有效。"

2. 消防竣工验收

消防竣工验收由建设单位主持,相关单位参加。

(1)《建设工程消防监督管理规定》第十三条规定:"对具有下列情形之一的人员密集场所,建设单位应当向公安机关消防机构申请消防设计审核,并在建设工程竣工后向出具消防设计审核意见的公安机关消防机构申请消防验收:

1) 建筑总面积大于二万平方米的体育场馆、会堂,公共展览馆、博物馆的展示厅;

2) 建筑总面积大于一万五千平方米的民用机场航站楼、客运车站候车室、客运码头候船厅;

3) 建筑总面积大于一万平方米的宾馆、饭店、商场、市场;

4) 建筑总面积大于二千五百平方米的影剧院,公共图书馆的阅览室,营业性室内健身、休闲场馆,医院的门诊楼,大学的教学楼、图书馆、食堂,劳动密集型企业的生产加工车间,寺庙、教堂;

5) 建筑总面积大于一千平方米的托儿所、幼儿园的儿童用房,儿童游乐厅等室内儿童活动场所,养老院、福利院,医院、疗养院的病房楼,中小学校的教学楼、图书馆、食堂,学校的集体宿舍,劳动密集型企业的员工集体宿舍;

6) 建筑总面积大于五百平方米的歌舞厅、录像厅、放映厅、卡拉 OK 厅、夜总会、游艺厅、桑拿浴室、网吧、酒吧,具有娱乐功能的餐馆、茶馆、咖啡厅。"

(2)《建设工程消防监督管理规定》第十四条规定:"对具有下列情形之一的特殊建设工程,建设单位应当向公安机关消防机构申请消防设计审核,并在建设工程竣工后向出具消防设计审核意见的公安机关消防机构申请消防验收:

1) 设有本规定第十三条所列的人员密集场所的建设工程;

2) 国家机关办公楼、电力调度楼、电信楼、邮政楼、防灾指挥调度楼、广播电视楼、档案楼;

3) 本条第一项、第二项规定以外的单体建筑面积大于四万平方米或者建筑高度超过五十米的公共建筑；

4）国家标准规定的一类高层住宅建筑；

5）城市轨道交通、隧道工程，大型发电、变配电工程；

6）生产、储存、装卸易燃易爆危险物品的工厂、仓库和专用车站、码头，易燃易爆气体和液体的充装站、供应站、调压站。"

（3）《建设工程消防监督管理规定》第二十一条规定："建设单位申请消防验收应当提供下列材料：

1）建设工程消防验收申报表；

2）工程竣工验收报告和有关消防设施的工程竣工图纸；

3）消防产品质量合格证明文件；

4）具有防火性能要求的建筑构件、建筑材料、装修材料符合国家标准或者行业标准的证明文件、出厂合格证；

5）消防设施检测合格证明文件；

6）施工、工程监理、检测单位的合法身份证明和资质等级证明文件；

7）建设单位的工商营业执照等合法身份证明文件；

8）法律、行政法规规定的其他材料。"

（4）《建设工程消防监督管理规定》第二十二条规定："公安机关消防机构应当自受理消防验收申请之日起二十日内组织消防验收，并出具消防验收意见。"

（5）《建设工程消防监督管理规定》第二十三条规定："公安机关消防机构对申报消防验收的建设工程，应当依照建设工程消防验收评定标准对已经消防设计审核合格的内容组织消防验收。

对综合评定结论为合格的建设工程，公安机关消防机构应当出具消防验收合格意见；对综合评定结论为不合格的，应当出具消防验收不合格意见，并说明理由。"

3. 消防验收备案

（1）《建设工程消防监督管理规定》第二十四条规定："对本规定第十三条、第十四条规定以外的建设工程，建设单位应当在取得施工许可、工程竣工验收合格之日起七日内，通过省级公安机关消防机构网站进行消防设计、竣工验收消防备案，或者到公安机关消防机构业务受理场所进行消防设计、竣工验收消防备案。

建设单位在进行建设工程消防设计或者竣工验收消防备案时，应当分别向公安机关消防机构提供备案申报表、本规定第十五条规定的相关材料及施工许可文件复印件或者本规定第二十一条规定的相关材料。按照住房和城乡建设行政主管部门的有关规定进行施工图审查的，还应当提供施工图审查机构出具的审查合格文件复印件。

依法不需要取得施工许可的建设工程，可以不进行消防设计、竣工验收消防备案。"

（2）《建设工程消防监督管理规定》第二十五条规定："公安机关消防机构收到消防设计、竣工验收消防备案申报后，对备案材料齐全的，应当出具备案凭证；备案材料不齐全或者不符合法定形式的，应当当场或者在五日内一次告知需要补正的全部内容。

公安机关消防机构应当在已经备案的消防设计、竣工验收工程中，随机确定检查对象并向社会公告。对确定为检查对象的，公安机关消防机构应当在二十日内按照消防法规和国家工程建设消防技术标准完成图纸检查，或者按照建设工程消防验收评定标准完成工程检查，制作检查记录。检查结果应当向社会公告，检查不合格的，还应当书面通知建设单位。

建设单位收到通知后，应当停止施工或者停止使用，组织整改后向公安机关消防机构申请复查。公安机关消防机构应当在收到书面申请之日起二十日内进行复查并出具书面复查意见。

建设、设计、施工单位不得擅自修改已经依法备案的建设工程消防设计。确需修改的，建设单位应当重新申报消防设计备案。"

（3）《建设工程消防监督管理规定》第二十六条规定："建设工程的消防设计、竣工验收未依法报公安机关消防机构备案的，公安机关消防机构应当依法处罚，责令建设单位在五日内备案，并确定为检查对象；对逾期不备案的，公安机关消防机构应当在备案期限届满之日起五日内通知建设单位停止施工或者停止使用。"

1.2 新标准

1.2.1 《建筑电气工程施工质量验收规范》GB 50303—2015

1. 基本规定

（1）一般规定

1）建筑电气工程施工现场的质量管理除应符合现行国家标准《建筑工程施工质量验收统一标准》GB 50300 的有关规定外，尚应保证安装电工、焊工、起重吊装工和电力系统调试等人员应持证上岗；安装和调试用各类计量器具应检定合格，且使用时应在检定有效期内。

安装在工程实体电气设备上的计量仪表、与电气保护有关的仪表应检定合格，且当投入运行时，也应在检定有效期内。

施工检验、试验用的计量器具管理是项目管理的重要组成部分，在进行检验试验前首先应验证计量器具是否有检定证书，同时计量器具检定证书是唯一能证明该计量设备准确有效的证明文件，所有施工单位与项目部应及时对到期的计量器具进行送检并收集好资质计量检定机构所出具的检定证书。

2）电气设备、器具和材料的额定电压区段划分应符合表 1-1 的规定。

额定电压区段划分　　　　　　　　　　　表 1-1

额定电压区段	交流	直流
特低压	50V 及以下	120V 及以下
低压	50V～1000V（含 1000V）	120V～1500V（含 1500V）
高压	1000V 以上	1500V 以上

3）建筑电气动力工程的空载试运行和建筑电气照明工程负荷试运行前，应根据电气设备及相关建筑设备的种类、特性和技术参数等编制试运行方案或作业指导书，并应经施工单位审核同意、经监理单位确认后执行。

高压的电气设备、布线系统以及继电保护系统必须交接试验合格；低压和特低压的电气设备和布线系统的检测或交接试验必须合格。

4）接地保护要求

电气设备的外露可导电部分应单独与保护导体相连接，不得串联连接，连接导体的材质、截面积应符合设计要求，所以在图纸会审时，施工单位应把接地连接导体的材质与截面积核实清楚，才能编制相应的施工方案与技术交底来指导施工。

电气设备或布线系统应与保护导体可靠连接，但是当采用了Ⅱ类设备、采取电气隔离措施、采用特低电压供电、将电气设备安装在非导电场所内、设置了不接地的等电位联结措施的任一间接接触防护措施除外。

（2）主要设备、材料、成品和半成品进场验收的要求

1）进场验收的总体要求

2）主要设备、材料、成品和半成品应进场验收合格，并应做好验收记录和验收资料归档。当设计有技术参数要求时，应核对其技术参数，并应符合设计要求。对于涉及安装安全、使用功能、使用耐久性的辅材，例如：膨胀螺栓、镀锌螺栓、防火封堵材料等也应做好进场验收工作。

实行生产许可证或强制性认证（CCC认证）的产品，应有许可证编号或CCC认证标志，并应抽查生产许可证或CCC认证证书的认证范围、有效性及真实性。新型电气设备、器具和材料进场验收时应提供安装、使用、维修和试验要求等技术文件。进口电气设备、器具和材料进场验收时应提供质量合格证明文件，性能检测报告以及安装、使用、维修、试验要求和说明等技术文件；对有商检规定要求的进口电气设备，应提供商检证明。

当主要设备、材料、成品和半成品的进场验收需进行现场抽样检测或因有异议送有资质试验室抽样检测时，应符合如下规定：

① 现场抽样检测：对于母线槽、导管、绝缘导线、电缆等，同厂家、同批次、同型号、同规格的，每批至少应抽取1个样本；对于灯具、插座、开关等电器设备，同厂家、同材质、同类型的，应各抽检3％，自带蓄电池的灯具应按5％抽检，且均不应少于1个（套）。

② 因有异议送有资质的试验室而抽样检测：对于母线槽、绝缘导线、电缆、梯架、托盘、槽盒、导管、型钢、镀锌制品等，同厂家、同批次、不同种规格的，应抽检10％，且不应少于2个规格；对于灯具、插座、开关等电器设备，同厂家、同材质、同类型的，数量500个（套）及以下时应抽检2个（套），但应各不少于1个（套），500个（套）以上时应抽检3个（套）。

③ 对于由同一施工单位施工的同一建设项目的多个单位工程，当使用同一生产厂家、同材质、同批次、同类型的主要设备、材料、成品和半成品时，其抽检比例宜合并计算。

④ 当抽样检测结果出现不合格，可加倍抽样检测，仍不合格时，则该批设备、材料、成品或半成品应判定为不合格品，不得使用。

⑤ 抽样检测应委托有资质的检测机后并出具检测报告。

3）进场验收的具体要求

变压器、箱式变电所、高压电器及电瓷制品的进场验收应查验合格证和随带技术文件、变压器应有出厂试验记录；设备应有铭牌，表面涂层应完整，附件应齐全，绝缘件应无缺损、裂纹，充油部分不应渗漏，充气高压设备气压指示应正常。

高压成套配电柜、蓄电池柜、UPS 柜、EPS 柜、低压成套配电柜（箱）、控制柜（台、箱）的进场验收应查验合格证和随带技术文件，如高压和低压成套配电柜、蓄电池柜、UPS 柜、EPS 柜等成套柜应有出厂试验报告；核对产品型号、产品技术参数；应符合设计要求；设备应有铭牌，表面涂层应完整、无明显碰撞凹陷，设备内元器件应完好无损、接线无脱落脱焊，绝缘导线的材质、规格应符合设计要求，蓄电池柜内电池壳体应无碎裂、漏液，充油、充气设备应无泄漏。

柴油发电机组的进场验收应核对主机、附件、专用工具、备品备件和随机技术文件，包括合格证和出厂试运行记录应齐全、完整，发电机及其控制柜应有出厂试验记录；检查设备应有铭牌，涂层应完整，机身应无缺件。

电动机、电加热器、电动执行机构和低压开关设备等的进场验收应查验合格证和随机技术文件；内容应填写齐全、完整；外观检查设备应有铭牌，涂层应完整，设备器件或附件应齐全、完好、无缺损。

照明灯具及附件的进场验收应查验合格证，合格证内容应填写齐全、完整，灯具材质应符合设计要求和产品标准要求；新型气体放电灯应随带技术文件；太阳能灯具的内部短路保护、过载保护、反向放电保护、极性反接保护等功能性试验资料应齐全，并应符合设计要求。外观检查包括灯具涂层应完整、无损伤，附件应齐全，Ⅰ类灯具的外露可导电部分应具有专用的 PE 端子；固定灯具带电部件及提供防触电保护的部位应为绝缘材料，且应耐燃烧和防引燃；消防应急灯具应获得消防产品型式试验合格评定，且具有认证标志；疏散指示标志灯具的保护罩应完整、无裂纹；游泳池和类似场所灯具（水下灯及防水灯具）的防护等级应符合设计要求，当对其密闭和绝缘性能有异议时，应按批抽样送有资质的试验室检测；内部接线应为铜芯绝缘导线，其截面积应与灯具功率相匹配，且不应小于 $0.5mm^2$。

对于自带蓄电池的应急灯具，应现场检测蓄电池最少持续供电时间，且应符合设计要求。对灯具的绝缘性能进行现场抽样检测，灯具的绝缘电阻值不应小于 $2M\Omega$，灯具内绝缘导线的绝缘层厚度不应小于 0.6mm。

开关、插座、接线盒和风扇及附件的进场验收查验合格证，合格证内容填写应齐全、完整。开关、插座的面板及接线盒盒体应完整、无碎裂、零件齐全，风扇应无损坏、涂层完整，调速器等附件应适配。对开关、插座的电气和机械性能应进行现场抽样检测不同极性带电部件间的电气间隙不应小于 3mm，爬电距离不应小于 3mm；绝缘电阻值不应小于 $5M\Omega$；用自攻锁紧螺钉或自切螺钉安装的，螺钉与软塑固定件旋合长度不应小于 8mm，绝缘材料固定件在经受 10 次拧紧退出试验后，应无松动或掉渣，螺钉及螺纹应无损坏现象；对于金属间相旋合的螺钉螺母，拧紧后完全退出，反复 5 次后，应仍然能正常使用。对开关、插座、接线盒及面板等绝缘材料的耐非正常热、耐燃和耐漏电起痕性能有异议时，应按批抽样送有资质的试验室检测。

绝缘导线、电缆的进场验收应查验合格证，合格证内容填写应齐全、完整。包装完好，电缆端头应密封良好，标识应齐全。抽检的绝缘导线或电缆绝缘层应完整无损，厚度均匀。电缆无压扁、扭曲，铠装不应松卷。绝缘导线、电缆外护层应有明显标识和制造厂标。电线、电缆的绝缘性能应符合产品技术标准或产品技术文件规定。绝缘导线、电缆的标称截面积应符合设计要求，其导体电阻值应符合现行国家标准《电缆的导体》GB/T

3956 的有关规定。当对绝缘导线和电缆的导电性能、绝缘性能、绝缘厚度、机械性能和阻燃耐火性能有异议时，应按批抽样送有资质的试验室检测。检测项目和内容应符合国家现行有关产品标准的规定。

导管的进场验收应查验合格证，钢导管应有产品质量证明书，塑料导管应有合格证及相应检测报告。钢导管应无压扁，内壁应光滑；非镀锌钢导管不应有锈蚀，油漆应完整；镀锌钢导管镀层覆盖应完整、表面无锈斑；塑料导管及配件不应碎裂、表面应有阻燃标记和制造厂标。应按批抽样检测导管的管径、壁厚及均匀度，并应符合国家现行有关产品标准的规定。对机械连接的钢导管及其配件的电气连续性有异议时，应按现行国家标准《电气安装用导管系统》GB 20041 的有关规定进行检验。对塑料导管及配件的阻燃性能有异议时，应按批抽样送有资质的试验室检测。

型钢和电焊条的进场验收应查验合格证和材质证明书，有异议时，应按批抽样送有资质的试验室检测；型钢表面应无严重锈蚀、过度扭曲和弯折变形；电焊条包装应完整，拆包检查焊条尾部应无锈斑。

金属镀锌制品的进场验收应查验产品质量证明书；应按设计要求查验其符合性；镀锌层应覆盖完整、表面无锈斑，金具配件应齐全，无砂眼；埋入土壤中的热浸镀锌钢材应检测其镀锌层厚度不应小于 $63\mu m$；对镀锌质量有异议时，应按批抽样送有资质的试验室检测。

梯架、托盘和槽盒的进场验收应查验合格证及出厂检验报告，内容填写应齐全、完整；配件应齐全，表面应光滑、不变形；钢制梯架、托盘和槽盒涂层应完整、无锈蚀；塑料槽盒应无破损、色泽均匀，对阻燃性能有异议时，应按批抽样送有资质的试验室检测；铝合金梯架、托盘和槽盒涂层应完整，不应有扭曲变形、压扁或表面划伤等现象。

母线槽的进场验收应查验合格证和随带安装技术文件，CCC 型式试验报告中的技术参数应符合设计要求，导体规格及相应温升值应与 CCC 型式试验报告中的导体规格一致，当对导体的载流能力有异议时，应送有资质的试验室做极限温升试验，额定电流的温升应符合国家现行有关产品标准的规定；耐火母线槽除应通过 CCC 认证外，还应提供由国家认可的检测机构出具的型式检验报告，其耐火时间应符合设计要求；保护接地导体（PE）应与外壳有可靠的连接，其截面积应符合产品技术文件规定；当外壳兼作保护接地导体（PE）时，CCC 型式试验报告和产品结构应符合国家现行有关产品标准的规定。防潮密封应良好，各段编号应标志清晰，附件应齐全、无缺损，外壳应无明显变形，母线螺栓搭接面应平整、镀层覆盖应完整、无起皮和麻面；插接母线槽上的静触头应无缺损、表面光滑、镀层完整；对有防护等级要求的母线槽尚应检查产品及附件的防护等级与设计的符合性，其标识应完整。

电缆头部件、导线连接器及接线端子的进场验收应查验合格证及相关技术文件，铝及铝合金电缆附件应具有与电缆导体匹配的检测报告；矿物绝缘电缆的中间连接附件的耐火等级不应低于电缆本体的耐火等级；导线连接器和接线端子的额定电压、连接容量及防护等级应满足设计要求。部件应齐全，包装标识和产品标志应清晰，表面应无裂纹和气孔，随带的袋装涂料或填料不应泄漏；铝及铝合金电缆用接线端子和接头附件的压接圆筒内表面应有抗氧化剂；矿物绝缘电缆专用终端接线端子规格应与电缆相适配；导线连接器的产品标识应清晰明了、经久耐用。

金属灯柱的进场验收应查验合格证：合格证应齐全、完整；涂层应完整，根部接线盒盒盖紧固件和内置熔断器、开关等器件应齐全，盒盖密封垫片应完整。金属灯柱内应设有专用接地螺栓，地脚螺孔位置应与提供的附图尺寸一致，允许偏差应为±2mm。

使用的降阻剂材料应符合设计及国家现行有关标准的规定，并应提供经国家相应检测机构检验检测合格的证明。

（3）工序交接确认

1）变压器、箱式变电所的安装工序交接确认

变压器、箱式变电所安装前，室内顶棚、墙体的装饰面应完成施工，无渗漏水，地面的找平层应完成施工，基础应验收合格，埋入基础的导管和变压器进线、出线预留孔及相关预埋件等经检查应合格；变压器、箱式变电所通电前，变压器及系统接地的交接试验应合格。

2）成套配电柜、控制柜（台、箱）和配电箱（盘）的安装工序交接确认

成套配电柜（台）、控制柜安装前，室内顶棚、墙体的装饰工程应完成施工，无渗漏水，室内地面的找平层应完成施工，基础型钢和柜、台、箱下的电缆沟等经检查应合格，落地式柜、台、箱的基础及埋入基础的导管应验收合格；墙上明装的配电箱（盘）安装前，室内顶棚、墙体、装饰面应完成施工，暗装的控制（配电）箱的预留孔和动力、照明配线的线盒及导管等经检查应合格；电源线连接前，应确认电涌保护器（SPD）型号、性能参数符合设计要求，接地线与PE排连接可靠；试运行前，柜、台、箱、盘内PE排应完成连接，柜、台、箱、盘内的元件规格、型号应符合设计要求，接线应正确且交接试验合格。

3）电动机、电加热器及电动执行机构的安装工序交接确认

电动机、电加热器及电动执行机构接线前，应与机械设备完成连接，且经手动操作检验符合工艺要求，绝缘电阻应测试合格。

4）柴油发电机组的安装工序交接确认

机组安装前，基础应验收合格。机组安放后，采取地脚螺栓固定的机组应初平、螺栓孔灌浆、精平、紧固地脚螺栓、二次灌浆等安装合格；安放式的机组底部应垫平、垫实。空载试运行前，油、气、水冷、风冷、烟气排放等系统和隔振防噪声设施应完成安装，消防器材应配置齐全、到位且符合设计要求，发电机应进行静态试验，随机配电盘、柜接线经检查应合格，柴油发电机组接地经检查应符合设计要求。负荷试运行前，空载试运行和试验调整应合格。投入备用状态前，应在规定时间内，连续无故障负荷试运行合格。

5）UPS或EPS的安装工序交接确认

UPS或EPS接至馈电线路前，应按产品技术要求进行试验调整，并应经检查确认。

6）电气动力设备试验和试运行应工序交接确认

电气动力设备试验前，其外露可导电部分应与保护导体完成连接，并经检查应合格；通电前，动力成套配电（控制）柜、台、箱的交流工频耐压试验和保护装置的动作试验应合格；空载试运行前，控制回路模拟动作试验应合格，盘车或手动操作检查电气部分与机械部分的转动或动作应协调一致。

7）母线槽安装工序交接确认

变压器和高低压成套配电柜上的母线槽安装前，变压器、高低压成套配电柜、穿墙套

管等应安装就位，并应经检查合格；母线槽支架的设置应在结构封顶、室内底层地面完成施工或确定地面标高、清理场地、复核层间距离后进行；母线槽安装前，与母线槽安装位置有关的管道、空调及建筑装修工程应完成施工；母线槽组对前，每段母线的绝缘电阻应经测试合格，且绝缘电阻值不应小于 $20M\Omega$；通电前，母线槽的金属外壳应与外部保护导体完成连接，且母线绝缘电阻测试和交流工频耐压试验应合格。

8）梯架、托盘和槽盒安装工序交接确认

支架安装前，应先测量定位；梯架、托盘和槽盒安装前，应完成支架安装，且顶棚和墙面的喷浆、油漆或壁纸等应基本完成。

9）导管敷设工序交接确认

配管前，除埋入混凝土中的非镀锌钢导管的外壁外，应确认其他场所的非镀锌钢导管内、外壁均已做防腐处理；埋设导管前，应检查确认室外直埋导管的路径、沟槽深度、宽度及垫层处理等符合设计要求；现浇混凝土板内的配管，应在底层钢筋绑扎完成，上层钢筋未绑扎前进行，且配管完成后应经检查确认后，再绑扎上层钢筋和浇捣混凝土；墙体内配管前，现浇混凝土墙体内的钢筋绑扎及门、窗等位置的放线应已完成；接线盒和导管在隐蔽前，经检查应合格；穿梁、板、柱等部位的明配导管敷设前，应检查其套管、埋件、支架等设置符合要求；吊顶内配管前，吊顶上的灯位及电气器具位置应先进行放样，并应与土建及各专业施工协调配合。

10）电缆敷设工序交接确认

支架安装前，应先清除电缆沟、电气竖井内的施工临时设施、模板及建筑废料等，并应对支架进行测量定位；电缆敷设前，电缆支架、电缆导管、梯架、托盘和槽盒应完成安装，并已与保护导体完成连接，且经检查应合格；电缆敷设前，绝缘测试应合格；通电前，电缆交接试验应合格，检查并确认线路去向、相位和防火隔堵措施等应符合设计要求。

11）绝缘导线、电缆穿导管及槽盒内敷线工序交接确认

焊接施工作业应已完成，检查导管、槽盒安装质量应合格；导管或槽盒与柜、台、箱应已完成连接，导管内积水及杂物应已清理干净；绝缘导线、电缆的绝缘电阻应经测试合格；通电前，绝缘导线、电缆交接试验应合格，检查并确认接线去向和相位等应符合设计要求。

12）塑料护套线直敷布线工序交接确认

弹线定位前，应完成墙面、顶面装饰工程施工；布线前，应确认穿梁、墙、楼板等建筑结构上的套管已安装到位，且塑料护套线经绝缘电阻测试合格。

13）钢索配线工序交接确认

钢索配线的钢索吊装及线路敷设前，除地面外的装修工程应已结束，钢索配线所需的预埋件及预留孔应已预埋、预留完成。

14）电缆头制作和接线工序交接确认

电缆头制作前，电缆绝缘电阻测试应合格，检查并确认电缆头的连接位置、连接长度应满足要求；控制电缆接线前，应确认绝缘电阻测试合格，校线正确；电力电缆或绝缘导线接线前，电缆交接试验或绝缘电阻测试应合格，相位核对应正确。

15）照明灯具安装工序交接确认

灯具安装前，应确认安装灯具的预埋螺栓及吊杆、吊顶上安装嵌入式灯具用的专用支架等已完成，对需做承载试验的预埋件或吊杆经试验应合格；影响灯具安装的模板、脚手架应已拆除，顶棚和墙面喷浆、油漆或壁纸等及地面清理工作应已完成；灯具接线前，导线的绝缘电阻测试应合格；高空安装的灯具，应先在地面进行通断电试验合格。

16）照明开关、插座、风扇安装前工序交接确认

照明开关、插座、风扇安装前，应检查吊扇的吊钩已预埋完成、导线绝缘电阻测试应合格，顶棚和墙面的喷浆、油漆或壁纸等已完工。

17）照明系统的测试和通电试运行工序交接确认

导线绝缘电阻测试应在导线接续前完成；照明箱（盘）、灯具、开关、插座的绝缘电阻测试应在器具就位前或接线前完成；通电试验前，电气器具及线路绝缘电阻应测试合格，当照明回路装有剩余电流动作保护器时，剩余电流动作保护器应检测合格；备用照明电源或应急照明电源做空载自动投切试验前，应卸除负荷，有载自动投切试验应在空载自动投切试验合格后进行；照明全负荷试验前，应确认上述工作应已完成。

18）接地装置安装工序交接确认

对于利用建筑物基础接地的接地体，应先完成底板钢筋敷设，然后按设计要求进行接地装置施工，经检查确认后，再支模或浇捣混凝土。对于人工接地的接地体，应按设计要求利用基础沟槽或开挖沟槽，然后经检查确认，再埋入或打入接地极和敷设地下接地干线。

降低接地电阻的施工应符合下列规定：

采用接地模块降低接地电阻的施工，应先按设计位置开挖模块坑，并将地下接地干线引到模块上，经检查确认，再相互焊接；采用添加降阻剂降低接地电阻的施工，应先按设计要求开挖沟槽或钻孔垂直埋管，再将沟槽清理干净，检查接地体埋入位置后，再灌注降阻剂。

采用换土降低接地电阻的施工，应先按设计要求开挖沟槽，并将沟槽清理干净，再在沟槽底部铺设经确认合格的低电阻率土壤，经检查铺设厚度达到设计要求后，再安装接地装置；接地装置连接完好，并完成防腐处理后，再覆盖上一层低电阻率土壤。

隐蔽装置前，应先检查验收合格后，再覆土回填。

19）防雷引下线安装工序交接确认

当利用建筑物柱内主筋作引下线时，应在柱内主筋绑扎或连接后，按设计要求进行施工，经检查确认，再支模；对于直接从基础接地体或人工接地体暗敷埋入粉刷层内的引下线，应先检查确认不外露后，再贴面砖或刷涂料等；对于直接从基础接地体或人工接地体引出明敷的引下线，应先埋设或安装支架，并经检查确认后，再敷设引下线。

20）接闪器安装前，应先完成接地装置和引下线的施工，接闪器安装后应及时与引下线连接。

21）防雷接地系统测试前，接地装置应完成施工且测试合格；防雷接闪器应完成安装，整个防雷接地系统应连成回路。

22）等电位联结工序交接确认

对于总等电位联结，应先检查确认总等电位联结端子的接地导体位置，再安装总等电位联结端子板，然后按设计要求作总等电位连接；对于局部等电位连接，应先检查确认连

接端子位置及连接端子板的截面积，再安装局部等电位连接端子板，然后按设计要求作局部等电位联结；对特殊要求的建筑金属屏蔽网箱，应先完成网箱施工，经检查确认后，再与 PE 端连接。

（4）分部（子分部）工程划分及验收

1）建筑电气分部工程的质量验收，应按检验批、分项工程、子分部工程逐级进行验收，各子分部工程、分项工程和检验批的划分应符合《建筑电气工程施工质量验收规范》GB 50303 附录 A 的规定。

2）建筑电气分部工程检验批的划分应符合下列规定：

变配电室安装工程中分项工程的检验批，主变配电室应作为 1 个检验批；对于有数个分变配电室，且不属于子单位工程的子分部工程，应分别作为 1 个检验批，其验收记录应汇入所有变配电室有关分项工程的验收记录中；当各分变配电室属于各子单位工程的子分部工程时，所属分项工程应分别作为 1 个检验批，其验收记录应作为分项工程验收记录，且应经子分部工程验收记录汇总后纳入分部工程验收记录中。

供电干线安装工程中分项工程的检验批，应按供电区段和电气竖井的编号划分。

对于电气动力和电气照明安装工程中分项工程的检验批，其界区的划分应与建筑土建工程一致。

自备电源和不间断电源安装工程中分项工程，应分别作为 1 个检验批。

对于防雷及接地装置安装工程中分项工程的检验批，人工接地装置和利用建筑物基础钢筋的接地体应分别作为 1 个检验批，且大型基础可按区块划分成若干个检验批；对于防雷引下线安装工程，6 层以下的建筑应作为 1 个检验批，高层建筑中均压环设置间隔的层数应作为 1 个检验批；接闪器安装同一屋面，应作为 1 个检验批；建筑物的总等电位联结应作为 1 个检验批，每个局部等电位联结应作为 1 个检验批，电子系统设备机房应作为 1 个检验批。

对于室外电气安装工程中分项工程的检验批，应按庭院大小、投运时间先后、功能区块等进行划分。

3）当验收建筑电气工程时，应核查下列各项质量控制资料，且资料内容应真实、齐全、完整主要包括：设计文件和图纸会审记录及设计变更与工程洽商记录；主要设备、器具、材料的合格证和进场验收记录；隐蔽工程检查记录；电气设备交接试验检验记录；电动机检查（抽芯）记录；接地电阻测试记录；绝缘电阻测试记录；接地故障回路阻抗测试记录；剩余电流动作保护器测试记录；电气设备空载试运行和负荷试运行记录；EPS 应急持续供电时间记录；灯具固定装置及悬吊装置的载荷强度试验记录；建筑照明通电试运行记录；接闪线和接闪带固定支架的垂直拉力测试记录；接地（等电位）联结导通性测试记录；工序交接合格等施工安装记录。

4）建筑电气分部（子分部）工程和所含分项工程的质量验收记录应无遗漏缺项、填写正确。

5）技术资料应齐全，且应符合工序要求、有可追溯性；责任单位和责任人均应确认且签章齐全。

6）检验批验收时应按本规范主控项目和一般项目中规定的检查数量和抽查比例进行检查，施工单位过程检查时应进行全数检查。

7）单位工程质量验收时，建筑电气分部（子分部）工程实物质量应抽检下列部位和设施，且抽检结果应符合本规范的规定：

变配电室，技术层、设备层的动力工程，电气竖井，建筑顶部的防雷工程，电气系统接地，重要的或大面积活动场所的照明工程，以及5%自然间的建筑电气动力、照明工程；室外电气工程的变配电室，以及灯具总数的5%。

8）变配电室通电后可抽测下列项目，抽测结果应符合本规范的规定和设计要求：

各类电源自动切换或通断装置；馈电线路的绝缘电阻；接地故障回路阻抗；开关插座的接线正确性；剩余电流动作保护器的动作电流和时间；接地装置的接地电阻；照度。

2. 电气设备试验和试运行

（1）主控项目下列规定

1）试运行前，相关电气设备和线路应按本规范的规定试验合格。检查数量是全数检查；检查方法是试验时观察检查并查阅相关试验、测试记录。

2）现场单独安装的低压电器交接试验项目应符合《建筑电气工程施工质量验收规范》GB 50303—2015附录C的规定。检查数量是全数检查。检查方法是试验时观察检查并查阅交接试验检验记录。

3）电动机应试通电，并应检查转向和机械转动情况，电动机空载试运行时间宜为2h，机身和轴承的温升、电压和电流等应符合建筑设备或工艺装置的空载状态运行要求，并应记录电流、电压、温度、运行时间等有关数据；空载状态下可启动次数及间隔时间应符合产品技术文件的要求；无要求时，连续启动2次的时间间隔不应小于5min，并应在电动机冷却至常温下进行再次启动。

检查数量是按设备总数抽查10%，且不得少于1台；检查方法是轴承温度采用测温仪测量，其他参数可在试验时观察检查并查阅电动机空载试运行记录。

（2）一般项目应符合下列规定

1）电气动力设备的运行电压、电流应正常，各种仪表指示应正常。检查数量是全数检查；检查方法是观察检查。

2）电动执行机构的动作方向及指示应与工艺装置的设计要求保持一致。

检查数量：按设备总数抽查10%，且不得少于1台。检查方法是观察检查。

3. 灯具安装及通电试运行

（1）普通灯具的主控项目应符合下列规定

1）灯具固定应牢固可靠，在砌体和混凝土结构上严禁使用木楔、尼龙塞或塑料塞固定；质量大于10kg的灯具，固定装置及悬吊装置应按灯具重量的5倍恒定均布载荷做强度试验，且持续时间不得少于15min。

2）悬吊式灯具安装应根据安装方式与灯具质量确定，带升降器的软线吊灯在吊线展开后，灯具下沿应高于工作台面0.3m；质量大于0.5kg的软线吊灯，灯具的电源线不应受力；质量大于3kg的悬吊灯具，固定在螺栓或预埋吊钩上，螺栓或预埋吊钩的直径不应小于灯具挂销直径，且不应小于6mm；当采用钢管作灯具吊杆时，其内径不应小于10mm，壁厚不应小于1.5mm；灯具与固定装置及灯具连接件之间采用螺纹连接的，螺纹啮合扣数不应少于5扣。检查数量是按每检验批的不同灯具型号各抽查5%，且各不得少于1套。检查方法是观察检查并用尺量检查。

3）吸顶或墙面上安装的灯具，其固定用的螺栓或螺钉不应少于2个，灯具应紧贴饰面。

检查数量：按每检验批的不同安装形式各抽查5%，且各不得少于1套，检查方法是观察检查。

4）由接线盒引至嵌入式灯具或槽灯的绝缘导线应采用柔性导管保护，不得裸露，且不应在灯槽内明敷；柔性导管与灯具壳体应采用专用接头连接。检查数量是按每检验批的灯具数量抽查5%，且不得少于1套；检查方法是观察检查。

5）普通灯具的I类灯具外露可导电部分必须采用铜芯软导线与保护导体可靠连接，连接处应设置接地标识，铜芯软导线的截面积应与进入灯具的电源线截面积相同。检查数量是按每检验批的灯具数量抽查5%，且不得少于1套；检查方法是尺量检查、工具拧紧和测量检查。

6）除采用安全电压以外，当设计无要求时，敞开式灯具的灯头对地面距离应大于2.5m。检查数量是按每检验批的灯具数量抽查10%，且各不得少于1套；检查方法是观察检查并用尺量检查。

7）埋地灯的防护等级应符合设计要求；埋地灯的接线盒应采用防护等级为IPX7的防水接线盒，盒内绝缘导线接头应做防水绝缘处理。检查数量是按灯具总数抽查5%，且不得少于1套；检查方法是观察检查，查阅产品进场验收记录及产品质量合格证明文件。

8）庭院灯、建筑物附属路灯安装应与基础固定应可靠，地脚螺栓备帽应齐全；灯具接线盒应采用防护等级不小于IPX5的防水接线盒，盒盖防水密封垫应齐全、完整；灯具的电器保护装置应齐全，规格应与灯具适配；灯杆的检修门应采取防水措施，且闭锁防盗装置完好。

检查数量是按灯具型号各抽查5%，且各不得少于1套。检查方法是观察检查、工具拧紧及用手感检查，查阅产品进场验收记录及产品质量合格证明文件。

9）安装在公共场所的大型灯具的玻璃罩，应采取防止玻璃罩向下溅落的措施。

10）LED灯具安装应牢固可靠，饰面不应使用胶类粘贴；灯具安装位置应有较好的散热条件，且不宜安装在潮湿场所；灯具用的金属防水接头密封圈应齐全、完好；灯具的驱动电源、电子控制装置室外安装时，应置于金属箱（盒）内；金属箱（盒）的IP防护等级和散热应符合设计要求，驱动电源的极性标记应清晰、完整；室外灯具配线管路应按明配管敷设，且应具备防雨功能，IP防护等级应符合设计要求。检查数量是按灯具型号各抽查5%，且各不得少于1套；检查方法是观察检查，查阅产品进场验收记录及产品质量合格证明文件。

（2）普通灯具安装的一般项目应符合下列规定

1）引向单个灯具的绝缘导线截面积应与灯具功率相匹配，绝缘铜芯导线的线芯截面积不应小于1mm²。检查数量是按每检验批的灯具数量抽查5%，且不得少于1套；检查方法是观察检查。

2）灯具的外形、灯头及其接线应符合下列规定：

灯具及其配件应齐全，不应有机械损伤、变形、涂层剥落和灯罩破裂等缺陷；软线吊灯的软线两端应做保护扣，两端线芯应搪锡；当装升降器时，应采用安全灯头。

除敞开式灯具外，其他各类容量在 100W 及以上的灯具，引入线应采用瓷管、矿棉等不燃材料作隔热保护。

连接灯具的软线应盘扣、搪锡压线，当采用螺口灯头时，相线应接于螺口灯头中间的端子上；灯座的绝缘外壳不应破损和漏电；带有开关的灯座，开关手柄应无裸露的金属部分。

检查数量是按每检验批的灯具型号各抽查 5%，且各不得少于 1 套；检查方法是观察检查。

3）灯具表面及其附件的高温部位靠近可燃物时，应采取隔热、散热等防火保护措施。

检查数量是按每检验批的灯具总数量抽查 20%，且各不得少于 1 套；检查方法是观察检查。

4）高低压配电设备、裸母线及电梯曳引机的正上方不应安装灯具。检查数量是全数检查；检查方法是观察检查。

5）投光灯的底座及支架应牢固，枢轴应沿需要的光轴方向拧紧固定。检查数量是按灯具总数抽查 10%，且不得少于 1 套。检查方法是观察检查和手感检查。

6）聚光灯和类似灯具出光口面与被照物体的最短距离应符合产品技术文件要求。检查数量是按灯具型号各抽查 10%，且各不得少于 1 套；检查方法是尺量检查，并核对产品技术文件。

7）导轨灯的灯具功率和载荷应与导轨额定载流量和最大允许载荷相适配。检查数量是按灯具总数抽查 10%，且不得少于 1 台；检查方法是观察检查并核对产品技术文件。

8）露天安装的灯具应有泄水孔，且泄水孔应设置在灯具腔体的底部。灯具及其附件、紧固件、底座和与其相连的导管、接线盒等应有防腐蚀和防水措施。检查数量是按灯具数量抽查 10%，且不得少于 1 套；检查方法是观察检查。

9）安装于槽盒底部的荧光灯具应紧贴槽盒底部，并应固定牢固。检查数量是按每检验批的灯具数量抽查 10%，且不得少于 1 套；检查方法是观察检查和手感检查。

10）庭院灯、建筑物附属路灯自动通、断电源控制装置应动作准确；灯具应固定可靠、灯位正确，紧固件应齐全、拧紧。检查数量是按灯具型号各抽查 10%，且各不得少于 1 套；检查方法是模拟试验、观察检查和手感检查。

（3）专用灯具的安装应符合下列规定

1）专用灯具的 I 类灯具外露可导电部分必须用铜芯软导线与保护导体可靠连接，连接处应设置接地标识，铜芯软导线的截面积应与进入灯具的电源线截面积相同。检查数量是按每检验批的灯具数量抽查 5%，且不得少于 1 套；检查方法是尺量检查、工具拧紧和测量检查。

2）手术台无影灯应固定灯座的螺栓数量不应少于灯具法兰底座上的固定孔数，且螺栓直径应与底座孔径相适配；螺栓应采用双螺母锁固；无影灯的固定装置应符合产品技术文件的要求。检查数量是全数检查。检查方法是施工或强度试验时观察检查，查阅灯具固定装置的载荷强度试验记录。

3）应急灯具回路的设置除应符合设计要求外，尚应符合防火分区设置的要求，穿越不同防火分区时应采取防火隔堵措施；对于应急灯具、运行中温度大于 60℃的灯具，当靠近可燃物时，应采取隔热、散热等防火措施；EPS 供电的应急灯具安装完毕后，应检验 EPS 供电运行的最少持续供电时间，并应符合设计要求；安全出口指示标志灯设置应符合设计要求；疏散指示标志灯安装高度及设置部位应符合设计要求；疏散指示标志灯的设置不应影响正常通行，且不应在其周围设置容易混同疏散标志灯的其他标志牌等；疏散指示标志灯工作应正常，并应符合设计要求；消防应急照明线路在非燃烧体内穿钢导管暗敷时，暗敷钢导管保护层厚度不应小于 30mm。

4）霓虹灯灯管应完好、无破裂；灯管应采用专用的绝缘支架固定，且牢固可靠；灯管固定后，与建（构）筑物表面的距离不宜小于 20mm；霓虹灯专用变压器应为双绕组式，所供灯管长度不应大于允许负载长度，露天安装的应采取防雨措施；霓虹灯专用变压器的二次侧和灯管间的连接线应采用额定电压大于 15kV 的高压绝缘导线，导线连接应牢固，防护措施应完好；高压绝缘导线与附着物表面的距离不应小于 20mm。检查数量是全数检查；检查方法是观察检查并用尺量和手感检查。

5）高压钠灯、金属卤化物灯光源及附件应与镇流器、触发器和限流器配套使用，触发器与灯具本体的距离应符合产品技术文件的要求；电源线应经接线柱连接，不应使电源线靠近灯具表面。检查数量是按灯具型号各抽查 10%，且均不得少于 1 套；检查方法是观察检查并用尺量检查，核对产品技术文件。

6）景观照明灯具安装在人行道等人员来往密集场所的落地式灯具，当无围栏防护时，灯具距地面高度应大于 2.5m；金属构架及金属保护管应分别与保护导体采用焊接或螺栓连接，连接处应设置接地标识。检查数量是全数检查；检查方法是观察检查并用尺量检查，查阅隐蔽工程检查记录。

7）航空障碍标志灯安装应牢固可靠，且应有维修和更换光源的措施；当灯具在烟囱顶上装设时，应安装在低于烟囱口 1.5～3m 的部位且应呈正三角形水平排列；对于安装在屋面接闪器保护范围以外的灯具，当需设置接闪器时，其接闪器应与屋面接闪器可靠连接。检查数量是全数检查；检查方法是观察检查，查阅隐蔽工程检查记录。

8）太阳能灯具安装应与基础固定应可靠，地脚螺栓有防松措施，灯具接线盒盖的防水密封垫应齐全、完整；灯具表面应平整光洁、色泽均匀，不应有明显的裂纹、划痕、缺损、锈蚀及变形等缺陷。检查数量是按灯具数量抽查 10%，且不得少于 1 套；检查方法是观察检查和手感检查。

9）洁净场所灯具嵌入安装时，灯具与顶棚之间的间隙应用密封胶条和衬垫密封，密封胶条和衬垫应平整，不得扭曲、折叠。检查数量是按灯具数量抽查 10%，且不得少于 1 套；检查方法是观察检查。

10）游泳池和类似场所灯具（水下灯及防水灯具）的电源采用导管保护时，应采用塑料导管；固定在水池构筑物上的所有金属部件应与保护联结导体可靠连接，并应设置标识。检查数量是全数检查；检查方法是观察检查和手感检查，查阅隐蔽工程检查记录和等电位联结导通性测试记录。

（4）建筑物照明通电试运行应符合下列规定

1）灯具回路控制应符合设计要求，且应与照明控制柜、箱（盘）及回路的标识一致；开关宜与灯具控制顺序相对应，风扇的转向及调速开关应正常。检查数量是按每检验批的末级照明配电箱数量抽查 20%，且不得少于 1 台配电箱及相应回路。检查方法是核对技术文件，观察检查并操作检查。

2）公共建筑照明系统通电连续试运行时间应为 24h，住宅照明系统通电连续试运行时间应为 8h。所有照明灯具均应同时开启，且应每 2h 按回路记录运行参数，连续试运行时间内应无故障。检查数量是按每检验批的末级照明配电箱总数抽查 5%，且不得少于 1 台配电箱及相应回路。检查方法是试验运行时观察检查或查阅建筑照明通电试运行记录。

3）对设计有照度测试要求的场所，试运行时应检测照度，并应符合设计要求。检查数量是全数检查；检查方法是用照度测试仪测试，并查阅照度测试记录。

4. 建筑物等电位联结

（1）建筑物等电位联结主控项目应符合下列规定

1）建筑物等电位联结的范围、形式、方法、部位及联结导体的材料和截面积应符合设计要求。检查数量是全数检查；检查方法是施工中核对设计文件观察检查并查阅隐蔽工程检查记录。核查产品质量证明文件、材料进场验收记录。

2）需做等电位联结的外露可导电部分或外界可导电部分的连接应可靠。采用焊接时，应符合本规范第 22.2.2 条的规定；采用螺栓连接时，应符合本规范第 23.2.1 条第 2 款的规定，其螺栓、垫圈、螺母等应为热镀锌制品，且应连接牢固。检查数量是按总数抽查 10%，且不得少于 1 处；检查方法是观察检查。

（2）建筑物等电位联结一般项目应符合下列规定

1）需做等电位联结的卫生间内金属部件或零件的外界可导电部分，应设置专用接线螺栓与等电位联结导体连接，并应设置标识；连接处螺帽应紧固、防松零件应齐全。检查数量是按连接点总数抽查 10%，且不得少于 1 处；检查方法是观察检查和手感检查。

2）当等电位联结导体在地下暗敷时，其导体间的连接不得采用螺栓压接。检查数量是全数检查；检查方法是施工中观察检查并查阅隐蔽工程检查记录。

1.2.2 《通风与空调工程施工质量验收规范》GB 50243—2016

本规范共分 12 章和 5 个附录，主要内容包括：总则、术语、基本规定、风管与配件、风管部件、风管系统安装、风机与空气处理设备安装、空调用冷（热）源与辅助设备安装、空调水系统管道与设备安装、防腐与绝热、系统调试、竣工验收等。

1. 基本规定

（1）工程修改应有设计单位的设计变更通知书或技术核定签证。当施工企业承担通风与空调工程施工图深化设计时，应得到工程设计单位的核定签证。

（2）通风与空调工程所使用的主要原材料、成品、半成品和设备的材质、规格及性能应符合设计文件和国家现行标准的规定，不得采用国家明令禁止使用或淘汰的材料与设备。主要原材料、成品、半成品和设备的进场验收应符合下列规定：

1）进场质量验收，应经监理工程师或建设单位相关责任人确认，并应形成相应的书面记录。

2）进口材料与设备，应提供有效的商检合格证明、中文质量证明等文件。

（3）通风与空调工程采用的新技术、新工艺、新材料与新设备，均应有通过专项技术鉴定验收合格的证明文件。

（4）通风与空调工程的施工应按规定的程序进行，并应与土建及其他专业工种相互配合；与通风与空调系统有关的土建工程施工完毕后，应由建设（或总承包）、监理、设计及施工单位共同会检。会检的组织宜由建设、监理或总承包单位负责。

（5）通风与空调工程中的隐蔽工程，在隐蔽前应经监理或建设单位验收及认可签证，必要时应留下影像资料。

（6）通风与空调分部工程包含20个子分部工程，子分部工程及所包含的分项工程划分，见表1-2。

通风与空调分部工程的子分部工程与分项工程划分　　　　　表 1-2

序号	子分部工程	分 项 工 程
1	送风系统	风管与配件制作,部件制作,风管系统安装,风机与空气处理设备安装,风管与设备防腐,旋流风口、岗位送风口、织物(布)风管安装,系统调试
2	排风系统	风管与配件制作,部件制作,风管系统安装,风机与空气处理设备安装,风管与设备防腐,吸风罩及其他空气处理设备安装,厨房、卫生间排风系统安装,系统调试
3	防、排烟系统	风管与配件制作,部件制作,风管系统安装,风机与空气处理设备安装,风管与设备防腐,排烟风阀(口)、常闭正压风口、防火风管安装,系统调试
4	除尘系统	风管与配件制作,部件制作,风管系统安装,风机与空气处理设备安装,风管与设备防腐,除尘器与排污设备安装,吸尘罩安装,高温风管绝热,系统调试
5	舒适性空调风系统	风管与配件制作,部件制作,风管系统安装,风机与组合式空调机组安装,消声器、静电除尘器、换热器、紫外线灭菌器等设备安装,风机盘管、变风量与定风量送风装置、射流喷口等末端设备安装,风管与设备绝热,系统调试
6	恒温恒湿空调风系统	风管与配件制作,部件制作,风管系统安装,风机与组合式空调机组安装,电加热器、加湿器等设备安装,精密空调机组安装,风管与设备绝热,系统调试
7	净化空调风系统	风管与配件制作,部件制作,风管系统安装,风机与净化空调机组安装,消声器、换热器等设备安装,中、高效过滤器及风机过滤器机组等末端设备安装,风管与设备绝热,洁净度测试,系统调试
8	地下人防通风系统	风管与配件制作,部件制作,风管系统安装,风机与空气处理设备安装,过滤吸收器、防爆波活门、防爆超压排气活门等专用设备安装,风管与设备防腐,系统调试
9	真空吸尘系统	风管与配件制作,部件制作,风管系统安装,管道快速接口安装,风机与滤尘设备安装,风管与设备防腐,系统压力试验及调试
10	空调(冷、热)水系统	管道系统及部件安装,水泵及附属设备安装,管道冲洗与管内防腐,板式热交换器、辐射板及辐射供热、供冷地埋管安装,热泵机组安装,管道、设备防腐与绝热,系统压力试验及调试
11	冷却水系统	管道系统及部件安装,水泵及附属设备安装,管道冲洗与管内防腐,冷却塔与水处理设备安装,防冻伴热设备安装,管道、设备防腐与绝热,系统压力试验及调试
12	冷凝水系统	管道系统及部件安装,水泵及附属设备安装,管道、设备防腐与绝热,管道冲洗,系统灌水渗漏及排放试验
13	土壤源热泵换热系统	管道系统及部件安装,水泵及附属设备安装,管道冲洗,埋地换热系统与管网安装,管道、设备防腐与绝热,系统压力试验及调试
14	水源热泵换热系统	管道系统及部件安装,水泵及附属设备安装,管道冲洗,地表水源换热管及管网安装,除垢设备安装,管道、设备防腐与绝热,系统压力试验及调试
15	蓄能(水、冰)系统	管道系统及部件安装,水泵及附属设备安装,管道冲洗与管内防腐,蓄水罐与蓄冰槽、罐安装,管道、设备防腐与绝热,系统压力试验及调试
16	压缩式制冷(热)设备系统	制冷机组及附属设备安装,制冷剂管道及部件安装,制冷剂灌注,管道、设备防腐与绝热,系统压力试验及调试

序号	子分部工程	分项工程
17	吸收式制冷设备系统	制冷机组及附属设备安装,系统真空试验,溴化锂溶液加灌,蒸汽管道系统安装,燃气或燃油设备安装,管道、设备防腐与绝热,系统压力试验及调试
18	多联机(热泵)空调系统	室外机组安装,室内机组安装,制冷剂管路连接及控制开关安装,风管安装,冷凝水管道安装,制冷剂灌注,系统压力试验及调试
19	太阳能供暖空调系统	太阳能集热器安装,其他辅助能源、换热设备安装,蓄能水箱,管道及配件安装,低温热水地板辐射采暖系统安装,管道及设备防腐与绝热,系统压力试验及调试
20	设备自控系统	温度、压力与流量传感器安装,执行机构安装调试,防排烟系统功能测试,自动控制及系统智能控制软件调试

(7) 通风与空调分部工程施工质量的验收,应根据工程的实际情况按表1-2所列的子分部工程及所包含的分项工程分别进行。分部工程合格验收的前提条件为工程所属子分部工程的验收应全数合格。子分部工程合格验收应在所属分项工程的验收全数合格后进行。

(8) 检验批质量验收采纳《计数抽样检验程序 第11部分:小总体声称质量水平的评定程序》GB/T 2828.11—2008来规范工程的质量验收,使其符合科学、先进的数理统计原理,保证验收的质量水平。验收抽样应符合下列规定:

1) 产品合格率大于等于95%的抽样评定方案,应定为第Ⅰ抽样方案(以下简称Ⅰ方案),主要适用于主控项目;产品合格率大于等于85%的抽样评定方案,应定为第Ⅱ抽样方案(以下简称Ⅱ方案),主要适用于一般项目。

2) 当检索出抽样检验评价方案所需的产品样本量n超过检验批的产品数量N时,应对该检验批总体中所有的产品进行检验。

3) 强制性条款的检验,应采用全数检验方案。

(9) 分项工程检验批验收合格质量应符合下列规定:

1) 当受检方通过自检,检验批的质量已达到合同和本规范的要求,并具有相应的质量合格的施工验收记录时,可进行工程施工质量检验批质量的验收。

2) 采用全数检验方案检验时,主控项目的质量检验结果应全数合格;一般项目的质量检验结果,计数合格率不应小于85%,且不得有严重缺陷。

3) 采用抽样方案检验时,且检验批检验结果合格时,批质量验收应予以通过;当抽样检验批检验结果不符合合格要求时,受检方可申请复验或复检。

4) 质量验收中被检出的不合格品,均应进行修复或更换为合格品。

(10) 通风与空调工程施工质量的保修期限,应自竣工验收合格日起计算两个采暖期、供冷期。在保修期内发生施工质量问题的,施工企业应履行保修职责。

2. 风系统安装

(1) 风管系统支、吊架的安装应符合下列规定:

1) 预埋件位置应正确、牢固可靠,埋入部分应去除油污,且不得涂漆。

2) 风管直径大于2000mm或边长大于2500mm风管的支、吊架的安装要求,应按设计要求执行。

3) 悬吊的水平主、干风管直线长度大于20m时,应设置防晃支架或防止摆动的固定点。

4）不锈钢板、铝板风管与碳素钢支架的接触处，应采取隔绝或防腐绝缘措施。

5）边长（直径）大于1250mm的弯头、三通等部位应设置单独的支、吊架。

（2）当风管穿过需要封闭的防火、防爆的墙体或楼板时，必须设置厚度不小于1.6mm的钢制防护套管；风管与防护套管之间，应采用不燃柔性材料封堵严密。

（3）风管安装必须符合下列规定：

1）风管内严禁其他管线穿越。

2）输送含有易燃、易爆气体或安装在易燃、易爆环境的风管系统必须设置可靠的防静电接地装置。

3）输送含有易燃、易爆气体的风管系统通过生活区或其他辅助生产房间时不得设置接口。

4）室外风管系统的拉索等金属固定件严禁与避雷针或避雷网连接。

5）风管接口的连接应严密牢固。风管法兰的垫片材质应符合系统功能的要求，厚度不应小于3mm。垫片不应凸入管内，且不宜突出法兰外；垫片接口交叉长度不应小于30mm。

6）风管与砖、混凝土风道的连接接口，应顺着气流方向插入，并应采取密封措施。风管穿出屋面处应设置防雨装置，且不得渗漏。

7）外保温风管必需穿越封闭的墙体时，应加设套管。

8）矩形薄钢板法兰风管可采用弹性插条、弹簧夹或U型紧固螺栓连接。连接固定的间隔不应大于150mm，净化空调系统风管的间隔不应大于100mm，且分布应均匀。当采用弹簧夹连接时，宜采用正反交叉固定方式，且不应松动。

（4）柔性短管的安装，应松紧适度，目测平顺、不应有强制性的扭曲。可伸缩金属或非金属柔性风管的长度不宜大于2m。柔性风管支、吊架的间距不应大于1500mm，承托的座或箍的宽度不应小于25mm，两支架间风道的最大允许下垂应为100mm，且不应有死弯或塌凹。

（5）非金属风管的安装应符合下列规定：

1）风管连接应严密，法兰螺栓两侧应加镀锌垫圈。

2）风管垂直安装时，支架间距不应大于3m。

（6）复合材料风管的安装除应符合下列规定：

1）复合材料风管的连接处，接缝应牢固，不应有孔洞和开裂。当采用插接连接时，接口应匹配，不应松动，端口缝隙不应大于5mm。

2）复合材料风管采用金属法兰连接时，应采取防冷桥的措施。

（7）玻璃纤维增强氯氧镁水泥复合材料风管，应采用粘结连接。直管长度大于30m时，应设置伸缩节。

（8）织物布风管的安装应符合下列规定：

1）水平安装钢绳垂吊点的间距不得大于3m。长度大于15m的钢绳应增设吊架或可调节的花篮螺栓。风管采用双钢绳垂吊时，两绳应平行，间距应与风管的吊点相一致。

2）滑轨的安装应平整牢固，目测不应有扭曲；风管安装后应设置定位固定。

3）织物布风管与金属风管的连接处应采取防止锐口划伤的保护措施。

4）织物布风管垂吊吊带的间距不应大于1.5m，风管不应呈现波浪形。

（9）外表温度高于 60℃，且位于人员易接触部位的风管，应采取防烫伤的措施。

（10）净化空调系统风管的安装应符合下列规定：

1）在安装前风管、静压箱及其他部件的内表面应擦拭干净，且应无油污和浮尘。当施工停顿或完毕时，端口应封堵。

2）法兰垫料应采用不产尘、不易老化，且具有强度和弹性的材料，厚度应为 5～8mm，不得采用乳胶海绵。法兰垫片宜减少拼接，且不得采用直缝对接连接，不得在垫料表面涂刷涂料。

3）风管穿过洁净室（区）吊顶、隔墙等围护结构时，应采取可靠的密封措施。

（11）风阀的安装应符合下列规定：

1）风阀应安装在便于操作及检修的部位。安装后，手动或电动操作装置应灵活可靠，阀板关闭应严密。

2）直径或长边尺寸大于等于 630mm 的防火阀，应设独立支、吊架。

3）排烟阀（排烟口）及手控装置（包括钢索预埋套管）的位置应符合设计要求。钢索预埋套管弯管不应大于 2 个，且不得有死弯及瘪陷；安装完毕后应操控自如，无阻涩等现象。

（12）消声器及静压箱的安装应符合下列规定：

1）消声器及静压箱安装时，应设置独立支、吊架，固定应牢固。

2）当采用回风箱作为静压箱时，回风口处应设置过滤网。

（13）风口的安装位置应符合设计要求，风口或结构风口与风管的连接应严密牢固，不应存在可察觉的漏风点或部位，风口与装饰面贴合应紧密。X 射线发射房间的送、排风口应采取防止射线外泄的措施。

风口表面应平整、不变形，调节应灵活、可靠。同一厅室、房间内的相同风口的安装高度应一致，排列应整齐。

（14）住宅厨房、卫生间排风道的结构、尺寸应符合设计要求，内表面应平整；各层支管与风道的连接应严密，并应设置防倒灌的装置。

（15）风管系统安装完毕后，应按系统类别要求进行施工质量外观检验。合格后，应进行风管系统的严密性检验，合格后方能交付下道工序。风管系统严密性检验应以主、干管为主。除微压系统外，其他均需做漏风量检测。

3. 水系统安装

（1）镀锌钢管及带有防腐涂层的钢管不得采用焊接连接，应采用螺纹连接。当管径大于 DN100 时，可采用卡箍或法兰连接。

（2）金属管道的支、吊架的型式、位置、间距应符合下列规定：

1）支、吊架的安装应平整牢固，与管道接触应紧密，管道与设备连接处应设置独立支、吊架。当设备安装在减振基座上时，独立支架的固定点应为减震基座。

2）冷（热）媒水、冷却水系统管道机房内总、干管的支、吊架，应采用承重防晃管架，与设备连接的管道管架宜采取减振措施。当水平支管的管架采用单杆吊架时，应在系统管道的起始点、阀门、三通、弯头处及长度每隔 15m 处设置承重防晃支、吊架。

3）热位移的管道吊架的吊杆应垂直安装；有热位移的管道吊架的吊杆应向热膨胀（或冷收缩）的反方向偏移安装。偏移量应按计算位移量确定。

4）滑动支架的滑动面应清洁平整，安装位置应满足管道要求，支承面中心应向反方向偏移 1/2 位移量或符合设计文件要求。

5）竖井内的立管应每二层或三层设置滑动支架。建筑结构负重允许时，水平安装管道支、吊架的最大间距应满足规范规定，弯管或近处应设置支、吊架。

（3）管道的安装应符合下列规定：

1）并联水泵的出口管道进入总管应采用顺水流斜向插接的连接型式，夹角不应大于 60°。

2）系统管道与设备的连接，应在设备安装完毕后进行。管道与水泵、制冷机组的接口应为柔性接管，且不得强行对口连接。与其连接的管道应设置独立支架。

3）判定空调水系统管路冲洗、排污合格的条件是目测排出口的水色和透明度与入口的水对比应相近，且无可见杂物。当系统继续运行 2h 以上，水质保持稳定后，方可与设备相贯通。

4）固定在建筑结构上的管道支、吊架，不得影响结构体的安全。管道穿越墙体或楼板处应设钢制套管，管道接口不得置于套管内，钢制套管应与墙体饰面或楼板底部平齐，上部应高出楼层地面 20～50mm，且不得将套管作为管道支撑。当穿越防火分区时，应采用不燃材料进行防火封堵；保温管道与套管四周的缝隙，应使用不燃绝热材料填塞紧密。

5）冷（热）水管道与支、吊架之间，应设置衬垫。衬垫的承压强度应满足管道全重，且应采用不燃与难燃硬质绝热材料或经防腐处理的木衬垫。衬垫的厚度不应小于绝热层厚度，宽度应大于等于支、吊架支承面的宽度。衬垫的表面应平整、上下两衬垫接合面的空隙应填实。

（4）采用建筑塑料管道的空调水系统，管道材质及连接方法应符合设计和产品技术的要求，管道安装尚应符合下列规定：

1）采用法兰连接时，两法兰面应平行，误差不得大于 2mm。密封垫为与法兰密封面相配套的平垫圈，不得突入管内或突出法兰之外。法兰连接螺栓应采用两次紧固，紧固后的螺母应与螺栓齐平或略低于螺栓。

2）电熔连接或热熔连接的工作环境温度不应低于 5℃环境。插口外表面与承口内表面应作小于 0.2mm 的刮削，连接后同心度的允许误差应为 2%；热熔熔接接口圆周翻边应饱满、匀称，不应有缺口状缺陷、海绵状的浮渣与目测气孔。接口处的错边应小于 10% 的管壁厚。承插接口的插入深度应符合设计要求，熔融的包浆在承、插件间形成均匀的凸缘，不得有裂纹凹陷等缺陷。

3）采用密封圈承插连接的胶圈应位于密封槽内，不应有皱折扭曲。插入深度应符合产品要求，插管与承口周边的偏差不得大于 2mm。

（5）法兰连接管道的法兰面应与管道中心线垂直，且应同心。法兰对接应平行，偏差不应大于管道外径的 1.5‰，且不得大于 2mm。连接螺栓长度应一致，螺母应在同一侧，并应均匀拧紧。紧固后的螺母应与螺栓端部平齐或略低于螺栓。

（6）风机盘管机组及其他空调设备与管道的连接，应采用耐压值大于等于 1.5 倍工作压力的金属或非金属柔性接管，连接应牢固，不应有强扭和瘪管。冷凝水排水管的坡度应符合设计要求。当设计无要求时，管道坡度宜大于或等于 8‰，且应坡向出水口。设备与排水管的连接应采用软接，并应保持畅通。

（7）阀门的安装应符合下列规定：

1）工作压力大于 1.0MPa 及在主干管上起到切断作用和系统冷、热水运行转换调节功能的阀门和止回阀，应进行壳体强度和阀瓣密封性能的试验，且应试验合格。其他阀门可不单独进行试验。

2）安装在保温管道上的手动阀门的手柄不得朝向下。

3）动态与静态平衡阀的工作压力应符合系统设计要求，安装方向应正确。阀门在系统运行时，应按参数设计要求进行校核、调整。

（8）补偿器的安装应符合下列规定：

1）补偿器的补偿量和安装位置应符合设计文件的要求，并应根据设计计算的补偿量进行预拉伸或预压缩。

2）波纹管膨胀节或补偿器内套有焊缝的一端，水平管路上应安装在水流的流入端，垂直管路上应安装在上端。

3）填料式补偿器应与管道保持同心，不得歪斜。

4）补偿器一端的管道应设置固定支架，结构形式和固定位置应符合设计要求，并应在补偿器的预拉伸（或预压缩）前固定。

5）滑动导向支架设置的位置应符合设计与产品技术文件的要求，管道滑动轴心应与补偿器轴心相一致。

（9）除污器、自动排气装置等管道部件的安装应符合下列规定：

1）阀门安装的位置及进、出口方向应正确，且应便于操作。连接应牢固紧密，启闭应灵活。成排阀门的排列应整齐美观，在同一平面上的允许偏差不应大于 3mm。

2）电动、气动等自控阀门安装前应进行单体调试，启闭试验应合格。

3）冷（热）水和冷却水系统的水过滤器应安装在进入机组、水泵等设备前端的管道上，安装方向应正确，安装位置应便于滤网的拆装和清洗，与管道连接应牢固严密。

4）闭式管路系统应在系统最高处及所有可能积聚空气的管段高点设置排气阀，在管路最低点应设有排水管及排水阀。

（10）水泵、冷却塔的技术参数和产品性能应符合设计要求，管道与水泵的连接应采用柔性接管，且应为无应力状态，不得有强行扭曲、强制拉伸等现象。

（11）冷却塔安装应符合下列规定：

1）基础的位置、标高应符合设计要求，允许误差应为 ±20mm，进风侧距建筑物应大于 1m。冷却塔部件与基座的连接应采用镀锌或不锈钢螺栓，固定应牢固。

2）冷却塔安装应水平，单台冷却塔的水平度和垂直度允许偏差应为 2‰。多台冷却塔安装时，排列应整齐，各台开式冷却塔的水面高度应一致，高度偏差值不应大于 30mm。当采用共用集管并联运行时，冷却塔集水盘（槽）之间的连通管应符合设计要求。

3）冷却塔的集水盘应严密、无渗漏，进、出水口的方向和位置应正确。静止分水器的布水应均匀；转动布水器喷水出口方向应一致，转动应灵活、水量应符合设计或产品技术文件的要求。

4）冷却塔风机叶片端部与塔身周边的径向间隙应均匀。可调整角度的叶片，角度应一致，并应符合产品技术文件要求。

5）有水冻结危险的地区，冬季使用的冷却塔及管道应采取防冻与保温措施。

（12）水泵及附属设备的安装应符合下列规定：

1）水泵的平面位置和标高允许偏差应为±10mm，安装的地脚螺栓应垂直，且与设备底座应紧密固定。

2）垫铁组放置位置应正确、平稳，接触应紧密，每组不应大于3块。

3）减振器与水泵及水泵基础的连接，应牢固平稳、接触紧密。

（13）蓄能系统设备的安装应符合下列规定：

1）储槽、储罐与底座应进行绝热处理，并应连续均匀地放置在水平平台上，不得采用局部垫铁方法校正装置的水平度。

2）当多台蓄能设备支管与总管相接时，应顺向插入，两支管接入点的间距不宜小于5倍总管管径长度。

3）输送乙烯乙二醇溶液的管路不得采用内壁镀锌的管材和配件。

4）封闭容器或管路系统中的安全阀应按设计要求设置，并应在设定压力情况下开启灵活，系统中的膨胀罐应工作正常。

（14）地源热泵系统热交换器的施工应符合下列规定：

1）单U型管钻孔孔径不应小于110mm，双U管钻孔孔径不应小于140mm。

2）垂直地埋管应符合下列规定：埋管的弯管应为定型的管接头，并应采用热熔或电熔连接方式与管道相连接；直管段应采用整管。水平环路集管埋设的深度距地面不应小于1.5m，或埋设于冻土层以下0.6m；供、回环路集管的间距应大于0.6m。

3）水平埋管热交换器的长度、回路数量和埋设深度应符合设计要求。

4. 系统调试

（1）通风与空调工程安装完毕后，应进行系统调试。系统调试应包括下列内容：

1）设备单机试运转及调试。

2）系统非设计满负荷条件下的联合试运转及调试。

（2）通风与空调工程竣工验收的系统调试，应由施工单位负责，监理单位监督，设计单位与建设单位参与和配合。系统调试可由施工企业或委托具有调试能力的其他单位进行。

（3）系统调试前应编制调试方案，并应报送专业监理工程师审核批准。系统调试应由专业施工和技术人员实施，调试结束后，应提供完整的调试资料和报告。

（4）设备单机试运转及调试应符合下列规定：

1）通风机、空气处理机组中的风机，叶轮旋转方向应正确、运转应平稳、应无异常振动与声响，电机运行功率应符合设备技术文件要求。在额定转速下连续运转2h后，滑动轴承外壳最高温度不得大于70℃，滚动轴承不得大于80℃。

2）水泵叶轮旋转方向应正确，应无异常振动和声响，紧固连接部位应无松动，电机运行功率应符合设备技术文件要求。水泵连续运转2h滑动轴承外壳最高温度不得超过70℃，滚动轴承不得超过75℃。

3）冷却塔风机与冷却水系统循环试运行不应小于2h，运行应无异常。冷却塔本体应稳固、无异常振动。

4）制冷机组的试运转除应符合设备技术文件和现行国家标准《制冷设备、空气分离设备安装工程施工及验收规范》GB 50274 的有关规定，还应正常运转不应少于 8h。

5）多联式空调（热泵）机组系统应在充灌定量制冷剂后，进行系统的试运转。系统应能正常输出冷风或热风，在常温条件下可进行冷热的切换与调控；室内机的试运转不应有异常振动与声响，百叶板动作应正常，不应有渗漏水现象，运行噪声应符合设备技术文件要求。

6）电动调节阀、电动防火阀、防排烟风阀（口）的手动、电动操作应灵活可靠，信号输出应正确。

（5）系统非设计满负荷条件下的联合试运转及调试应符合下列规定：

1）系统总风量调试结果与设计风量的允许偏差应为 -5%～+10%，建筑内各区域的压差应符合设计要求。

2）空调冷（热）水系统、冷却水系统的总流量与设计流量的偏差不应大于 10%。水系统平衡调整后，定流量系统的各空气处理机组的水流量应符合设计要求，允许偏差应为 15%；变流量系统的各空气处理机组的水流量应符合设计要求，允许偏差应为 10%。

3）制冷（热泵）机组进出口处的水温应符合设计要求。

4）舒适空调与恒温、恒湿空调室内的空气温度、相对湿度及波动范围应符合或优于设计要求。

（6）防排烟系统联合试运行与调试后的结果，应符合设计要求及国家现行标准的有关规定。

（7）净化空调系统应符合下列规定：

1）单向流洁净室系统的系统总风量允许偏差应为 0%～+10%，室内各风口风量的允许偏差应为 0%～+15%。

2）单向流洁净室系统的室内截面平均风速的允许偏差应为 0%～+10%，且截面风速不均匀度不应大于 0.25。

3）相邻不同级别洁净室之间和洁净室与非洁净室之间的静压差不应小于 5Pa，洁净室与室外的静压差不应小于 10Pa。

4）室内空气洁净度等级应符合设计要求或为商定验收状态下的等级要求。

5）各类通风、化学实验柜、生物安全柜在符合或优于设计要求的负压下运行应正常。

（8）蓄能空调系统的联合试运转及调试应符合下列规定：

1）系统中载冷剂的种类及浓度应符合设计要求。

2）在各种运行模式下系统运行应正常平稳；运行模式转换时，动作应灵敏正确。

3）系统各项保护措施反应应灵敏，动作应可靠。

4）蓄能系统在设计最大负荷工况下运行应正常。

5）系统正常运转不应少于一个完整的蓄冷—释冷周期。

（9）空调制冷系统、空调水系统与空调风系统的非设计满负荷条件下的联合试运转及调试，正常运转不应少于 8h，除尘系统不应少于 2h。

1.2.3 《光伏发电站施工规范》GB 50794—2012

本规范共分 9 章和 3 个附录，主要技术内容包括总则、术语、基本规定、土建工程、安装工程、设备和系统调试、消防工程、环保与水土保持、安全和职业健康等。

1. 基本规定

（1）开工前建设单位应取得相关的施工许可文件；施工现场应具备水通、电通、路通、电信通及场地平整的条件；施工单位的资质、特殊作业人员资格、施工机械、施工材料、计量器具等应报监理单位或建设单位审查完毕开工所必需的施工图应通过会审；设计交底应完成；施工组织设计及重大施工方案应已审批；项目划分及质量评定标准应确定；施工单位根据施工总平面布置图要求布置施工临建设施应完毕；工程定位测量基准应确立。

（2）设备和材料的规格应符合设计要求，不得在工程中使用不合格的设备材料。

（3）进场设备和材料的合格证、说明书、测试记录、附件、备件等均应齐全。

（4）设备和器材的运输、保管，应符合本规范要求；当产品有特殊要求时，应满足产品要求的专门规定。

（5）隐蔽工程应符合下列要求：

隐蔽工程隐蔽前，施工单位应根据工程质量评定验收标准进行自检，自检合格后向监理方提出验收申请；应经监理工程师验收合格后方可进行隐蔽，隐蔽工程验收签证单应按照现行行业标准《电力建设施工质量验收及评定规程》DL/T 5210 相关要求的格式进行填写。

（6）施工过程记录及相关试验记录应齐全。

2. 光伏发电设备安装

（1）一般规定

1）设备在吊、运过程中应做好防倾覆、防震和防护面受损等安全措施。必要时可将装置性设备和易损元件拆下单独包装运输。当产品有特殊要求时，尚应符合产品技术文件的规定。

设备到场后应检查包装及密封应良好。开箱检查，型号、规格应符合设计要求，附件、备件应齐全。产品的技术文件应齐全。外观检查应完好无损。设备宜存放在室内或能避雨、雪的干燥场所，并应做好防护措施。保管期间应定期检查，做好防护工作。

2）安装人员应经过相关安装知识培训。

3）光伏发电站的施工中间交接验收项目可包含：升压站基础、高低压盘柜基础、逆变器基础、配电间、支架基础、电缆沟道、设备基础二次灌浆等；土建交付安装项目时，应由土建专业填写"中间交接验收签证书"，并提供相关技术资料，交安装专业查验。中间交接验收签证书可按本规范附录 A 的格式填写；中间交接项目应通过质量验收，对不符合移交条件的项目，移交单位负责整改合格。

4）安装工程的隐蔽工程可包括：接地装置、直埋电缆、高低压盘柜母线、变压器吊罩等。

（2）支架安装

1）支架安装前应采用现浇混凝土支架基础时，应在混凝土强度达到设计强度的 70% 后进行支架安装。

2）支架到场后应做检查外观及防腐涂镀层应完好无损。型号、规格及材质应符合设计图纸要求，附件、备件应齐全。对存放在滩涂、盐碱等腐蚀性强的场所的支架应做好防腐蚀工作。支架安装前安装单位应按照"中间交接验收签证书"的相关要求对基础及预埋件（预埋螺栓）的水平偏差和定位轴线偏差进行查验。

3）固定式支架及手动可调支架应采用型钢结构的支架，其紧固度应符合设计图纸要求及现行国家标准《钢结构工程施工质量验收规范》GB 50205 的相关规定。支架安装过程中不应强行敲打，不应气割扩孔。对热镀锌材质的支架，现场不宜打孔。支架安装过程中不应破坏支架防腐层。手动可调式支架调整动作应灵活，高度角调节范围应满足设计要求。

支架倾斜角度偏差度不应大于±1°，固定及手动可调支架安装的允许偏差应符合表 1-3 的规定。

支架安装允许偏差要求 表 1-3

项目名称	允许偏差（mm）
中心线偏差	≤2
梁标高偏差（同组）	≤3
立柱面偏差（同组）	≤3

4）跟踪式支架与基础之间应固定牢固、可靠。跟踪式支架安装的允许偏差应符合设计文件的规定。跟踪式支架电机的安装应牢固、可靠。传动部分应动作灵活。聚光式跟踪系统的聚光部件安装完成后，应采取相应防护措施。

5）支架的现场焊接工艺除应满足设计要求外，支架的组装、焊接与防腐处理应符合现行国家标准《冷弯薄壁型钢结构技术规范》GB 50018 及《钢结构设计规范》GB 50017 的相关规定；焊接工作完毕后，应对焊缝进行检查；支架安装完成后，应对其焊接表面按照设计要求进行防腐处理。

（3）光伏组件安装

1）光伏组件安装前应验收合格，宜按照光伏组件的电压、电流参数进行分类和组串，光伏组件的外观及各部件应完好无损。

2）光伏组件的安装应按照设计图纸的型号、规格进行安装，光伏组件固定螺栓的力矩值应符合产品或设计文件的规定，光伏组件安装允许偏差应符合表 1-4 的规定。

光伏组件安装允许偏差 表 1-4

项目	允许偏差	
倾斜角度偏差	±1°	
光伏组件边缘高差	相邻光伏组件间	≤2mm
	同组光伏组件间	≤5mm

3）光伏组件连接数量和路径应符合设计要求，光伏组件间接插件应连接牢固，外接电缆同插接件连接处应搪锡，光伏组件进行组串连接后应对光伏组件串的开路电压和短路电流进行测试，光伏组件间连接线可利用支架进行固定，并应整齐、美观，同一光伏组件或光伏组件串的正负极不应短接。

4）严禁触摸光伏组件串的金属带电部位。

5）严禁在雨中进行光伏组件的连线工作。

（4）汇流箱安装

1）汇流箱内元器件应完好，连接线应无松动；汇流箱的所有开关和熔断器应处于断开状态；汇流箱进线端及出线端与汇流箱接地端绝缘电阻不应小于20MΩ。

2）汇流箱安装位置应符合设计要求。支架和固定螺栓应为防锈件，汇流箱安装的垂直偏差应小于1.5mm。

3）汇流箱内光伏组件串的电缆接引前，必须确认光伏组件侧和逆变器侧均有明显断开点。

（5）逆变器安装

1）室内逆变器安装前，屋顶、楼板应施工完毕，不得渗漏。室内地面基层应施工完毕，并应在墙上标出抹面标高；室内沟道无积水、杂物；门、窗安装完毕，进行装饰时有可能损坏已安装的设备或设备安装后不能再进行装饰的工作应全部结束。对安装有妨碍的模板、脚手架等应拆除，场地应清扫干净。混凝土基础及构件应达到允许安装的强度，焊接构件的质量应符合要求。预埋件及预留孔的位置和尺寸，应符合设计要求，预埋件应牢固。检查安装逆变器的型号、规格应正确无误；逆变器外观检查完好无损。运输及就位的机具应准备就绪，且满足荷载要求。大型逆变器就位时应检查道路畅通，且有足够的场地。

2）逆变器采用基础型钢固定的逆变器，逆变器基础型钢安装的允许偏差应符合表1-5的规定。

逆变器基础型钢安装的允许偏差　　　　　　　　　　表1-5

项目	允许偏差	
	mm/m	mm/全长
不直度	<1	<3
水平度	<1	<3
位置偏差及不平行度	—	<3

基础型钢安装后，其顶部宜高出抹平地面10mm。基础型钢应有明显的可靠接地。逆变器的安装方向应符合设计规定。逆变器与基础型钢之间固定应牢固可靠。逆变器交流侧和直流侧电缆接线前应检查电缆绝缘，校对电缆相序和极性。逆变器直流侧电缆接线前必须确认汇流箱侧有明显断开点。电缆接引完毕后，逆变器本体的预留孔洞及电缆管口应进行防火封堵。

（6）电气二次系统

1）二次设备、盘柜安装及接线除应符合现行国家标准《电气装置安装工程盘、柜及二次回路接线施工及验收规范》GB 50171的相关规定与设计要求。

2）通信、远动、综合自动化、计量等装置的安装应符合产品的技术要求。

3）安防监控设备的安装应符合现行国家标准《安全防范工程技术标准》GB 50348的相关规定。

4）直流系统的安装应符合现行国家标准《电气装置安装工程蓄电池施工及验收规范》GB 50172的相关规定。

（7）其他电气设备安装

1）高压电器设备的安装应符合现行国家标准《电气装置安装工程高压电器施工及验

收规范》GB 50147 的相关规定。

2）电力变压器和互感器的安装应符合现行国家标准《电气装置安装工程电力变压器、油浸电抗器、互感器施工及验收规范》GB 50148 的相关规定。

3）母线装置的施工应符合现行国家标准《电气装置安装工程母线装置施工及验收规范》GB 50149 的相关规定。

4）低压电器的安装应符合现行国家标准《电气装置安装工程低压电器施工及验收规范》GB 50254 的相关规定。

5）环境监测仪等其他电气设备的安装应符合设计文件及产品的技术要求。

（8）防雷与接地

1）光伏发电站防雷系统的施工应按照设计文件的要求进行。

2）光伏发电站接地系统的施工工艺及要求除应符合现行国家标准《电气装置安装工程接地装置施工及验收规范》GB 50169 的相关规定外，还应符合设计文件的要求。

3）地面光伏系统的金属支架应与主接地网可靠连接；屋顶光伏系统的金属支架应与建筑物接地系统可靠连接或单独设置接地。

4）带边框的光伏组件应将边框可靠接地；不带边框的光伏组件，其接地做法应符合设计要求。

5）盘柜、汇流箱及逆变器等电气设备的接地应牢固可靠、导通良好，金属盘门应用裸铜软导线与金属构架或接地排可靠接地。

6）光伏发电站的接地电阻阻值应满足设计要求。

（9）架空线路及电缆

1）架空线路的施工应符合现行国家标准《电气装置安装工程 66kV 及以下架空电力线路施工及验收规范》GB 50173 和《110kV～750kV 架空输电线路施工及验收规范》GB 50233 的有关规定。

2）电缆线路的施工应符合现行国家标准《电气装置安装工程电缆线路施工及验收规范》GB 50168 的相关规定。

3）架空线路及电缆的施工还应符合设计文件中的相关要求。

3. 设备和系统调试

（1）调试前的准备工作

调试方案应报审完毕。设备和系统调试前，安装工作应完成并验收合格。所有装饰工作应完毕并清扫干净，装有空调或通风装置等特殊设施的，应安装完毕，投入运行；受电后无法进行或影响运行安全的工作，应施工完毕。

（2）光伏组件串测试

1）光伏组件串测试前应按照设计文件数量和型号组串并接引完毕，汇流箱内各回路电缆应接引完毕，且标示应清晰、准确，汇流箱内的熔断器或开关应在断开位置，汇流箱及内部防雷模块接地应牢固、可靠，且导通良好，辐照度宜在高于或等于 $700\mathrm{W/m^2}$ 的条件下测试。

2）光伏组件串应检测

汇流箱内测试光伏组件串的极性应正确；相同测试条件下的相同光伏组件串之间的开路电压偏差不应大于 2%，但最大偏差不应超过 5V，在发电情况下应使用钳形万用表对汇流箱内光伏组件串的电流进行检测。相同测试条件下且辐照度不应低于 $700W/m^2$ 时，相同光伏组件串之间的电流偏差不应大于 5％；光伏组件串电缆温度应无超常温等异常情况，光伏组件串测试完成后，应按照本规范附录 B 的格式填写记录。

逆变器投入运行前，宜将接入此逆变单元内的所有汇流箱测试完成，逆变器在投入运行后，汇流箱内组串的总开关具备灭弧功能时，先投入光伏组件串小开关或熔断器，后投入汇流箱总开关，先退出汇流箱总开关，后退出光伏组件串小开关或熔断器；汇流箱总输出采用熔断器，分支回路光伏组件串的开关具备灭弧功能时，先投入汇流箱总输出熔断器，后投入光伏组件串小开关。先退出箱内所有光伏组件串小开关，后退出汇流箱总输出熔断器。汇流箱总输出和分支回路的光伏组件串均采用熔断器时，则投、退熔断器前，均应将逆变器解列。

（3）跟踪系统调试

1）跟踪系统调试前，应与基础固定牢固、可靠，并接地良好。与转动部位连接的电缆应固定牢固并有适当预留长度。转动范围内不应有障碍物。

2）在手动模式下通过人机界面等方式对跟踪系统发出指令，跟踪系统动作方向应正确；传动装置、转动机构应灵活可靠，无卡滞现象，跟踪系统跟踪转动的最大角度和跟踪精度应满足设计要求，极限位置保护应动作可靠。

在自动模式调试前，跟踪系统应手动模式下的调试应已完成，对采用主动控制方式的跟踪系统，还应确认初始条件的准确性；跟踪系统在自动模式下，跟踪精度应符合产品的技术要求，设有避风功能的跟踪系统，在风速超出正常工作范围时，跟踪系统应启动避风功能；风速减弱至正常工作允许范围时，跟踪系统应在设定时间内恢复到正确跟踪位置，设有避雪功能的跟踪系统，在雪压超出正常工作范围时，跟踪系统应启动避雪功能；雪压减弱至正常工作允许范围时，跟踪系统应在设定时间内恢复到正确跟踪位置，设有自动复位功能的跟踪系统在跟踪结束后应能够自动返回到跟踪初始设定位置；采用间歇式跟踪的跟踪系统，电机运行方式应符合技术文件的要求。

（4）逆变器调试

1）逆变器调试前，应具备投入条件；逆变器直流侧、交流侧电缆应接引完毕，且极性（相序）正确、绝缘良好；方阵接线应正确，具备给逆变器提供直流电源的条件。

2）逆变器调试前，应检查逆变器接地应牢固可靠、导通良好；逆变器内部元器件应完好，无受潮、放电痕迹；逆变器内部所有电缆连接螺栓、插件、端子应连接牢固，无松动。

当逆变器本体配有手动分合闸装置时，其操作应灵活可靠、接触良好，开关位置指示正确。逆变器本体及各回路标识应清晰准确；逆变器内部应无杂物，并经过清灰处理。

3）逆变器调试回路带电时，应检查工作状态指示灯、人机界面屏幕显示应正常，人机界面上各参数设置应正确，散热装置工作应正常；逆变器直流侧带电而交流侧不带电时，应测量直流侧电压值和人机界面显示值之间偏差应在允许范围内，检查人机界面显示直流侧对地阻抗值应符合要求。

逆变器直流侧带电、交流侧带电，具备并网条件时，应测量交流侧电压值和人机界面显示值之间偏差应在允许范围内；交流侧电压及频率应在逆变器额定范围内，且相序正确。具有门限位闭锁功能的逆变器，逆变器盘门在开启状态下，不应作出并网动作。

逆变器并网后，具有门限位闭锁功能的逆变器，开启逆变器盘门；逆变器交流侧掉电；逆变器直流侧对地阻抗低于保护设定值；逆变器直流输入电压高于或低于逆变器的整定值；逆变器直流输入过电流；逆变器交流侧电压超出额定电压允许范围；逆变器交流侧频率超出额定频率允许范围；逆变器交流侧电流不平衡超出设定范围；逆变器应跳闸解列。

逆变器停运后，需打开盘门进行检测时，必须切断直流、交流和控制电源，并确认无电压残留后，在有人监护的情况下进行；逆变器在运行状态下，严禁断开无灭弧能力的汇流箱总开关或熔断器；施工人员测试完成后，应按照本规范附录C的格式填写施工记录。

（5）二次系统调试

1）二次系统的调试内容主要可包括：计算机监控系统、继电保护系统、远动通信系统、电能量信息管理系统、不间断电源系统、二次安防系统等。

2）计算机监控系统调试统设备的数量、型号、额定参数应符合设计要求，接地应可靠。遥信、遥测、遥控、遥调功能应准确、可靠。计算机监控系统防误操作功能应完备可靠。计算机监控系统定值调阅、修改和定值组切换功能应正确。计算机监控系统主备切换功能应满足技术要求。站内所有智能设备的运行状态和参数等信息均应准确反映到监控画面上，对可远方调节和操作的设备，远方操作功能应准确、可靠。

3）继电保护系统调试时可按照现行行业标准《继电保护和电网安全自动装置检验规程》DL/T 995的相关规定执行。继电保护装置单体调试时，应检查开入、开出、采样等元件功能正确；开关在合闸状态下模拟保护动作，开关应跳闸，且保护动作应准确、可靠，动作时间应符合要求。保护定值应由具备计算资质的单位出具，且应在正式送电前仔细复核。继电保护整组调试时，应检查实际继电保护动作逻辑与预设继电保护逻辑策略一致。

站控层继电保护信息管理系统的站内通信、交互等功能实现应正确；站控层继电保护信息管理系统与远方主站通信、交互等功能实现应正确。调试记录应齐全、准确。

4）远动通信系统装置电源应稳定、可靠。站内远动装置至调度方远动装置的信号通道应调试完毕，且稳定、可靠。调度方遥信、遥测、遥控、遥调功能应准确、可靠。远动系统主备切换功能应满足技术要求。

5）电能量信息采集系统应调试光伏发电站关口计量的主、副表，其规格、型号及准确度应符合设计要求，且应通过当地电力计量检测部门的校验，并出具报告。光伏发电站关口表的电流互感器、电压互感器应通过当地电力计量检测部门的校验，并出具报告。光伏发电站投入运行前，电能表应由当地电力计量部门施加封条、封印。光伏发电站的电量信息应能实时、准确地反映到后台监控画面。

6）不间断电源系统应调试不间断电源的主电源、旁路电源及直流电源间的切换功能应准确、可靠，异常告警功能应正确。计算机监控系统应实时、准确地反映不间断电源的运行数据和状况。

7）二次系统安全防护应调试二次系统安全防护应主要由站控层物理隔离装置和防火墙构成，应能够实现自动化系统网络安全防护功能；二次系统安全防护相关设备运行功能与参数应符合要求；二次系统安全防护运行情况应与预设安防策略一致。

8）其他电气设备调试

其他电气设备的试验标准应符合现行国家标准《电气装置安装工程电气设备交接试验标准》GB 50150 的相关规定。无功补偿装置的补偿功能应能满足设计文件的技术要求。

1.2.4 《炼钢机械设备工程安装验收规范》GB 50403—2017

本规范共分 21 章和 6 个附录，包括总则、术语，设备基础、地脚螺栓和垫板，设备和材料，混铁炉，铁水预处理设备，转炉及氩氧脱碳精炼炉（AOD），原料系统，氧枪和副枪，烟罩设备和余热锅炉，煤气净化设备，渣处理设备，电弧炉，钢包精炼炉（LF），钢包真空精炼炉（VD）及真空吹氧脱碳炉（VOD），循环真空脱气精炼炉（RH）及循环真空顶吹脱气精炼炉（RH-TB），密闭吹氩精炼炉（CAS）及密闭吹氩吹氧精炼炉（CAS-OB），连续铸钢设备，出坯和精整设备，安全和环保等。

炼钢机械设备工程安装涉及的工程技术及安全环保方面很多，并且炼钢机械设备工程安装中除专业设备外，还有液压、气动和润滑设备、起重设备、连续运输设备、除尘设备、通用设备、各类介质管道制作安装工艺钢结构制作安装、防腐、绝热等，因此，炼钢机械设备工程安装验收除应执行本规范外，尚应符合现行国家有关标准的规定。

1. 基本规定

炼钢机械设备安装是专业性很强的工程施工项目，为保证工程施工质量，本条文规定对从事炼钢机械设备工程安装的施工企业质量管理内容的检查验收。《炼钢设备规范》第 3 章共 15 条，对炼钢机械设备施工的人员、技术标准、质量验收标准及验收程序等做出了规定，并合并成 2 条强制性条文。

（1）强制性条文

《炼钢设备规范》3.0.14 条规定："在炼钢冶炼及精炼过程中，氧枪、副枪、吹氩枪、喷枪、供气装置、结晶器、测温取样装置直接与高热态钢液接触；水冷托圈、水冷炉口、裙罩、移动烟罩、烟道、水冷壁、水冷炉盖、水冷管系统、电极夹持头虽不直接与高温热态钢液接触，但其冷却水泄漏会与高温热态钢液接触。一旦发生冷却水泄漏，将会发生爆炸，危及人身及设备安全，因此必须进行水压试验及通水试验。本条为强制性条文，必须严格执行。"

《炼钢设备规范》3.0.15 条规定："氧枪、喷枪、AOD 炉供气装置的通氧零部件及管路严禁粘有油脂，粘有油脂的位置易氧化发热，引起燃烧，严重时发生爆炸，危及人身及设备安全。本条为强制性条文，必须严格执行。"

（2）施工人员的要求

《炼钢设备规范》3.0.3 条规定："炼钢机械设备工程安装中从事特种作业的人员，应在认可范围内作业。"

（3）技术标准

《炼钢设备规范》3.0.1 条规定："施工现场应有相应的施工技术标准，健全的安全、质量管理体系，质量控制及检验制度，应有经审批的施工组织设计、施工专项方案、施工作业设计等技术文件。"

（4）质量验收标准

《炼钢设备规范》3.0.7 条规定："分项工程质量验收合格应符合：质量验收记录及质量合格证明文件应完整；主控项目检验应符合本规范质量标准要求；一般项目检验应符合

本规范质量标准要求。"

《炼钢设备规范》3.0.8条规定："分部工程质量验收合格应符合：质量控制资料应完整；分部工程所含分项工程质量均应验收合格；设备单体无负荷试运转应合格；设备的安全防护设施应齐全、可靠。"

《炼钢设备规范》3.0.9条规定："单位工程质量验收合格应符合：质量控制资料应完整；单位工程所含的分部工程质量应验收合格；设备无负荷联动试运转应合格；观感质量验收应合格。"

（5）质量验收程序

《炼钢设备规范》3.0.4条规定："炼钢机械设备工程安装应按规定的程序进行，相关各专业工种之间应交接检验，形成记录；本专业各工序应按施工技术标准进行质量控制，每道工序完成后，应进行自检和专检，并应形成记录。上道工序未经检验认可，不得进行下道工序施工。"

《炼钢设备规范》3.0.5条规定："炼钢机械设备工程中设备的一次、二次灌浆及其他隐蔽工程，在隐蔽前应自检合格，由施工单位通知监理及有关单位验收，并应形成隐蔽工程验收记录。"

《炼钢设备规范》3.0.6条规定："炼钢机械设备工程安装质量验收应在自检合格后，按分项工程、分部工程、单位工程进行。"

2. 炼钢机械设备的类型

根据冶炼工艺的不同，炼钢又分为转炉炼钢和电炉炼钢。因此，炼钢机械设备可分为转炉炼钢机械设备和电炉炼钢机械设备。

（1）转炉炼钢机械设备的类型

转炉炼钢机械有：混铁炉；铁水预处理设备；转炉及氩氧精炼脱碳炉（AOD）；原料系统；氧枪和副枪；烟罩设备和余热锅炉；煤气净化设备；渣处理设备等。

1）混铁炉设备：底座和滚道；炉壳和箍圈；倾动装置；揭盖卷扬机等。

2）铁水预处理设备：脱硫（磷）剂输送设备；搅拌脱硫设备；喷枪脱磷设备；铁水罐车；扒渣机；轨道等。

3）转炉及氩氧精炼脱碳炉（AOD）设备：耳轴轴承座；拖圈；炉体；倾动装置；活动挡板和固定挡板；移动挡渣装置；炉前炉后防火门；主控室防护装置；钢包加盖装置；修炉塔；AOD炉供气装置。

4）原料系统设备：称量漏斗；汇集漏斗和回转漏斗；铁合金烘烤装置等。

5）氧枪和副枪设备：氧枪；副枪；氧枪、副枪的升降装置、横移装置和回转装置；氮封装置；副枪探头装投机和拔头机、探头流槽等。

6）烟罩设备和余热锅炉设备：裙罩；移动烟罩；烟道；锅筒；蓄热器；除氧水箱等。

7）煤气净化设备：湿式煤气净化设备；干式煤气净化设备等。

8）渣处理设备：热闷渣处理设备；滚筒渣处理设备等。

（2）电炉炼钢机械设备的类型

电炉炉炼钢机械有：电弧炉、钢包精炼炉（LF）、钢包真空精炼炉（VD）与真空吹氧脱碳炉（VOD）、循环真空脱气精炼炉（RH）及循环真空顶吹脱气精炼炉（RH-TB）、密闭吹氩精炼炉（CAS）及密闭吹氩吹氧精炼炉（CAS-OB）。

1）电弧炉设备：轨座；摇架；倾动装置、锁定装置；炉体；炉盖、电极旋转及炉盖升降机构；电极升降及夹持机构；氧枪；上料装置、水冷烟道、铁水包倾翻机构等。

2）钢包精炼炉（LF）设备：钢包车及轨道；炉盖及炉盖升降机构；电极升降及夹持机构；测温取样装置、氩气搅拌装置等。

3）钢包真空精炼炉（VD）与真空吹氧脱碳炉（VOD）设备：真空罐；真空罐盖车及轨道；真空罐盖车及罐盖升降机构；测温取样装置；真空装置；VOD炉氧枪等。

4）循环真空脱气精炼炉（RH）及循环真空顶吹脱气精炼炉（RH-TB）设备：钢包车、轨道及钢包顶升装置；真空脱气室、脱气室车及轨道；真空装置；真空脱气室预热装置；RH-TB炉喷枪等。

5）密闭吹氩精炼炉（CAS）及密闭吹氩吹氧精炼炉（CAS-OB）设备：浸渍罩升降装置、合金料下料装置；CAS-OB炉氧枪；测温取样装置、煨丝机；事故吹氩装置等。

3. 炼钢机械设备试运转

（1）一般规定

《炼钢设备规范》3.0.11条对设备试运转做了如下规定：

1）单体试运转前，施工单位应编写单体试运转方案，经总监理工程师或建设单位项目技术负责人批准后，进行试运转。

2）炼钢机械设备及其附属装置、管路管线系统等设备均应检验合格。施工记录及资料应齐全，符合要求。润滑、液压、水、气（汽）、电气（仪器）控制等附属装置均应检验调试完毕，并应符合试运转要求。

3）试运转需要的能源、介质、润滑油脂、材料、机具、检测仪器、安全防护设施及用具均应符合试运转的要求。

4）设备的安全保护装置试运转应符合相关技术文件要求。

5）试运转的设备及周围环境应清扫干净，附近不得进行粉尘或噪声较大的作业。

6）运转区域消防道路应畅通，消防设施的配置应符合技术要求。

7）单体设备试运转时间或次数应符合设计技术文件的要求，无特殊要求时应符合下列规定：

① 连续运转的设备连续运转不应少于2h。

② 往复运转的设备在全行程或回转范围内往复动作不应少于5次。

8）无特殊要求时，设备试运转轴承温度应符合下列规定：

① 滚动轴承正常运转时，轴承温升不得超过40℃，且最高温度不得超过80℃。

② 滑动轴承正常运转时，轴承温升不得超过35℃，且最高温度不得超过70℃。

检验方法：温度计、测温仪检查。

9）设备单体无负荷试运转合格后，应进行无负荷联动试运转，按设计规定的联动程序和时间要求连续操作运行3次，应无故障。

10）每次试运转结束后，应做好下列工作：

① 电源和其他动力源应切断。

② 设备应进行放气、排水、排污及防锈涂油。

③ 设备内有余压的应卸压。

（2）铁水预处理装置试运转

《炼钢设备规范》7.6.1条对铁水脱硫装置试运转做如下规定：

1）搅拌浆车架导轨夹紧装置在搅拌行程范围内上、中、下三个位置各做3次夹紧、松开试验，动作时间行程均应符合设计技术文件的要求，双向夹紧应均匀，无间隙。

2）车架松绳安全装置应试验2次，动作应可靠。

3）搅拌头应在搅拌行程范围内上、中、下三个位置以低、中高速各运转5～10min，然后在下部位置高速运转1h，框架应无异常振动。

4）升降台事故提升机构应试验2次，并应安全可靠。

5）各运转部位应无异常噪声、无异常振动、动作灵活、安全可靠。检验方法：观察检查，检查试运转记录。

《炼钢设备规范》7.6.2条对铁水脱磷装置试运转做如下规定：

1）升降小车和横移装置运行应平稳、无卡阻、停位准确。

2）氧枪紧急提升装置应试验3次，并应安全可靠。检验方法：观察检查，检查试运转记录。

（3）炉体及倾动设备试运转

《炼钢设备规范》8.9.1条对炉体及倾动设备试运转做如下规定：

1）倾动装置的一次减速器应正、反向单独运转各不小于1h。

2）砌炉衬前炉体应按设计的最大倾动角度以低、中、高速倾动应各不少于5次。回"零"位时的停位偏差不应超过±1°。

3）砌炉衬后的炉体在炉衬硬化后应以低速倾动5次，倾动角度不应超过±90°。

4）试运转后，炉体、托圈、炉体与托圈的连接装置焊缝不得有裂纹，连接无松动。

5）水冷系统接头应无泄漏。检验方法：观察检查，对位尺量，手锤轻击。

《炼钢设备规范》8.9.1条规定："炉前炉后挡火门、主控室防护装置移动挡渣装置钢包加盖装置、修炉塔、供气装置在全行程范围内往返运行时，应无卡阻现象，动作灵活可靠，停位准确。检验方法：观察检查和检查试运转记录。"

《炼钢设备规范》8.9.3条规定："限位开关动作应准确、灵敏、可靠。紧固件、连接件不得松动，介质管道应无泄漏现象。"

（4）氧枪和副枪试运转

《炼钢设备规范》10.5.3条对氧枪和副枪试运转做如下规定：

1）氧枪和副枪的各种介质软管接头不得泄漏。

2）升降小车运行时，变速位置和停位的偏差应符合设计技术文件的要求。

3）横移小车对中装置的动作应准确可靠。

4）氧枪和副枪的事故提升装置应以点动方式试验3次，运行应可靠。

5）升降小车的断绳（松绳）安全装置应以松绳状态试验2次，制动应可靠。

6）副枪旋转台架在副枪工作位置时降小车导轨锁定装置的锁定应准确可靠。检验方法：观察检查、对位及测量。

（5）电弧炉的试运转

《炼钢设备规范》14.9条对炉体及倾动设备试运转做如下规定：

14.9.1 炉体的接地电阻值和各绝缘部位的绝缘值应符合设计技术文件的要求。检验方法：检查测试记录。

14.9.2 试运转前应完成炉体和炉盖的炉衬砌筑，在炉衬未硬化前，不得做炉体倾动和炉盖旋转的试运转。检验方法：观察检查。

14.9.3 各机构试运转前需锁定的机构应可靠锁定。检验方法：观察检查。

14.9.4 电极升降机构、炉盖旋转机构、炉体倾动机构等应分别进行试运转，并应动作灵活，无卡碰现象，动作联锁应准确、可靠。试运转后炉壳与摇架的连接不得有松动。检验方法：观察检查和检查试运行记录。

14.9.5 炉盖旋转、电极升降、炉体倾动在设计的最大工作范围内运转时，相互应无缠绕、阻碍。检验方法：观察检查。

14.9.6 水冷系统接头应无泄漏。检验方法，观察检查。

（6）钢包精炼炉的试运转

《炼钢设备规范》15.5 条对钢包精炼炉设备试运转做如下规定：

15.5.1 试运转前应检查绝缘部位，绝缘值应符合设计技术文件的要求。检验方法：检查测试记录。

15.5.2 钢包车全行程范围内往返运行时，不应卡轨，停位应准确可靠。检验方法：观察检查。

15.5.3 各升降机构试运转应符合下列规定：

① 升降机构全行程运转时，所有连接的各软管电缆相互间应无缠绕、阻碍；

② 动作应灵活、可靠停位准确。检验方法：观察检查。

15.5.4 水冷系统接头应无泄漏。检验方法：观察检查。

15.5.5 限位开关动作应准确、灵敏可靠。紧固件、连接件不得松动，介质管道应无泄漏现象。

15.5.6 试运转还应符合本规范第 3.0.11 条的规定。

（7）钢包真空精炼炉的试运转

《炼钢设备规范》16.7 条对钢包真空精炼炉设备试运转做如下规定：

16.7.1 真空炉炉盖车试运转应符合本规范第 14.9.2 条的规定。

16.7.2 真空系统应按预真空、低真空、高真空顺序进行严密性试验，其泄漏率或泄漏量应符合设计技术文件的要求。检验方法：检查真空试验记录。

16.7.3 真空试验时，在各级阀门关闭况下，活动密封部位应重复转动 3 次，每次转动瞬间真空度的下降值和真空度恢复到原值的时间均应符合设计技术文件的要求。检验方法：观察检查和检查真空度的试验记录。

16.7.4 水冷系统接头应无泄漏。检验方法：观察检查。

16.7.5 限位开关动作应准确、灵敏可靠。紧固件、连接件不得松动，介质管道应无泄漏现象。

16.7.6 试运转还应符合本规范第 3.0.11 条的规定。

（8）连续铸钢设备的试运转

《炼钢设备规范》19.12 条对连续铸钢设备试运转做如下规定：

19.12.1 钢包回转台的回转臂应按设计技术文件的要求进行冷满负荷和冷超负荷的试验。检验方法：观察检查和检查试运转记录。

19.12.2 中间罐车的试运转应符合本规范第 15.5.2 条的规定检验方法：观察检查和

检查试运转记录。

19.12.3 结晶器振动机构试运转，振动频率和振幅应符合设计技术文件要求。检验方法：检查试运行记录，现场检测。

19.12.4 冷却或加热系统应符合下列规定：

① 各系统应畅通、无堵塞、无泄漏现象。

② 工作介质的品质、流量、压力、温度应符合设备技术文件的要求。

③ 阀门回转接头、疏水器等应密封良好，动作正常，灵活可靠。检验方法：观察检查和检查试运转记录。

19.12.5 传动机构应符合下列规定：

①链条和链轮应运转平稳、无啃卡无异常噪声。

②齿轮运转时，应无异常噪声和振动。

③离合器应动作灵活、可靠。

④各紧固件、连接件连接应可靠无松动。

⑤制动器、限位装置应动作准确、灵敏、平稳、可靠。检验方法：观察检查。

19.12.6 连铸机组的无负荷联动试运转应以引锭杆送入结晶器模拟进行 3 次，应无故障。检验方法：观察检查。

19.12.7 限位开关动作应准确、灵敏可靠。紧固件、连接件不得松动，介质管道应无泄漏现象。

19.12.8 试运转还应符合本规范第 3.0.11 条的规定。

（9）出坯和精整设备的试运转

《炼钢设备规范》20.9 条对出坯和精整设备试运转做如下规定：

20.9.1 出坯和精整设备单体无负荷试运转要求应符合下列规定：

① 冷却或加热系统应符合本规范第 19.12.4 条的规定。

② 传动机构试运转应符合本规范第 19.12.5 条的规定检验方法：观察检查和检查试运转记录。

20.9.2 出坯和精整设备的无负荷联动试运转应以冷试坯模拟进行 3 次无故障。检验方法：观察检查。

20.9.3 限位开关应动作准确灵敏可靠紧固件、连接件不得松动，介质管道应无泄漏现象。

20.9.4 试运转还应符合本规范第 3.0.11 条的规定。

1.2.5 《石油化工大型设备吊装工程规范》GB 50798—2012

本规范适用于石油化工新建、改建、扩建工程项目大型设备吊装工程。石油化工检维修工程的大型设备吊装可参照执行。

1. 基本规定

（1）大型设备吊装作业

是指设备重量大于 100t 或垂直高度大于 60m 的吊装作业。对具体的大型设备吊装工程，施工单位可根据技术装备、技术素质、现场环境等方面的条件，从标准中选择适用工艺，在有计算依据并采取有效安全措施的情况下，也可采取其他吊装工艺。

（2）起重机械要求

起重机械的生产厂家必须是国家主管部门指定并核发合格证（进口许可证）的专业制造厂，其安全防护装置必须齐全、完备，有产品合格证和安全使用、维护、保养说明书。

起重机械的安装、使用和维修保养应执行国家质量技术监督局《特种设备质量监督与安全监察规定》和《特种设备注册登记与使用管理规则》的规定。

吊索具必须具有出厂质量证明文件，不得使用无质量证明文件或试验不合格的吊索具。

（3）起重作业人员

起重指挥人员、起重工和起重机械操作人员，必须经过专业学习并接受安全技术培训，取得政府主管部门签发的特种作业人员操作证，方可从事指挥和操作。

（4）大型设备吊装方案

1）大型设备吊装必须编制吊装方案，并按规定进行审批，方案变更必须按原审批程序进行审批。

2）吊装方案应由专业吊装技术人员负责编制，并按管理程序审核和批准，并报送监理和建设单位确认。监理或建设单位可邀请有关专家对吊装方案进行审查。

3）大型设备吊装方案编制和审批人员的资格和职责，见表1-6。

吊装方案编制和审批人员的资格和职责　　　　　　　　　　　　表1-6

岗位	职　　责	资格
编制	现场勘察，起重机具调查；编制吊装方案；编制吊装计算书；提出方案修改意见	工程师
校核	校核吊装工艺；校核吊装计算书	工程师
审核	审查吊装工艺；审查起重机具选择及布置合理性；审查吊装安全技术措施；审查进度计划、交叉作业计划；审查劳动力组织	高级工程师
批准	吊装方案的最终确认、批准	企业技术负责人

（5）吊装方案交底

1）吊装作业前必须由吊装方案编制人向全体作业人员进行交底并记录，作业人员应熟知吊装方案、指挥信号、安全技术要求及应急措施。

2）吊装方案交底内容：多台设备吊装顺序；单台设备吊装方案和吊装工艺；机具安装工艺及机具试验方法和要求；吊装作业工序及要点；安全技术措施。

（6）吊装方案实施准备

1）吊装方案编制人应负责方案的实施包括：指导作业人员正确执行方案；提出正确的施工作业方法；处理吊装施工过程中出现的技术问题；对方案中不完善之处提出修改方案和编制补充方案。

2）吊装工程施工应建立完善的吊装安全质量保证体系。吊装施工准备和实施过程中，吊装施工安全质量保证体系应正常运转，以确保吊装施工安全。

3）吊装前应进行吊装作业危害识别，风险评价并制定控制措施。吊装前应掌握当地气象情况，当雷雨、大雪天气或风速大于10.8m/s时不得进行吊装作业。

4）起重机械站位及行走的地面应按地基处理方案进行处理，吊装作业前应确认合格，满足起重机械对地耐力的要求。

5）所有起重机械、绳索、滑轮、卸扣、绳卡等机具必须具有合格证及吊装前质量合格确认表。

6）起重机械、机具及设备与输电线路间的最小安全距离应符合表1-7的规定。

输电线路与设备和起重机具间的最小安全距离 表1-7

项 目	输电导线电压（kV）				
	<1	10	35	110	220
最小安全距离（m）	1.5	3.0	4.0	5.0	6.0

（7）吊装前检查

1）班组自检：吊钩、吊具、钢丝绳的选用和设置符合吊装方案的要求，其质量符合安全技术要求；电气装置、液压装置、离合器、制动器、限位器、防碰撞装置、警报器等操纵装置和安全装置符合使用安全技术条件，并进行无负荷试验；地面附着物情况、起重机械与地面的固定（包括地锚、缆风绳等）设置情况；确认起重机具作业空间范围内的障碍物及其预防措施。

2）项目复检：班组自检记录及自检整改结果；吊装设备基础及回填土夯实情况；随设备一起吊装的管线、钢结构及设备内件的安装情况；复查起重机具、索具及起重机械。

3）联合检查：吊装方案及吊装前的准备工作；吊装安全质量保证体系、管理人员及施工作业人员资格；安全质量保证措施的落实情况；设备准备情况；施工用电；其他方面的准备工作。

4）检查中发现的问题，应由各级责任人员组织整改和落实。安全质量部门应对整改结果进行确认。

5）联合检查确认设备吊装准备工作符合吊装方案后，由吊装总指挥签署"吊装命令书"并下达吊装命令，方可进行试吊和吊装作业。

（8）设备正式吊装

1）大型设备正式吊装前必须进行试吊。

2）试吊和正式吊装的规定：对设备吊点处和变径、变厚处等设备及塔架的危险截面，宜实测其应力，细长设备应观察其挠度；对卷扬机应实测传动机构温升和电动机的电流、电压及温升；吊车吊装时应观测吊装安全距离及吊车支腿处地基变化情况；机索具的受力情况观测。

3）吊装过程中设备易摆动及旋转的情况下，应采用设溜绳等安全措施，防止设备在吊装过程中摆动、旋转。设备不宜在空中长时间停留，若须停留应采取可靠的安全措施。

4）拖拉绳跨越道路时，离路面高度不得低于6m，并应悬挂明显标志或警示牌。动力电缆、信号缆和钢丝绳的布置应作出明显清晰的标志，动力电缆、信号缆不得对交通和相邻的施工作业有影响。

5）吊装过程中，作业人员应坚守岗位，听从指挥，发现问题应立即向指挥者报告，无指挥者的命令不得擅自操作。

6）立式设备吊装就位后，应立即进行初找正，地脚螺栓拧紧后方可松绳摘钩。

（9）吊装工程全过程实施安全、环境与健康因素（危险源）控制。节约能源和资源，最大限度避免事故和危险发生，控制和预防环境的污染与破坏，保障吊装工程安全、可靠。

（10）吊装方案、吊装计算书及修改或补充方案、方案交底记录和方案实施的实测记录均应存档。

2. 施工准备

（1）技术准备

1）吊装规划编制要求

在工程项目的投标阶段提出大型设备的吊装规划；工程项目中标后，大型设备吊装规划的具体内容应列入施工组织设计中；吊装工程开工前，完成大型设备吊装方案的编制及审批工作。

吊装规划是对整个施工区域内设备吊装的顺序、计划、吊装平面布置、吊装方法以及劳动组织等的总体设计。吊装规划应在收到施工图后、开工之前完成。吊装方案是更具体、更详细的技术文件，必须具备可操作性，她将直接指导吊装作业。

2）吊装规划编制依据

工程项目的招标文件；大型设备结构图和平面、立面布置图；施工现场地质资料、气象资料及吊装环境；施工机具装备条件及吊装技术性能；设备到货计划；工期要求与经济指标；建设单位对大型设备吊装的有关要求。

3）吊装规划编制内容

设备吊装工艺的经济分析（包括可行性研究和可靠性分析）；大型设备吊装参数汇总表；吊装工艺；吊装主要机具选用计划；吊装顺序；吊装进度（包括交叉作业进度）；吊点位置及其结构；设备的供货条件；吊装平面的布置；劳动力组织；主要安全技术措施。

4）吊装方案的编制依据

现行国家、行业标准、规范；施工组织设计；施工技术资料；设备制造图；设备基础施工图；设备及工艺管道平、立面布置图；地下工程图；架空电缆图；梯子平台等相关专业施工图；设计审查会文件；设备吊装计算书；现场施工条件；作业计划。

5）吊装方案内容

编制说明及依据；工程概况；工程特点；吊装参数表；吊装工艺设计；设备吊装工艺要求；吊装计算结果；起重机具安装拆除工艺要求；设备支、吊点位置及结构图和局部加固图；吊装平立面布置图；地锚施工图；设备地面组装深度规定；地下工程和架空电缆施工规定；起重机具汇总表；吊装进度计划；相关专业交叉作业计划。

6）吊装工艺对设备的特殊要求

设备吊耳或吊盖的结构型式，焊接或连接的位置及其使用条件；塔架底部扳转铰链的结构形式，所在的基础位置及高度；设备装卸车要求；设备运入吊装现场的次序及卸车位置；设备裙座处的支撑加固措施。吊装平面图中应注明大型设备运抵吊装现场的运输道路及卸车场地。大型设备运输应一次到位，卸车后应符合吊装的方位要求。

7）安全、质量保证体系

吊装施工安全措施，吊装工作危险性分析（JHA）表或 HSE 危害分析，吊装应急预案。

8）吊装作业说明

起重机具安装程序与工艺要点及作业质量标准；设备装卸运输施工程序与工艺要点及作业质量标准；试吊前准备、检查的项目与要求；正式吊装的施工程序与工艺要点及作业质量标准。

9）吊装平面布置图内容

吊装环境；地下工程；设备运输路线；设备组装、吊装位置；吊装过程中机具与设备的相对位置；桅杆站立位置及其拖拉绳、主后背绳的平面分布；主吊车和抬尾吊车的站车位置及移动路线；滑移尾排及牵引和后溜滑车组的设置位置；吊装工程所用的各台卷扬机现场摆放位置及其主走绳的走向；吊装工程所用的各个地锚的平面坐标位置；需要做特殊处理的吊装场地范围；吊装指挥的位置；监测人员的位置；电源及吊装工程的最大负荷用电量；吊装警戒区。

10）详细作业图纸要求

对钢丝绳穿绕有特殊要求；对索具系统布置有特殊要求；对被吊设备的主吊点及尾部连接形式必须绘制大样图；对吊装场地承压地面及现场设备运输道路的处理有特殊要求；对设备吊装配套使用的平衡梁、抬架等专用吊具。

11）对吊装方案实施前或实施过程中所发现的具体问题，应及时采取相应的改进措施，并填写吊装方案修改意见单。当吊装方案实施过程中有较大变更时，应编制出补充方案，并按原程序审批后实施。

（2）吊装机具准备

1）对进入吊装现场的起重机具、索具及材料，应指定存放位置并由专人验收和保管。对每件机具、索具及材料应及时作出标识，注明其规格、型号及使用部位。

2）机械责任人员应该核查机具员提交的机具维修使用检验记录，确认其技术性能符合安全质量要求。

3）大型起重机具的运输路线、卸车位置应符合吊装平面布置图的要求。

（3）施工现场准备

1）吊装现场的场地、道路、施工用电应满足吊装方案要求。桅杆安装位置、吊车工作位置及行车路线的地耐力应满足使用要求。机具设备存放场地应有排水措施。吊装指挥应根据吊装方案的要求，进行起重机具的设置。起重机具安装时，应认真填写吊装工艺卡。

2）卷扬机的设置规定

同一工艺岗位的卷扬机宜集中设置，且有防雨棚、垫木等防护设施；卷扬机设置地点应便于观察吊装情况及指挥联络，且有足够的安全距离；桅杆的走绳宜直接进入卷扬机，尽量减少走绳的变向次数；卷扬机出绳的俯仰角度不得大于 $5°$；卷扬机卷筒到最近一个导向滑车的距离，不得小于卷筒长度的 20 倍，且导向滑车的位置应在卷筒的垂直平分线上；卷筒上的走绳应均匀缠紧，防止吊装时走绳嵌入绳层。

3）卷扬机的设置应避免走绳与设备进向交叉；走绳与地面索具交叉；妨碍设备尾排运行至规定位置。

4）地锚选择

施工单位应根据现场的土质情况和吊装工艺要求，选用适当的地锚结构形式。拖拉绳地锚位置应符合下列要求：地锚与桅杆距离应使拖拉绳仰角不大于 $30°$，特殊情况时，允许最大仰角为 45°；地锚的埋设应满足受力方向的要求。

5）在有充分计算依据的条件下，对设备的吊耳选用，可根据吊装工程的实际情况，选择其他种类的吊耳形式。

3. 液压提升装置吊装

（1）一般规定

1）使用液压提升装置吊装，应详细阅读并熟悉各液压设备及系统的安装、操作说明书及其维护手册，严格按说明书操作。

2）液压设备的安装设施及其作业的支撑结构应有足够的稳定性和强度，且可承受施加于其上的吊装载荷。

3）液压设备与动力装置应配套使用。液压设备的安装应附合设备要求运动的方向。被锚固件夹持的承载构件表面不得有油漆、油污、锈皮及赃物。

4）液压设备的保管和维护要求

液压设备部件应保存在干燥清洁的库房内；液压设备在每次使用后都要将其锚固件（夹片或楔块）取下检查清洗，再组装时需在锚固件外端涂以润滑剂；每次使用后应检查所有的部件，任何有缺陷的部件均应用新部件代替。

液压设备部件的清洗应使用石蜡或类似的溶剂，不得使用柴油、稀释剂或衍生物，清洗后的油缸及锚固件等运动表面应涂以规定的油脂保护。

液压设备应在充满液压油的状态下存放，应每 12 个月进行一次校验和载荷试验。

5）液压设备使用前检查

在油路和控制线路连接完毕并调试合格后检查，所有杆、销、释放板等转动灵活；锚固件的夹片或楔块清洁并润滑；主油缸及微型千斤顶无漏油；油管及快速接头无漏油。

6）利用工程结构支撑、使用液压设备吊装时，应对承载的结构在受力条件下的强度和稳定性进行核算并经建设和监理单位同意。

（2）液压设备的分类和使用

1）中孔千斤顶

① 中孔千斤顶可用作设备的垂直提升，顶升及水平移动作业，每台千斤顶穿入钢绞线的数量应根据载荷确定。钢绞线穿入后应逐根调整，使锚固件间每根钢绞线的长度一致。

② 中孔千斤顶用作提升作业时，从千斤顶上抽出的钢绞线应设置导向支撑，使钢绞线垂直通过千斤顶，抽出钢绞线的重量不得作用在千斤顶的柱塞杆上。

③ 使用中孔千斤顶提升设备，抽出钢绞线束的滑出路径宜采用滚动摩擦形式的轨道，运动中不得发生堵塞现象。

④ 提升设备的中孔千斤顶应垂直安装，承载钢绞线与铅垂线的夹角不得大于 2°。

⑤ 中孔千斤顶用作设备的顶升或水平移动作业时，应与运动方向同向固定于设备上。承载钢绞线应与锚固件同心、两端锚固且调整每根钢绞线的预张力，使其保持一致。

2）夹紧千斤顶

① 夹紧千斤顶通过夹持其规定尺寸的方钢实现设备的运动。夹紧千斤顶安装要符合设备运动的方向。

② 千斤顶的夹持方钢截面尺寸误差以中心线为准不超过 ±0.5mm；每条方钢的直线度误差不超过其长度的 1/1000，且不大于 5mm；方钢接头错口偏差不大于 1mm。

③ 夹紧千斤顶使用前应检查钢夹楔块的夹齿是否锐利，齿间是否有杂物且清理干净。若尖齿表面成型或硬化层损坏应及时更换。

3）推拉千斤顶

推拉千斤顶根据在设备上安装位置的不同可进行推或拉的动作，实施设备的水平移动。推拉千斤顶应在与其配套的滑移轨道上使用。

4）动力包

① 动力包的选型应与使用的液压设备的能力和数量相匹配。

② 动力包操作前，液压设备上所有控制线路应与动力泵站开关板上的相关端子连接。

③ 启动动力装置前，锚固件支配安全开关已经完全调向逆时针位置，且钥匙已取下。

④ 应根据不同的载荷来设定动力包的最大工作压力，设定完成后锁住调压阀，锁定手轮以免在操作中发生移动。

⑤ 动力包每次启动时间不要超过 20s，若发动机未启动，在重新启动前，两次启动间隔时间要多于 1min，两次启动仍未完成，应检查原因。

⑥ 动力包使用前检查：燃油液位适当；油液无泄漏；干净并配有机油、空气及柴油滤芯；控制阀操作正确；压力表读数正确。

⑦ 动力包在工作数小时后应仔细检查油、过滤器和油箱的状态。若有必要，更换系统中的油。需要时，应彻底清洗过滤器芯以及油箱。

⑧ 动力包至少每 2 个月启动一次，对其电瓶充电，运转时间不少于 2h。

5）控制系统

控制系统使用前，应按产品技术文件的规定和控制的对象及控制的精度设定参数。对于所控制的每一台千斤顶所有的设定值都应始终一致，且只允许输入一次。控制系统使用的电源应稳定，且应配置不间断电源设施。

（3）钢绞线

① 钢绞线是使用中孔千斤顶提升的承载部件。钢绞线应按所采用的中孔千斤顶所要求的规格及吊装施工要求的拉力选用。

② 成盘供货的钢绞线展开时，应将钢绞线盘放在特制的刚性框（分配器）中进行。钢绞线的展开应在清洁、干燥、无污染物的环境进行。钢绞线的定长切割应使用便携式角向磨光机，不得使用火焰切割。切割后的两端应磨成倒角。

③ 钢绞线在保管和使用中不得有折弯和油污，并在使用中防止焊接作业造成的损坏。

④ 钢绞线在穿入夹持器前，应清理干净其表面的浮锈及沾染的污物。

⑤ 每台中孔千斤顶穿入钢绞线的数量应据吊装载荷确定。钢绞线全部穿入后应逐根调整，使上、下锚固件间每根钢绞线的长度一致。

⑥ 已切割或使用过的钢绞线应成单根盘圈存放，盘圈直径不应小于 1.8m。钢绞线应存放于干净、干燥的环境下。钢绞线有折弯及明显锈坑时应报废。

（4）吊装方法

① 中孔千斤顶与门式桅杆配合使用吊装石油化工立式设备的吊装工艺与桅杆吊装相同，但设备底部宜采用吊车抬送。当采用尾排移送时，应采取措施保证吊装中承重钢绞线的使用状态符合规范的规定。

② 中孔千斤顶集群组合使用提升设备时，每两台中孔千斤顶及每组中孔千斤顶之间

应设置平衡装置并对每台千斤顶设定超载保护措施。

③ 使用中孔千斤顶倒装法安装储罐类设备时，其计算载荷不应超过其额定能力的75％，其布置及其吊点数量应根据起升的最大载荷及被吊圈板的稳定性综合考虑确定。

④ 夹紧千斤顶可采取固定或移动两种设置通过对其承载构件—方钢的夹持作用实现设备的顶升运动。当夹紧千斤顶固定设置时，方钢应装于被顶升的设备上；当夹紧千斤顶随设备移动时，方钢应装于支持构架上，但千斤顶的安装方向相反。

(5) 吊装安全和技术规定

1) 液压设备支持构架应有足够承载能力的基础，应根据构架底座的对地载荷及地质条件视现场的具体情况制定设计和实施方案。

2) 当支持构架为门式桅杆时，其缆风绳的设置应根据门架的高度、吊装系统的迎风面积、吊装现场基本风压值及三十年一遇的最大风压值等因素进行核算后确定。门式塔架至少应设置六根缆风绳。

3) 设备底部的溜尾吊车或尾排的运送速度要与主吊的液压顶升装置爬升速度相匹配，使主吊索具随时保持在垂直平面内。

4) 门架两桅杆的中心连线应与设备基础的中心线重合。

5) 在吊装的过程中，要用仪器密切监测门架的垂直度及桅杆弯曲度变化情况，垂直度和弯曲度的偏差不能超过结构设计的允许值。一般情况下，垂直度和弯曲度的偏差应小于 $H/1000$（H 为桅杆的高度）并小于 100mm。

6) 中孔千斤顶集群组合使用提升超长设备（如吊车主梁）时，要密切监测设备在上升过程中的水平度，当设备的水平度超过 $L/200$ 时（L 为设备的长度），需要停止顶升，待调整好设备的水平度后再进行顶升。

7) 中孔千斤顶在使用过程中如发现钢绞线有局部松弛现象，应停止提升，分析原因，采取调整措施后方能继续提升。

8) 垂直状态下穿入钢绞线或将穿好钢绞线的千斤顶安装到垂直状态时，应在千斤顶的出缆端用绳卡将每两根钢绞线卡在一起。

9) 已穿好钢绞线的中孔千斤顶不宜进行空载下降动作，当必须进行此种操作时，应充分考虑到绳卡的位置应满足下降动作行程的需要。

10) 用作提升时，钢绞线每移动 100m 或拉动设备时每移动 300m 应做以下检查：清理锚块上的夹片并检查损伤情况，发现夹片上有 20％的有效齿损失则应更换该夹片。

11) 千斤顶在每次使用后应检查

锚块（包括移动锚和固定锚）完全拆开，除去锥形孔和卸载管口的锈物并清理干净；清洗卸载板和卸载管；检查夹片；重新安装时，应在夹片外表面涂以润滑剂。对小油缸做渗漏测压试验，若有较严重的渗漏则应更换。

4. 液压顶升装置吊装

(1) 一般规定

1) 液压顶升装置吊装适合于重量重，或高度高，或体积大，或位置特殊的设备吊装。吊装方法应根据设备、机具、人力以及现场条件等不同情况，选择最合理方案。应根据设备的最大吊装重量来合理配置千斤顶的大小和数量。

2) 使用钢绞线千斤顶作顶升吊装时，钢绞线千斤顶及其构件夹持器必须有牢固及可靠的支撑；同样在使用爬升式千斤顶作顶升吊装时，千斤顶的爬行方钢必须有牢固及可靠的连接和固定。

3）利用门式塔架作液压千斤顶顶升吊装的支撑时，吊装的最大负荷不得超过门式塔架设计的许用负荷；利用框架作液压千斤顶顶升吊装的支撑时，应对其强度、刚度进行核算，不得超过设计的承载能力。

（2）分类

液压顶升装置吊装是指通过千斤顶向上（爬升）运动的方式来吊装设备，目前吊装工程中，主要有以下两种液压顶升的方式：

1）利用爬升式千斤顶沿方钢向上爬行，通过千斤顶向上顶升吊装梁来吊装设备，如图 1-1 所示。

2）利用钢绞线千斤顶倒置沿钢绞线向上爬行，通过千斤顶向上顶升来吊装设备，如图 1-2 所示。

（3）吊装方法

液压顶升装置吊装是用液压千斤顶向上爬升，来顶升石油化工设备的顶部（指立式圆筒形的反应器及塔类设备），设备底部采用尾排或吊车运送，最后将设备安放到预定位置上。

1）采用液压顶升装置吊装石油化工设备，通常需要使用门式塔架，如图 1-3 所示。

图 1-1 千斤顶向上顶升示意图

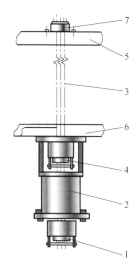

图 1-2 钢绞线千斤顶示意图

1—上夹持器；2—提升千斤顶；3—钢绞线；4—下夹持器；
5—承重结构；6—重物结构；7—构件夹持器

图 1-3 门式塔架示意图

1—底座；2—塔架；3—方钢；4—爬升千斤顶；
5—平衡滑座；6—吊装梁；7—回转机构

2）采用液压顶升装置吊装石油化工设备的吊装操作过程，如图 1-4 所示。

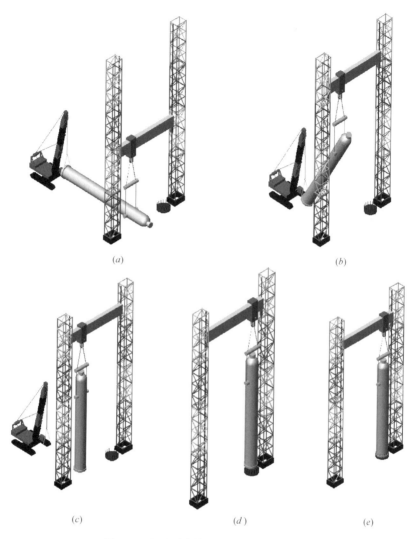

图 1-4 液压顶升装置吊装设备操作过程

(*a*) 开始起吊；(*b*) 千斤顶向上顶升，溜尾吊车将设备向前抬送；(*c*) 在溜尾吊车的配合下，将设备提升至垂直位置；(*d*) 利用水平移动千斤顶，将设备移至对正基础就位位置；(*e*) 将设备放下就位

（4）吊装安全和技术规定

1）塔架基础的作法应根据塔架底座的受力大小、地质条件及现场的具体情况而定。

2）塔架缆风绳的设置应根据塔架的高度、设备和吊装系统的迎风面积、吊装现场的基本风压值及三十年一遇的最大风压值等因素进行核算后确定。一般情况下，门式塔架需要设置六根缆风绳。

3）设备底部的溜尾吊车或尾排的运送速度要与主吊的液压顶升装置爬升速度相匹配，使主吊索具随时保持在垂直平面内。

4）两个塔架的中心连线应与设备基础的中心线重合。

5）在吊装的过程中，要用仪器密切监测塔架的垂直度及弯曲度变化情况，垂直度和弯曲度的偏差不能超过塔架设计的允许值。一般情况下，垂直度和弯曲度的偏差应小于

$H/1000$（H 为塔架的高度）和小于 100mm。

6）尽量使液压千斤顶在吊装过程中负载均衡、同步爬升，因此要密切监测吊装梁在上升过程中的水平度，当吊装梁的水平度超过 $L/200$ 时（L 为吊装梁的跨度），需要停止顶升，待调整好吊装梁的水平度后再进行顶升。

7）设备超越基础时，设备底部与基础（或地脚螺栓顶部）应保持 200mm 以上的安全距离。塔架与设备外部附件的间隙应大于等于 200mm。

8）在安装液压顶升装置之前，应检查爬升式液压千斤顶爬升方钢的外形尺寸、表面清洁度等情况；对外形尺寸偏差超过许用范围的方钢，应矫正合格后再使用；对表面有锈蚀或油污等情况的方钢，应进行除锈和清理干净后才能使用。

9）使用钢绞线千斤顶作顶升吊装时，在加载后其构件夹持的压板螺栓要作两次上紧。

10）液压千斤顶在使用之前要作全面检查，并在做了维护保养和试运行后才能使用；必要时要作对顶负荷试验，液压千斤顶应在其设计的负荷下保持稳压 3min 以上。

5. 设备平移

特殊吊装指对立式工件（包括构架）采用平移技术使其就位。一般用于旧设备的搬迁移位、装置改造设备的更换。

（1）立式工件平移

平移系统一般包括支撑系统、加固系统、牵引系统、检测系统。

1）支撑系统可分为上滚道、下滚道、滚杠、临时基础。

① 上滚道宜与工件底板联合设计，一般利用设备的支座、构架的底板。

② 下滚道宜用钢板、H 型钢铺设，并满足要求刚度、强度要求。

③ 滚杠的选用满足刚度要求；滚杠铺设前，必须进行校直。

2）临时基础宜按正式基础要求进行浇筑。临时基础与正式基础临近时，可将两者作为联合基础进行浇筑。正式基础地脚螺栓的设置应考虑平移要求，宜采用预留孔形式。

3）加固系统是为了保证设备支座、构架支腿在预制和平移过程中不变形、整体几何尺寸稳定的需要，根据实际情况进行设置。

4）牵引系统：平移的牵引力宜采用液压牵引设备，还可采用卷扬机、拖车等作为牵引力。采用多点牵引时，各牵引点应动作同步、牵引力均匀。

（2）平移过程中检测部位：牵引系统的受力，采用多点牵引时，检测各牵引点的受力。每根滚杠的方位、间距。平移工件的垂直度。风向检测和预警。

（3）立式工件平移安全和技术规定

1）平移的速度满足工件的整体强度要求。为防止工件在停止移动过程中产生过大的惯性力，宜在较低速度下进行平移。

2）保持上滚道板和下滚道板上下表面的清洁，不允许有异物存在。平移前，应进行仔细检查、清理。必要时使用滚杠限位的保护措施。

3）平移过程出现偏移时，可通过调整各牵引点的牵引力或使用千斤顶进行纠偏调整。调整完毕，应使用仪器进行复测，达到要求后再继续平移。

（4）待移动的立式设备的运行道路应坚实平整，并符合承载力的要求，且与待安装的正式基础连为一体。

1）立式设备移动过程中应根据设备外形尺寸及气象条件采取抗风载措施。立式设备应根据移动系统重心高度和倾翻角计算系统的稳定性和确定移动中的防倾翻措施。立式设备移动的上下走道板之间应采取摩擦系数小、平稳的摩擦形式。立式设备移动宜采用液压设备作牵引动力，并采取前拉、后推的方式。

2）设备的正式基础地脚螺栓应采用螺栓预留孔形式，待设备平移到位并找正后再安装地脚螺栓及灌浆。

1.2.6 《建设工程施工合同（示范文本）》GF—2017—0201

住房和城乡建设部、国家工商行政管理总局于 2017 年对《建设工程施工合同（示范文本）》GF—2013—0201 进行了修订，制定了《建设工程施工合同（示范文本）》GF—2017—0201（以下简称《示范文本》）。《示范文本》为非强制性使用文本，适用于房屋建筑工程、土木工程、线路管道和设备安装工程、装修工程等建设工程的施工承发包活动，合同当事人可结合建设工程具体情况，根据《示范文本》订立合同，并按照法律法规规定和合同约定承担相应的法律责任及合同权利义务。该《示范文本》由合同协议书、通用合同条款和专用合同条款三部分组成。

1. 合同协议书

（1）工程概况

工程名称；工程地点；工程立项批准文号；资金来源；工程内容：群体工程应附《承包人承揽工程项目一览表》；工程承包范围。

（2）合同工期

计划开工日期；计划竣工日期；工期总日历天数，工期总日历天数与根据前述计划开竣工日期计算的工期天数不一致的，以工期总日历天数为准。

（3）质量标准

工程质量符合双方约定的并达到国家标准规定的优良标准，工程质量必须达到国家标准规定的合格标准。

（4）签约合同价和合同价格形式

签约合同价含安全文明施工费、材料和工程设备暂估价金额、专业工程暂估价金额、暂列金额；合同价格形式为双方确定的价格形式。

（5）项目经理

承包人项目经理。

（6）合同文件构成

1）中标通知书（如果有）；

2）投标函及其附录（如果有）；

3）专用合同条款及其附件；

4）通用合同条款；

5）技术标准和要求；

6）图纸；

7）已标价工程量清单或预算书；

8）其他合同文件。

在合同订立及履行过程中形成的与合同有关的文件均构成合同文件组成部分。

上述各项合同文件包括合同当事人就该项合同文件所作出的补充和修改，属于同一类内容的文件，应以最新签署的为准。专用合同条款及其附件须经合同当事人签字或盖章。

（7）承诺

1）发包人承诺按照法律规定履行项目审批手续、筹集工程建设资金并按照合同约定的期限和方式支付合同价款。

2）承包人承诺按照法律规定及合同约定组织完成工程施工，确保工程质量和安全，不进行转包及违法分包，并在缺陷责任期及保修期内承担相应的工程维修责任。

3）发包人和承包人通过招投标形式签订合同的，双方理解并承诺不再就同一工程另行签订与合同实质性内容相背离的协议。

（8）词语含义

本协议书中词语含义与第二部分通用合同条款中赋予的含义相同。

（9）签订时间

（10）签订地点

本合同签订地点。

（11）补充协议

合同未尽事宜，合同当事人另行签订补充协议，补充协议是合同的组成部分。

（12）合同生效

（13）合同份数

2. 通用合同条款

（1）一般约定

1）词语定义与解释

合同协议书；通用合同条款；专用合同条款。

2）合同当事人及其他相关方

发包人；承包人；监理人；设计人；分包人；发包人代表；项目经理；总监理工程师：是指由监理人任命并派驻施工现场进行工程监理的总负责人。

3）工程和设备

工程：永久工程；临时工程；单位工程；工程设备；施工设备；施工现场；临时设施；永久占地；临时占地。

4）日期和期限

开工日期；竣工日期；工期；缺陷责任期；保修期；基准日期；天：均指日历天。

5）合同价格和费用

签约合同价；合同价格；费用；暂估价；暂列金额；计日工；质量保证金；总价项目。

6）其他

书面形式：是指合同文件、信函、电报、传真等可以有形地表现所载内容的形式。

① 语言文字

② 法律

③ 标准与规范

④ 合同文件的优先顺序

组成合同的各项文件应互相解释，互为说明。除专用合同条款另有约定外，解释合同文件的优先顺序如下：

① 合同协议书；

② 中标通知书（如果有）；

③ 投标函及其附录（如果有）；

④ 专用合同条款及其附件；

⑤ 通用合同条款；

⑥ 技术标准和要求；

⑦ 图纸；

⑧ 已标价工程量清单或预算书；

⑨ 其他合同文件。

上述各项合同文件包括合同当事人就该项合同文件所作出的补充和修改，属于同一类内容的文件，应以最新签署的为准。

在合同订立及履行过程中形成的与合同有关的文件均构成合同文件组成部分，并根据其性质确定优先解释顺序。

7）图纸和承包人文件

① 图纸的提供和交底

② 图纸的错误

③ 图纸的修改和补充

④ 承包人文件

⑤ 图纸和承包人文件的保管

8）联络

9）严禁贿赂

10）化石、文物

11）交通运输

① 出入现场的权利

② 场外交通

③ 场内交通

④ 超大件和超重件的运输

⑤ 道路和桥梁的损坏责任

⑥ 水路和航空运输

12）知识产权

13）保密

14）工程量清单错误的修正

（2）发包人

1）许可或批准

2）发包人代表

3）发包人人员

4）施工现场、施工条件和基础资料的提供

① 提供施工现场

② 提供施工条件

③ 提供基础资料

④ 逾期提供的责任

5）资金来源证明及支付担保

6）支付合同价款

7）组织竣工验收

8）现场统一管理协议

（3）承包人

1）承包人的一般义务

2）项目经理

3）承包人人员

4）承包人现场查勘

5）分包

6）工程照管与成品、半成品保护

7）履约担保

8）联合体

（4）监理人

1）监理人的一般规定

2）监理人员

3）监理人的指示

4）商定或确定

（5）工程质量

1）质量要求

2）质量保证措施

3）隐蔽工程检查

4）不合格工程的处理

5）质量争议检测

（6）安全文明施工与环境保护

1）安全文明施工

2）职业健康

3）环境保护

（7）工期和进度

（8）材料与设备

（9）试验与检验

（10）变更

（11）价格调整

（12）合同价格、计量与支付

（13）验收和工程试车

（14）竣工结算

（15）缺陷责任与保修

（16）违约

（17）不可抗力

（18）保险

（19）索赔

（20）争议解决

3. 专用合同条款

专用合同条款是对通用合同条款原则性约定的细化、完善、补充、修改或另行约定的条款。合同当事人可以根据不同建设工程的特点及具体情况，通过双方的谈判、协商对相应的专用合同条款进行修改补充。在使用专用合同条款时，应注意以下事项：

（1）专用合同条款的编号应与相应的通用合同条款的编号一致。

（2）合同当事人可以通过对专用合同条款的修改，满足具体建设工程的特殊要求，避免直接修改通用合同条款。

（3）在专用合同条款中有横道线的地方，合同当事人可针对相应的通用合同条款进行细化、完善、补充、修改或另行约定；如无细化、完善、补充、修改或另行约定，则填写"无"或划"/"。

机电工程施工新技术和新设备

2.1 机电工程施工新技术

2.1.1 导线连接器安装技术

1. 技术结构

通过螺纹、弹簧片以及螺旋钢丝等机械方式，对导线施加稳定可靠的接触力。

按结构分为：螺纹型连接器、无螺纹型连接器（通用型和推线式两种结构）和扭接式连接器，其工艺特点见表 2-1，能确保导线连接所必须的：电气连续、机械强度、保护措施以及检测维护 4 项基本要求。

GB 13140 系列标准的导线连接器产品特点说明 表 2-1

连接器类型比较项目	无螺纹型		扭接式	螺纹型
	通用型	推线式		
连接原理图例				
制造标准代号	GB 13140.3		GB 13140.5	GB 13140.2
连接硬导线（实心或绞合）	适用		适用	适用
连接未经处理的软导线	适用	不适用	适用	适用
连接焊锡处理的软导线	适用	适用	适用	不适用
连接器是否参与导电	参与		不参与	参与/不参与
IP 防护等级	IP20		IP20 或 IP55	IP20
安装工具	徒手或使用辅助工具			普通螺丝刀
是否重复使用	是		是	是

2. 技术优点

（1）安全可靠：已在欧美等发达国家广泛应用了 80 多年，长期实践已证明此工艺的安全性与可靠性。

（2）高效：由于不借助特殊工具、可完全徒手操作，使安装过程快捷，平均每个电气连接耗时仅 10s，为传统焊锡工艺的 1/30，节省人工和安装费用。

（3）完全代替传统锡焊工艺：不再使用焊锡、焊料、加热设备，消除了虚焊与假焊、导线绝缘层不再受焊接高温影响、避免了高温熔融焊锡操作的危险、接点质量一致性好、没有焊接烟气造成的工作场所环境污染。

3．施工工艺

（1）根据被连接导线的截面积、导线根数、软硬程度，选择正确的导线连接器型号。

（2）根据连接器型号所要求的剥线长度，剥除导线绝缘层。

（3）按图 2-1 所示，安装或拆卸无螺纹型导线连接器。

（4）按图 2-2 所示，安装或拆卸扭接式导线连接器。

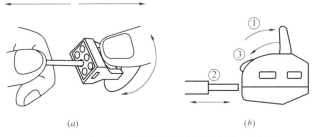

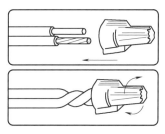

图 2-1　无螺纹型导线连接器安装或拆卸示意图
（a）推线式连接器的导线拆卸示意图；（b）通用型连接器的导线拆卸示意图

图 2-2　扭接式连接器的
安装或拆卸示意图

4．技术规范、标准

《建筑电气工程施工质量验收规范》GB 50303—2015；

《建筑电气细导线连接器应用技术规程》CECS 421—2015；

《低压电气装置第 5-52 部分：电气设备的选择和安装布线系统》GB/T 16895.6—2014；

《家用和类似用途低压电路用的连接器件》GB 13140.1～13140.5—2008。

5．适用工程

适用于额定电压交流 1kV、直流 1.5kV 及以下的建筑电气细导线（$6mm^2$ 及以下的铜导线）的连接。广泛应用于各类电气安装工程中。

2.1.2　可弯曲金属导管安装技术

可弯曲金属导管是我国建筑材料行业新一代电线电缆外保护材料，已被编入设计规范和施工验收规范，用于建筑电气工程的电线电缆外保护材料，适用在明敷和暗敷场所，是一种较理想的电线电缆外保护材料。

1．技术结构

可弯曲金属导管内层为热固性粉末涂料，粉末通过静电喷涂，均匀吸附在钢带上，经 200℃ 高温加热液化再固化，形成质密又稳定的涂层，涂层自身具有绝缘、防腐、阻燃、耐损等特性，厚度为 0.03mm。

2．技术特点

（1）可弯曲度好：优质钢带绕制而成，用手即可弯曲定性，减少机械操作工艺。

（2）耐腐蚀性强：材质为热镀锌钢带，管道内壁喷涂树脂层，双重防腐。

（3）使用方便：裁剪、敷设快捷高效，可任意连接，管口及管材内壁平整、光滑、无毛刺。

（4）内层绝缘：采用热固性粉末涂料，与钢带结合牢固，击穿电流为 0。

（5）搬运方便：圆盘转包装，质量为相同长度传统管材的 1/3，搬运方便。

（6）机械性能：双扣螺旋型结构，异形截面，抗压、抗拉伸性能符合国家重型车标准。

3. 施工要求

可弯曲金属导管基本型采用双扣螺旋型结构，内层静电喷涂技术，防水型和阻燃型是在基本型的基础上包覆防水、阻燃护套。使用时徒手施以适当的力即可将可弯曲金属导管弯曲到需要的程度，使用连接附件及简单工具即可将导管等连接可靠。

（1）明敷安装的可弯曲金属导管固定点间距应均匀，管卡与设备、器具、弯头中点、管端等边缘的距离应小于 0.3m。

（2）暗配的可弯曲金属导管，应敷设在两层钢筋之间，并与钢筋绑扎牢固。管子绑扎点间距不宜大于 0.5m，绑扎点距盒（箱）不应大于 0.3m。

4. 技术性能

（1）电气性能。导管两点间过渡电阻小于 0.05Ω 标准值。

（2）抗压性能。在 1250N 压力下，管道扁平率小于 25%，经检测可达分类代码 4 重型标准要求。

（3）拉伸性能。1000N 拉伸荷重下，重叠处不开口（或保护层无破损），经检测可达分类代码 4 重型标准要求。

（4）耐腐蚀性。浸没在 1.186kg/L 的硫酸铜溶液，不出现铜析出物，经检测可达分类代码 4 内外均高标准要求。

5. 技术规范、标准

《建筑电气用可弯曲金属导管》JG/T 526—2017；

《电缆管理用导管系统　第 1 部分：通用要求》GB/T 20041.1—2015；

《电缆管理用导管系统　第 22 部分：可弯曲导管系统的特殊要求》GB/T 20041.22；

《民用建筑电气设计规范》JGJ 16—2008；

《1kV 及以下配线工程施工与验收规范》GB 50575—2010；

《低压配电设计规范》GB 50054—2011；

《火灾自动报警系统设计规范》GB 50116—2013；

《建筑电气工程施工质量验收规范》GB 50303—2015。

6. 适用工程

可弯曲金属导管应用范围广泛，适用于建筑物室内外明敷和暗敷场所，包括现浇墙体、现浇混凝土楼板、土壤及末端与电气设备、器具连接。

例如：沈阳桃仙机场 T3 航站楼、河南省肿瘤医院、国防大学（兵棋楼、作战指挥楼）、天津文化中心（博物馆、图书馆）、四川省图书馆、杭州高德置地（七星级酒店）、北京 CBD 韩国三星总部大楼、北京国家专利局、中国建筑设计研究院创新科研示范中心等机电安装工程均应用了可弯曲金属导管技术。

2.1.3 金属风管预制安装技术

1. 金属矩形风管预制安装技术

（1）技术特点

金属矩形风管薄钢板法兰连接技术，代替了传统角钢法兰风管连接技术，已在国外应用多年并形成了相应的规范和标准。采用"薄钢板法兰连接技术"不仅能节约材料，而且通过新型自动化设备生产使得生产效率提高、制作精度高、风管成型美观、安装简便，相比传统角钢法兰连接技术可节约 60% 左右劳动力，节约 65% 左右型钢、螺栓，而且由于无防腐工程量，减少了环境的污染，具有较好的经济及社会效益。

（2）施工工艺

金属矩形风管薄钢板法兰连接技术根据加工形式不同分为两种：一种是法兰与风管壁为一体的形式，称之为"共板法兰"；另一种是薄钢板法兰用专用组合式法兰机制作成法兰的形式，根据风管长度下料后，插入制作好的风管管壁端部，再用铆（压）接连为一体，称之为"组合式法兰"。通过共板法兰风管自动化生产线，将卷材开卷、板材下料、冲孔（倒角）、辊压咬口、辊压法兰、折方等工序，通过传送连接起来，形成由不同工位组成的一个连续工序，制成半成品薄钢板法兰直风管管段。风管三通、弯头等异形配件通过数控等离子切割设备自动下料。

（3）施工方法

① 薄钢板法兰风管板材厚度 0.5～1.2mm，风管下料宜采用"单片、L 型或口型"方式。

② 金属风管板材连接形式有：单咬口（适用于低、中、高压系统）、联合角咬口（适用于低、中、高压系统矩形风管及配件四角咬接）、转角咬口（适用于低、中、高压系统矩形风管及配件四角咬接）、按扣式咬口（低、中压矩形风管或配件四角咬接、低压圆形风管）。

③ 当风管长度尺寸超出规定的范围时，应对其进行加固，加固方式有通丝加固、套管加固、Z 型加固、V 型加固等方式。

④ 风管制作完成后，进行四个角连接件的固定，角件与法兰四角接口的固定应稳固、紧贴、端面应平整。固定完成后需要打密封胶，密封胶应保证弹性、粘着型和防霉特性。

⑤ 薄钢板法兰风管的连接方式应根据工作压力及风管尺寸大小合理选用，用专用工具将法兰弹簧卡固定在两节风管法兰处，或用顶丝卡固定两节风管法兰。弹簧卡、顶丝卡不应有松动现象。

（4）技术规范、标准

《通风与空调工程施工质量验收规范》GB 50243—2016；

《通风与空调工程施工规范》GB 50738—2011；

《通风管道技术规程》JGJ/T 141—2017。

（5）适用工程

金属矩形风管薄钢板法兰连接技术适用于通风空调系统中工作压力小于等于 1500Pa的系统、风管边长尺寸小于等于 2000mm 的薄钢板法兰矩形风管的制作与安装。对于风管边长尺寸大于 2000mm 的风管，应根据现行《通风管道技术规程》JGJ/T 141—2017 采用角钢或其他形式的法兰风管,采用薄钢板法兰风管时,应由设计院与施工单位研究制定措施满足风管的强度和变形量要求。

例如,国家会展中心(上海)、中国尊、杭州国际博览中心等机电安装工程均应用了金属矩形风管预制安装施工技术。

2. 金属圆形螺旋风管预制安装技术

(1) 技术特点

螺旋风管又称螺旋咬缝薄壁管,由条带形薄板螺旋卷绕而成,与传统金属风管(矩形或圆形)相比,具有无焊接、密封性能好、强度刚度好、通风阻力小、噪声低、造价低、安装方便、外观美观等特性。

根据使用材料的材质不同,主要分为:镀锌螺旋风管、不锈钢螺旋风管、铝螺旋风管。螺旋风管预制安装机械自动化程度高、加工制作速度快,在世界各地得到了广泛应用。

(2) 施工工艺

金属圆形螺旋风管采用流水线生产,取代手工制作风管的全部程序和进程,使用宽度为 138mm 的金属卷材为原料,以螺旋的方式实现卷圆、咬口、合缝、压实一次顺序完成,加工速度为 4~20m/min。金属圆形螺旋风管一般是以 3~6m 为标准长度。弯头、三通等各类管件采用等离子切割机下料,直接输入管件相关参数即可精确快速切割管件展开板料。用缀缝焊机闭合板料和拼接各类金属板材,接口平整,不破坏板材表面。用圆形弯头成形机自动进行弯头咬口合缝,速度快,合缝密实平滑。

螺旋风管的螺旋咬缝,可以作为加强筋,增加风管的刚性和强度。直径 1000m 以下的螺旋风管可以不另设加固措施;直径大于 1000mm 的螺旋风管可在每两个咬缝之间再增加一道楞筋,作为加固方法。

金属圆形螺旋风管通常采用承插式芯管连接或法兰连接。承插式芯管用与螺旋风管同材质的宽度为 138mm 金属钢带卷圆,在芯管中心轧制宽 5mm 的楞筋,两侧轧制密封槽,内嵌阻燃 L 型密封条,如图 2-3 所示。

采用法兰连接时,由于螺旋风管接口难以翻边且有咬口缝,圆形法兰内接于螺旋风管。法兰外边略小于螺旋风管内径 1~2mm,同规格法兰具有可换性。法兰连接多用于防排烟系统,采用不燃的耐温防火垫料,比芯管连接密封性能更好。内接制作规范表见表 2-2。

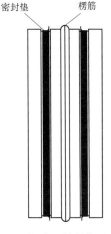

图 2-3 承插式芯管制作示意图

内接制作规范表		表 2-2
接管口径(mm)	内接板厚(mm)	内接口径(mm)
500	1.0	498
600	1.0	598
700	1.0	698
800	1.2	798
900	1.2	898
1000	1.2	998
1200	1.75	1196
1400	1.75	1396
1600	2.0	1596
1800	2.0	1796
2000	2.0	1996

（3）主要施工方法

① 划分管段。根据施工图和现场实际情况，将风管系统划分为若干管段，并确定每段风管连接管件和长度，尽量减少空中接口数量。

② 芯管连接。将连接芯管插入金属螺旋风管一端，直至插入楞筋位置，从内向外用铆钉固定。

③ 风管吊装。金属螺旋风管支架间距约 3～4m，每吊装一节螺旋风管设一个支架，风管吊装后用扁钢抱箍托住风管，根据生根点的结构形式设置一个或两个吊点，将风管调整就位。

④ 风管连接。芯管连接时，将金属螺旋风管的连接芯管端插入另一节未连接芯管端，均匀推进，直至插入楞筋位置，连接缝用密封胶密封处理。法兰连接时，将两节风管调整角度，直至法兰的螺栓孔对准，连接螺栓，螺栓需安装在同侧。

⑤ 风管测试。做漏风量检测。

（4）技术规范、标准

《通风与空调工程施工质量验收规范》GB 50243—2016；

《通风与空调工程施工规范》GB 50738—2011；

《通风管道技术规程》JGJ/T 141—2017。

（5）适用工程

可用于送风、排风、空调风及防排烟系统；用于送风、排风系统时，采用承插式芯管连接；用于空调送回风系统时，采用双层螺旋保温风管，内芯管外抱箍连接；用于防排烟系统时，采用法兰连接。

例如，国家会展中心（上海）、杭州国际博览中心等机电安装工程。均应用了金属矩形风管预制安装技术。

2.1.4 工业化成品支吊架安装技术

1. 技术特点

装配式成品支吊架由管道连接的管夹构件与建筑结构连接的生根构件构成，将这两种结构件连接起来的承载构件、减震构件、绝热构件以及辅助安装件，构成了装配式支吊架系统。可满足不同规格的风管、桥架、系统工艺管道的应用，尤其在错层复杂的管路定位和狭小管笼、平顶中施工，更可发挥灵活组合技术的优越性。

根据 BIM 模型确认的机电管线排布，通过数据库快速导出支吊架型式，经过强度计算结果进行支吊架型材选型，设计制作装配式组合支吊架，现场仅需简单机械化拼装，减少现场测量、制作工序，降低材料损耗率、安全隐患，实现施工现场绿色、节能。

综合管廊是一个自成独立框架的钢结构模块，通过多个支托构件与主结构模块的立柱以及管廊吊柱连接起来，从而和主结构模块的框架成为一个整体。具体连接结构为：在主结构模块立柱以及管廊吊柱需要与支托构件连接处焊接连接板，支托构件通过柱连接螺栓与连接板连接固定，支托构件通过管廊模块连接螺栓与管廊模块连接固定，把钢结构管廊系统从主体钢结构模块中独立出来，使得管廊系统无论是其钢结构框架还是敷设于其上的管道均可平行于主体钢结构模块进行预制、安装和检验。

2. 施工工艺

（1）吊架和支架安装应保持垂直，整齐牢固，无歪斜现象。

（2）支吊架安装要根据管子位置，找正标高中心及水平中心，生根要牢固，与管子接合要稳固。

（3）吊架安装要按施工图安装根部，要求拉杆无弯曲变形，螺纹完整且与螺母配合良好牢固。

（4）在混凝土基础上，用膨胀螺栓固定支吊架的生根时，膨胀螺栓的打入必须达到规定的深度值。

（5）管道的固定支架应严格按照设计图纸安装。

（6）导向支架和滑动支架的滑动面应洁净、平整，滚珠、滚轴、托滚等活动零件与其支撑件应接触良好，以保证管道能自由膨胀。

（7）所有活动支架的活动部件均应裸露，不应被保温层敷盖。

（8）有热位移的管道，在受热膨胀时，应及时对支吊架进行检查与调整。

（9）恒作用力支吊架应按设计要求进行安装调整。

（10）支架装配时应先整型后再上紧锁扣螺栓。

（11）支吊架调整后，各连接件的螺杆丝扣必须带满，锁紧螺母应锁紧，防止松动。

（12）支架间距应按设计要求正确装设。

（13）支吊架安装工作应与管道的安装工作同步进行。

（14）支吊架安装施工完毕后应将支架擦拭干净，所有暴露的槽钢端均需装上封盖。

3. 技术规范、标准

《室内管道支架和吊架》03S402（国家建筑标准设计图集）；

《风管支吊架》03K132；

《电缆桥架安装》04D701-3；

《室内管道支架及吊架》03S402；

《装配式室内管道支吊架的选用与安装》16CK208；

《管道支吊架》GB/T 17116；

《建筑机电抗震设计规范》GB 50981 的相关要求。

4. 适用工程

适用于工业与民用建筑工程，有多种管线，布置空间狭小场所的支吊架安装。特别适用在建筑工程的走道、地下室及走廊等管线集中的部位、综合管廊建设的管道、电气桥架管线、风管等支吊架的安装。

例如，雁栖湖国际会都（核心岛）会议中心、中国尊、上海国际金融中心、上海中心大厦、青岛国际贸易中心、苏州市花桥月亮湾地下管廊、上海光源、西安咸阳机场二期、国家会展中心（上海）、华晨宝马沈阳工厂等机电安装工程应用了工业化成品支吊架安装技术。

2.1.5 内保温金属风管安装技术

1. 技术特点

内保温金属风管是在传统镀锌薄钢板法兰风管制作过程中，在风管内壁粘贴保温棉，风管口径为粘贴保温棉后的内径，并且可通过数控流水线实现全自动生产。该技术的运用，使得现场风管安装后省去了二次保温工序，因此可节省风管施工空间，提升吊顶标高，同时有利于现场施工效率的提高和现场环境噪声的控制。目前，该技术在国内处于推广阶段，结合上述优势，该技术具有一定新颖性和发展潜力。

2. 施工工艺

相较于普通薄钢板法兰风管的制作流程，在风管咬口制作和法兰成型后，为贴附内保温材料，多了喷胶、贴棉和打钉三个步骤，然后进行板材的折弯和合缝，（其他步骤两者完全相同）。这三个工序被整合到了整套流水线中，生产效率几乎与薄钢板法兰风管相当。为防止保温棉被吹散，要求金属风管内壁涂胶满布率 90% 以上，管内气流速度不得超过 20.3m/s。此外，内保温金属风管还有以下施工要点，见表 2-3。

内保温金属风管的施工要点　　　　　　　　　　　表 2-3

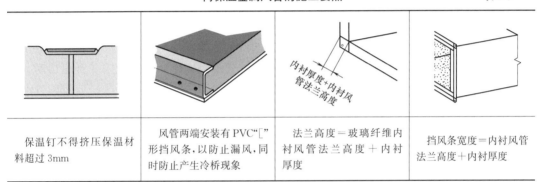

保温钉不得挤压保温材料超过 3mm	风管两端安装有 PVC "匚" 形挡风条，以防止漏风，同时防止产生冷桥现象	法兰高度＝玻璃纤维内衬风管法兰高度＋内衬厚度	挡风条宽度＝内衬风管法兰高度＋内衬厚度

3. 主要施工方法

（1）在安装内衬风管之前，首先要检查风管内衬的涂层是否存在破损，有无受到污染等，如发现以上情况需进行修补或者直接更换一节完好的风管进行安装。

（2）内衬风管的安装与薄钢板法兰风管安装工艺基本一致，先安装风管支吊架，风管支吊架间距按相关规定执行，风管可根据现场实际情况采取逐节吊装或者在地面拼装一定长度后整体吊装。

（3）内保温风管与外保温风管、设备以及风阀等连接时，法兰高度可按表 2-2 的要求进行调整，或者采用大小头连接。

（4）风管安装完毕后进行漏风量测试，要注意的是：导致风管严密性不合格的主要因素在于风管挡风条的安装与法兰边没有对齐，以及没有选用合适宽度的法兰垫料或者垫料粘贴时不够规范。

4. 技术规范、标准

（1）风管强度及严密性指标满足《通风与空调工程施工质量验收规范》GB 50243—2016 的要求。

（2）风管保温及耐火性能指标分别满足《通风与空调工程施工质量验收规范》GB 50243—2016 和《通风管道技术规程》JGJ/T 141—2017 的要求。

（3）内衬保温棉物化性能应当满足美国标准《纤维玻璃管道衬里绝缘材料（隔热和吸声材料）标准规范》ASTM C 1071 和《玻璃纤维内衬风管标准》NAIMA 的要求。

5. 适用工程

适用于低、中压空调系统，但不适用于净化空调系统、防排烟系统等。

例如，上海迪士尼乐园梦幻世界、青岛地铁 3 号线 1 标段、中海油大厦（上海）等机电安装工程均应用了内保温金属风管安装技术。

2.1.6 机电管线及设备工厂化预制安装技术

1. 技术内容

工厂化预制技术是将建筑给水排水、采暖工程、建筑电气工程、智能化建筑工程、通风与空调工程等领域的建筑机电产品按照模块化、集成化的思想，从设计、生产到安装和调试深度结合集成，通过这种模块化及集成技术对机电产品进行规模化的预加工，工厂化流水线制作生产，从而实现建筑机电安装标准化、产品模块化及集成化。

利用这种技术，不仅能提高生产效率和质量水平，降低建筑机电工程建造成本，还能减少现场施工工程量、缩短工期、减少污染、实现建筑机电安装全过程绿色施工。

（1）管道工厂化预制施工技术采用软件、硬件一体化技术；详图设计采用"管道预制设计系统"软件，实现管道单线图和管段详图的快速绘制；预制管道采用"管道预制安装管理系统"软件，实现管道预制全过程、全方位的信息管理。管道采用机械坡口、自动焊接，并使用厂内物流系统，整个预制过程形成流水线作业，提高了工作效率。可采用移动工作站预制技术，运用自动坡口机、切割机、自动焊接机械和辅助工装，快速组装形成预制工作站，在施工现场建立作业流水线，进行管道加工和焊接预制。

（2）对于机房机电设施采用标准的模块化设计，使泵组、冷水机组等设备形成自成支撑体系的、便于运输安装的单元模块。采用模块化制作技术和施工方法，改变了传统施工现场放样、加工焊接连接作业的方法。

（3）将大型机电设备拆分成若干单元模块制作，在工厂车间进行预拼装、现场分段组装。

2. 工艺流程

图纸深化→BIM 分解优化→放样、下料、预制→预拼装→防腐→现场分段组对→安装就位。

3. 技术优点

将建筑机电产品现场制作安装工作前移，实现工厂加工与现场施工平行作业，减少施工现场时间和空间的占用。

4. 适用工程

适用于大、中型民用建筑工程、工业工程、石油化工工程的设备、管道、电气安装。

例如，上海环球金融中心、上海国际博览中心、青岛丽东化工有限公司芳烃装置、神华煤直接液化装置、河北海伟石化 50 万吨/年丙烷脱氢装置、上海东方体育中心、中山医院、南京雨润大厦、天津北洋园等机电安装工程均应用了机电管线及设备工厂化预制安装技术。

2.1.7 机电消声减振综合施工技术

1. 技术特点

机电消声减振综合施工技术是实现机电系统设计功能的保障。

2. 施工工艺

噪声及振动的频率低，空气、障碍物以及建筑结构等对噪声及振动的衰减作用非常有限（一般建筑构建物噪声衰减量仅为 0.02～0.2dB/m）。因此必须在机电系统设计、施工前，通过对机电系统噪声及振动产生的源头、传播方式、传播途径、受影响因素及产生的后果等进行细致分析，制定消声减振措施方案，对其中的关键环节加以适度控制，实现对机电系统噪声和振动的有效防控。具体实施工艺包括：对机电系统进行消声减振设计、选用低噪、低振设备（设施）、改变或阻断噪声与振动的传播路径以及引入主动式消声抗振工艺等。

3. 施工方法

（1）优化机电系统设计方案，对机电系统进行消声减振设计。机电系统设计时，在结构及建筑分区的基础上充分考虑满足建筑功能的合理机电系统分区，为需要进行严格消声减振控制的功能区设计独立的机电系统，根据系统消声、减振需要，确定设备（设施）技术参数及控制流体流速，同时避免其他机电设施穿越。

（2）在机电系统设备（设施）选型时，优先选用低噪、低振的机电设备（设施），如箱式设备、变频设备、缓闭式设备、静音设备，以及高效率、低转速设备等。

（3）机电系统安装施工过程中，在进行深化设计时要充分考虑系统消声、减振功能需要，通过隔声、吸声、消声、隔振、阻尼等处理方法，在机电系统中设置消声减振设备（设施），改变或阻断噪声与振动的传播路径。如设备采用浮筑基础、减振浮台及减震器等的隔声隔振构造，管道与结构、管道与设备、管道与支吊架及支吊架与结构（包括钢结构）之间采用消声减振的隔离隔断措施，如套管、避振器、隔离衬垫、柔性软接、避振喉等。

（4）引入主动式消声抗振工艺。在机电系统深化设计中，针对系统消声减振需要引入主动式消声抗振工艺，扰动或改变机电系统固有噪声、振动频率及传播方向，达到消声减振的目的。

4. 技术规范、标准

《声环境质量标准》GB 3096—2008；

《城市区域环境振动标准》GB 10070—1988；

《民用建筑隔声设计规范》GB 50118—2010；

《隔振设计规范》GB 50463—2008；

《建筑工程允许振动标准》GB 50868—2013；

《环境噪声与振动控制工程技术导则》HJ 2034—2013；

《剧场、电影院和多用途厅堂建筑声学设计规范》GB/T 50356—2005。

5. 适用工程

适用于大、中型民用建筑工程机电系统消声减振施工，如广播电视、会议中心、高端酒店及住宅等。

例如，吉林省广电大厦、吉林省政府新建办公楼、上海金茂大厦、北京银泰中心、中国银行大厦、首都博物馆、中国大剧院等机电安装工程均应用了机电消声减振施工技术。

2.1.8 建筑机电系统全过程调试技术

1. 技术特点

建筑机电系统全过程调试技术覆盖建筑机电系统的方案设计阶段、施工阶段和运行维护阶段。其执行者可以由独立的第三方、业主、设计方、总承包商或机电分包商等承担。

2. 调试内容

（1）方案设计阶段：该阶段是项目初始时期的一个筹备阶段，其调试工作主要目标是建立和明确业主的项目要求。业主项目要求是机电系统设计、施工和运行的基础，同时也决定调试计划和时间的进程安排。该阶段的调试团队由业主代表、调试顾问、前期设计和规划方面专业人员、设计人员组成。该阶段调试主要工作为：组建调试团队，明确各方职责；建立例会制度及过程文件体系；建立业主项目要求；确定调试工作范围和预算；建立初步的调试计划；建立问题日志程序；筹备调试过程进度报告；对设计方案进行复核，确保满足业主项目要求。

（2）设计阶段：该阶段调试工作主要目标是尽量确保设计文件满足和体现业主项目要求。该阶段调试团队由业主代表、调试顾问、设计人员和机电总包项目经理组成。该阶段调试主要工作为：建立并维持项目团队的团结协作；确定调试过程各部分的工作范围和预算；指定负责完成特定设备及部件调试工作的专业人员；召开调试团队会议并做好记录；收集调试团队成员关于业主项目要求的修改意见；制定调试过程工作时间表；在问题日志中追踪记录问题或背离业主项目要求的情况及处理办法；确保设计文件的记录和更新；建立施工清单；建立施工、交付及运行阶段测试要求；建立培训计划要求；记录调试过程要求并汇总写入承包文件；更新调试计划；复查设计文件是否符合业主项目要求；更新业主项目要求；记录并复查调试过程进度报告。

（3）施工阶段：该阶段调试工作主要目标是确保机电系统及部件的安装满足业主项目要求。该阶段调试团队包括业主代表、调试顾问、设计人员、机电总包项目经理、专业承包商和设备供应商。该阶段调试主要工作为：协调业主代表参与调试工作并制定相应时间表；更新业主项目要求；根据现场情况，更新调试计划；组织施工前调试过程会议；确定测试方案，包括机电设备测试、风/水平衡调试、系统运行测试等，并明确测试范围；建立测试记录；定期召开调试过程会议；定期实施现场检查；监督施工方的现场调试/测试工作；核查运维人员的培训情况；编制调试过程进度报告；更新机电系统管理手册。

（4）交付和运行阶段：当项目基本竣工以后进入交付和运行阶段的调试工作，直到保修合同结束时间为止。该阶段调试工作目标是确保机电系统及部件的持续运行、维护和调节及相关文件的更新均能满足最新业主项目要求。该阶段调试团队包括业主代表、调试顾问、设计人员、机电总包项目经理、专业承包商。该阶段调试主要工作为：协调机电总包的质量复查工作，充分利用调试顾问的知识和项目经验使机电总包返工数量和次数最小化；进行机电系统及部件的季度测试；进行机电系统运行维护人员培训；完成机电系统管理手册并持续更新；进行机电系统及部件的定期运行状况评估；召开经验总结研讨会；完成项目最终调试过程报告。

3. 调试文件

（1）调试计划：调试项目中，调试计划是一份具有前瞻性的整体规划文件，通常情况下，每个月都要对调试计划进行适当的调整。调试顾问可以根据调试项目工作量大小，建立一份贯穿项目全过程的调试计划，也可以建立一份分阶段（方案设计阶段、设计阶段、施工阶段和运行维护阶段）实施的调试计划。

（2）业主项目要求：确定业主的项目要求对整个调试工作很重要，调试顾问组织召开业主项目要求研讨会，准确把握业主项目要求，并建立业主项目要求文件。

（3）施工清单：机电承包商用来详细记录机电设备及部件的运输、安装情况，以确保各设备及系统正确安装、运行的文件。主要包括设备清单、安装前检查表、安装过程检查表、安装过程问题汇总、设备施工清单、系统问题汇总。

（4）问题日志：记录调试过程发现的问题及其解决办法的正式文件，由调试团队在调试过程中建立，并定期更新。调试顾问在进行安装质量检查和监督施工单位调试时，可根据项目大小和合同内容来确定抽样检查比例或复测比例，一般不低于20％。抽查或抽测时发现问题应记入问题日志。

（5）调试过程进度报告：是用来详细记录调试过程中各部分的完成情况以及各项工作和成果的文件，各阶段的调试过程进度报告最终将汇总在一起构成机电系统管理手册的一部分。调试过程进度报告通常包括：项目进展概况；本阶段各方职责、工作范围；本阶段工作完成情况；本阶段工作中出现的问题及跟踪情况；本阶段尚未解决的问题汇总及影响分析；下一阶段的工作计划。

（6）机电系统管理手册：该手册是一份以系统为重点的复合文档，包括使用和运行阶段的运行指南、维护指南以及业主使用中的附加信息，主要包括业主最终项目要求文件、设计文件、最终调试计划、调试报告、厂商提供的设备安装手册和运行维护手册、机电系统图表、已审核确认过的竣工图纸、系统或设备/部件测试报告、备用设备部件清单、维修手册等。

（7）培训记录：调试顾问应在调试工作结束后，对机电系统的实际运行维护人员进行系统培训，并做好相应的培训记录。

4. 技术规范标准

目前国内关于建筑机电系统全过程调试没有专门的规范和指南，只能依照现行的设计、施工、验收和检测规范开展工作。主要规范、标准：

《民用建筑供暖通风与空气调节设计规范》GB 50736—2012；
《公共建筑节能设计标准》GB 50189—2015；
《民用建筑电气设计规范》JGJ 16—2008；
《通风与空调工程施工质量验收规范》GB 50243—2016；
《建筑节能工程施工质量验收规范》GB 50411—2007；
《建筑电气工程施工质量验收规范》GB 50303—2015；
《建筑给水排水及采暖工程施工质量验收规范》GB 50242—2002；
《通风与空调工程施工规范》GB 50738—2011；
《公共建筑节能检测标准》JGJ/T 177—2009；
《采暖通风与空气调节工程检测技术规程》JGJ/T 260—2011；
《变风量空调系统工程技术规程》JGJ 343—2014。

5. 适用工程

适用新建建筑的机电系统全过程调试。

例如，巴哈马大型度假村、北京新华都等机电系统调试工程均应用了系统全过程调试技术。

2.1.9 超高层垂直电缆敷设技术

1. 高压电缆敷设技术

（1）技术特点

在超高层供电系统中，有时采用一种特殊结构的高压垂吊式电缆，这种电缆不管有多长多重，都能靠自身支撑自重，解决了普通电缆在长距离的垂直敷设中容易被自身重量拉伤的问题。它由上水平敷设段、垂直敷设段、下水平敷设段组成，其结构为：电缆在垂直敷设段带有 3 根钢丝绳，并配吊装圆盘，钢丝绳用扇形塑料包覆，并与 3 根电缆芯绞合，水平敷设段电缆不带钢丝绳。吊装圆盘为整个吊装电缆的核心部件，由吊环、吊具本体、连接螺栓和钢板卡具组成，其作用是在电缆敷设时承担吊具的功能并在电缆敷设到位后承载垂直段电缆的全部重量，电缆承重钢丝绳与吊具连接采用锌铜合金浇铸工艺。

（2）施工工艺

1）吊装工艺选择：利用多台卷扬机吊运电缆，采用自下而上垂直吊装敷设的方法。

2）对每个井口的尺寸及中心垂直偏差进行测量，并安装槽钢台架。

3）设计穿井梭头，用以扶住吊装圆盘，让其顺利穿过井口。

4）吊装设备布置：吊装卷扬机布置在电气竖井的最高设备层或以上楼面，除吊装最高设备层的高压垂吊式电缆外，还要考虑吊装同一井道内其他设备层的高压垂吊式电缆。

5）架设专用通信线路，在电气竖井内每一层备有电话接口。指挥人、主吊操作人、放盘区负责人还必须配备对讲机。

6）电气竖井内光线弱，要设置临时照明。

7）电缆盘架设：电缆盘至井口应设有缓冲区和下水平段电缆脱盘后的摆放区，面积大约 30~40m²。架设电缆盘的起重设备通常从施工现场在用的塔吊、汽车吊、履带吊等起重设备中选择。

8）吊装过程：选用有垂直受力锁紧特性的活套型网套，同时为确保吊装安全可靠，设一根直径 12.5mm 保险附绳，当上水平段电缆全部吊起，将主吊绳与吊装圆盘连接，同时将垂直段电缆钢丝绳与吊装圆盘连接。当吊装圆盘连接后，组装穿井梭头。在吊装过程中，在电气竖井井口安装防摆动定位装置，可以有效地控制电缆摆动。将上水平段电缆与主吊绳并拢，并用绑扎带捆绑，应由下而上每隔 2m 捆绑，直至绑到电缆头，吊运上水平段和垂直段电缆。吊装圆盘在槽钢台架上固定后，还要对其辅助吊挂，目的是使电缆固定更为安全可靠。在吊装圆盘及其辅助吊索安装完成后，电缆处于自重垂直状态下，将每个楼层井口的电缆用抱箍固定在槽钢台架上。水平段电缆通常采用人力敷设。在桥架水平段每隔 2m 设置一组滚轮。

（3）技术规范、标准

《电气装置安装工程电缆线路施工及验收规范》GB 50168—2006；

《建筑电气工程施工质量验收规范》GB 50303—2015；

《电气装置安装工程电气设备交接试验标准》GB 50150—2016；

《建筑机械使用安全技术规程》JGJ 33—2012；

《施工现场临时用电安全技术规范》JGJ 46—2005。

（4）施工要求

1）电缆型号、电压及规格应符合设计要求。核实电缆生产编号、订货长度、电缆位号，做到敷设准确无误。

2）电缆外观无损伤，电缆密封应严密。

3）电缆应做耐压和泄漏试验，试验标准应符合国家标准和规范的要求，电缆敷设前还应用 2.5kV 摇表测量绝缘电阻是否合格。

2．钢缆—电缆随行技术

（1）利用卷扬机进行提升作业，利用滑轮组进行电缆转向，卷扬机设置在电缆井道上方，电缆和卷扬钢缆由专用电缆夹具固定，电缆和钢缆同步提升，垂直段电缆升顶后开始拆卸第一个夹具，电缆提升到位后，由上而下逐个拆卸夹具，并及时将垂直段电缆固定在电缆梯架上。

（2）提升速度控制在不大于 6m/min，电缆夹具设置间距按电缆重量和单个夹具的承重力进行计算后设置，卷扬机端设置智能重量显示限制器，实时监测吊运的承载力。

3．适用工程

适用于超高层建筑的电气垂直井道内的高压电缆吊运敷设，特别是长距离大截面电缆的敷设。

例如，上海中心大厦机电安装工程采用了超高层垂直电缆敷设技术。

2.1.10 基于 BIM 的管线综合施工技术

1．技术内容

（1）深化设计优化

机电工程施工中，水、暖、电、智能化、通信等各种管线错综复杂，各管路走向密集交错，若在施工中发生各专业管路碰撞情况，则会出现大面积拆除返工现象，甚至会导致设计方案的重新修改，不仅浪费材料、延误工期，还会造成二次施工、增加项目成本。基于 BIM 技术的管线综合技术可将建筑、结构、机电等专业模型整合，再根据各专业要求及净高要求将综合模型导入相关软件进行碰撞检查，根据碰撞报告结果对管线进行调整、避让，对设备和管线进行综合布置，从而在工程开始施工前发现问题，通过深化设计进行优化和解决问题。

（2）多专业有效协调

暖通、给水排水、消防、强弱电等各专业由于受施工现场、专业协调、技术差异等因素的影响，不可避免地存在很多局部的、隐性的专业交叉问题，各专业在建筑某些平面、立面位置上产生交叉、重叠，无法按施工图作业。通过 BIM 技术的可视化、参数化、智能化特性，进行多专业碰撞检查、净高控制检查和精确预留预埋，或者利用基于 BIM 技术的 4D 施工管理，对施工过程进行预模拟，对各专业进行事先协调，可以减少因技术错误和沟通错误带来的协调问题，大大减少返工，节约施工成本。

（3）现场布置优化

随着建筑业的发展，对项目的组织协调要求越来越高，项目周边环境的复杂往往会带来场地狭小、基坑深度大、周边建筑物距离近、绿色施工和安全文明施工要求高等问题，并且一些工程施工现场作业面大，各个分区施工高低差大，现场平面布置不断变化的频率越来越高，现场复杂多变给项目现场合理布置带来困难。BIM 技术的出现给平面布置工作提供了一个很好的方式，通过应用工程现场设备设施族资源，可以充分利用工程场地模型与建筑模型，将工程周边及现场的实际环境以数据信息的方式挂接到模型中，建立三维的场地平面布置，并通过参照工程进度计划，可以形象直观地模拟各个阶段的现场情况，实现现场平面布置合理、高效。

（4）进度优化

进度优化是进度控制的关键。基于BIM技术可实现进度计划与工程构件的动态链接，可通过甘特图、网络图及三维动画等多种形式直观表达进度计划和施工过程，为工程项目的施工方、监理方与业主方等不同参与方直观了解工程项目情况提供便捷的工具。

基于BIM技术对施工进度可实现精确计划、跟踪和控制，动态地分配各种施工资源和场地，实时跟踪工程项目的实际进度，并通过计划进度与实际进度进行比较，及时分析偏差对工期的影响程度以及产生的原因，采取有效措施，实现对项目进度的控制。

（5）BIM综合管线的实施流程

设计交底及图纸会审→了解合同技术要求、征询业主意见→确定深化设计内容及深度→制定出图细则和出图标准→制定详细的深化设计图纸送审及出图计划→机电初步深化设计图提交→机电初步深化设计图总包审核、协调、修改→图纸送监理、业主审核→机电综合管线平剖面图、机电预留预埋图、设备基础图、吊顶综合平面图绘制→图纸送监理、业主审核→深化设计交底→现场施工→竣工图制作。

2. 技术规范、标准

《建筑给水排水设计规范》GB 50015—2003；

《采暖通风与空气调节设计规范》GB 50019—2015；

《民用建筑电气设计规范》JGJ 16—2008。

3. 适用工程

工业与民用建筑工程、交通轨道工程、电站等所有在建及扩建项目。深圳湾科技生态园1、4、5栋、广州地铁6号线如意坊站、深圳地铁9号线银湖站等机电安装工程均采用了BIM管线综合施工技术。

2.1.11 薄壁金属管道新型连接安装技术

1. 铜管机械密封式连接

（1）卡套式连接。操作简单、掌握方便，是施工中常见的连接方式，连接时只要管子切口的端面能与管子轴线保持垂直，并将切口处毛刺清理干净，管件装配时卡环的位置正确，并将螺母旋紧，就能实现铜管的严密连接，主要适用于管径50mm以下的半硬铜管的连接。

（2）插接式连接。是一种最简便的施工方法，只要将切口的端面能与管子轴线保持垂直，并去除管子的毛刺，用力插入管件到底即可，此种连接方法是靠专用管件中的不锈钢夹固圈将钢壁禁锢在管件内，利用管件内与铜管外壁紧密配合的O型橡胶圈来实施密封的。主要适用于管径25mm以下的铜管的连接。

（3）压接式连接。是一种较为先进的施工方式，操作也较简单，但需配备专用的且规格齐全的压接机械。连接时管子的切口端面与管子轴线保持垂直，并去除管子的毛刺，然后将管子插入管件到底，再用压接机械将铜管与管件压接成一体。此种连接方法是利用管件凸缘内的橡胶圈来实施密封的。主要适用于管径 50mm 以下的铜管的连接。

2. 薄壁不锈钢管机械密封式连接

（1）卡压式连接。配管插入管件承口（承口 U 型槽内带有橡胶密封圈）后，用专用卡压工具压紧管口形成六角型而起密封和紧固作用的连接方式。

（2）卡凸式螺母型连接。以专用扩管工具在薄壁不锈钢管端的适当位置，由内壁向外（径向）辊压使管子形成一道凸缘环，然后将带锥台形三元乙丙密封圈的管插进带有承插口的管件中，拧紧锁紧螺母时，靠凸缘环推进压缩三元乙丙密封圈而起密封作用。

（3）环压式连接。环压连接是一种永久性机械连接，首先将套好密封圈的管材插入管件内，然后使用专用工具对管件与管材的连接部位施加足够大的径向压力使管件、管材发生形变，并使管件密封部位形成一个封闭的密封腔，然后再进一步压缩密封腔的容积，使密封材料充分填充整个密封腔，从而实现密封。同时将管件嵌入管材是管材与管件牢固连接。

3. 技术规范、标准

《建筑给水排水及采暖工程施工质量验收规范》GB 50242—2016；

《建筑铜管管道工程连接技术规程》CECS 2 28—2007；

《薄壁不锈钢管道技术规范》GB/T 29038—2012。

4. 适用工程

可以广泛地应用于给水、热水、饮用水、排水采暖等管道系统中。

使用薄壁不锈钢管比较典型的工程有：北京人民大会堂冷热水管安装、财政部办公楼直饮水管安装、上海世博会中国馆、北京广安贵都大酒店、广州白云宾馆、广州亚运城、杭州千岛湖别墅等机电安装工程。

使用薄壁铜管比较典型的工程有：烟台世茂 T1 酒店、天津世茂酒店、沈阳世茂 T6 酒店等机电安装工程。

2.2　机电工程施工新设备

2.2.1　自动焊接机械

1. 全位置 C 型小管填丝焊机（图 2-4）

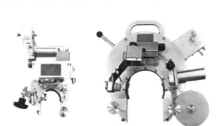

KAT- 60C　　　　　KAT -130C　　　　　　　KAT-220C

图 2-4　全位置 C 型小管填丝焊机

（1）用途

适用于 $\phi30\sim\phi216$ 小径管 TIG 填丝环焊缝的现场施工作业，操作简单便捷，焊缝质量高。

（2）性能特点

适用于碳钢、不锈钢材质的管道焊接，适用于管—管、管—弯头、管—法兰、管—阀门等多种接头现场安装，送丝全位置自动 TIG 管焊接机头，结构紧凑，旋转平稳，转动惯性小，枪头循环水冷，连续工作时间长。

（3）技术参数（表 2-4）

表 2-4

型 号	KAT-60C	KAT-130C	KAT-216C
适用管径(mm)	30～60	40～130	90～216
焊接速度(rpm)	0.15～2.5	0.12～2.5	0.05～2.5
机头冷却方式	水冷	水冷	水冷
摆动及左右跟踪	无	有	有
上下跟踪	有	有	有
送丝速度(mm/min)	200～3000		
焊丝直径(mm)	1.0 或 1.2		
焊丝盘重量(kg)	0.5	1	

2. 全位置 MAG 焊接系统（图 2-5）

图 2-5 全位置 MAG 焊接系统

（1）用途

管道全位置 MAG 自动焊机是管道环缝焊接的专用设备，适用于野外环境下碳钢、低合金管道的全位置焊接。

（2）基本特点

采用以 DSP 数字信号处理器为核心的控制器，实现对 4 个电机的控制、I/O 接口控制和所有的运算。DSP 的高速运算性能（20MIPS）确保了 4 个电机的运动控制和相关运算可在极短时间内完成。

采用松下全数字 MAG 焊机 YM-500GR3 作为焊接电源。

采用 CO_2 气体保护焊（GMAW），焊丝为实心或药心。

焊接系统采用下向焊接，0～6 点位置分为 7 个区，每个区的焊接参数可单独设定。焊接过程分为：根焊、热焊、填充、盖面四套工艺参数。

（3）技术参数（表 2-5）

表 2-5

项 目	参 数	项 目	参 数
焊接速度(mm/min)	0～2400，连续可调	对保护气体纯度的要求	≥99.5%
送丝速度(mm/min)	0～16000，连续可调	超前送气、滞后断气时间	任意设定
焊枪上、下、左、右调整范围(mm)	最大 40	工件直径范围(mm)	$\phi400\sim\phi2800$
送丝直径(mm)	1.2		

3. 全位置大管径热丝 TIG 焊接系统（图 2-6）

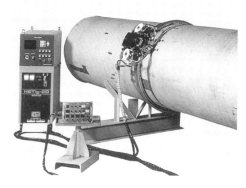

图 2-6　全位置大管径热丝 TIG 焊接系统

用途和性能特点：

用于管道环焊缝的高品质全位置焊接；适合管径范围：$\phi 200 \sim \phi 3000$。

由于采用热丝 TIG，所以可进行高效率焊接，对于一般的 V 型坡口可以进行背面成型焊接。

4. 全位置窄间隙热丝 TIG 焊接系统（图 2-7）

(a)　　　　　　　　　　　　　　　(b)

(c)　　　　　　　　　　　　　　　(d)

图 2-7　全位置窄间隙热丝 TIG 焊接系统

用途和性能特性：

适用于厚壁的窄坡口全位置焊接。

采用旋转电弧技术，使坡口两侧充分熔接，采用低电弧电流，实现较低焊接热输入，焊接变形小减低熔融不良；坡口断面积小，焊材消费量减低；水平和上下 AVC 弧压跟踪功能，可实现全自动焊接；无需更换焊枪，在深 150mm 的窄坡口内仍可进行 1 层 1 焊道焊接。

5. 储罐用气电立焊（图 2-8）

图 2-8　储罐用气电立焊

（1）产品概述

储罐式气电立焊 SEGARC-SAT 是以气电立焊装置 SG-2Z 为基础，结合吊仓式操作单元（操作间），操作间悬挂在储罐侧壁板上边缘，在圆周范围内行走，对储罐纵向焊缝进行依次焊接，可适合现场野外作业的各种情况。

（2）用途

应用于石油储罐侧板的立向焊缝的焊接生产。8～50mm 的低碳钢及高强钢的焊接适用。

（3）性能及特点

通过弧长检测功能，控制台车速度，使导电嘴与熔池液面保持一致，实现无监控焊接，保证焊接质量；操作间作为独立的焊接单元，便于拆装及运输；适合操作人员观察，焊枪大曲率适合焊丝的送进；结构紧凑，焊接基层立缝时，下端盲区在 50mm 以内；正面铜滑块弹性连接，确保滑块与工件紧密贴合；采用两套独立的水冷系统，冷却效果好；摆动机构具备两端停止时间调节功能，适合厚板（40mm）单面 V 型坡口一次成型；一体化的控制箱，各种焊接参数的设定方便快捷。

6. 储罐自动焊机（图 2-9）

（a）　　　　　　　　　　（b）

图 2-9　储罐自动焊机

储罐自动焊机是正倒装两用的多功能自动化气电立焊机。数控小车式气电立焊机是一次强迫成型完成对接立缝焊接的高效自动化设备。

效率是传统手工焊的 30～50 倍，使用 ϕ1.2～ϕ1.6 专用气电立焊焊丝。适用于正装和倒装施工方式；标准机适用板材宽度：1.3～2.8m，厚度：8～50mm。

采用新型 CNC 控制技术来控制液面自动上升，焊缝外观均匀细腻、成型美观，内部质量优良。

具有坡口自适应性能，即使坡口形状不够规格，也能自适应进行焊接。它还可以适应具有一定倾斜角（30°以下）条件下的高速焊接，自动焊接工程稳定，焊接合格率高。整机结构小巧，安装操作方便，大大减少了焊接前的辅助时间，提高了焊接效率。

7. 双面埋弧自动化横缝焊接机（图 2-10）

图 2-10 双面埋弧自动化横缝焊接机

双面埋弧自动横焊机设备工作效率高，根部焊接质量好，性能稳定，节省了背面清根工序及焊材，是用户施工工程高效化装备。

双面埋弧自动横焊机是奥特创新开发的前沿技术的横焊设备，采用专用焊接及控制通信技术，可以实现横焊缝的双面同时焊接，为用户实现更高的焊接速度和焊接质量。

特点：采用埋弧焊接技术；适用于储罐正装建造，设备挂在壁板上；X 射线检验一次合格率大于 99%；适用于安装直径大于 30m 的储罐；两套焊接系统，焊接效率更高。

8. 角/平缝自动焊接机（图 2-11）

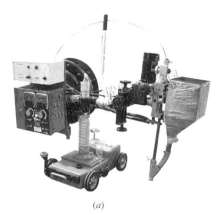

(a)   (b)

图 2-11 角/平缝自动焊接机

角/平缝自动焊接机可以对接角焊缝、搭接平角焊缝及 T 型角焊缝或其他类型角缝进行高效地焊接。设备主要由四驱焊接小车、焊接控制器、焊接电源、送丝机、物流控制系统、焊剂系统、焊缝导向装置、焊枪调节装置、电缆等组成。

当焊接对接或搭接焊缝时，焊接小车可以通过在导轨上的移动来完成焊接。当焊接内外角焊缝和储罐加强圈时，由于设备采用了特殊的磁吸附装置，可以不用导轨实现自动焊接。

角/平缝自动焊接机具有结构先进、功能全、控制灵活、操作方便等特点，是一种可以提高焊接质量的高效自动焊接设备。

LNG 低温储罐角/平缝自动焊接机，它可以用于罐底双面焊接。

功能：

适用于内外部角焊缝及当底边与外壳距离是 90mm 时的焊缝焊接，适用于底板对角焊缝的焊接；配备磁吸附系统，具有埋弧碎丝焊接技术；适合正装和倒装两种储罐施工方法。X 射线检测一次合格率大于 99％，双层储罐两层壁板之前的最小距离是 800mm，LNG 储罐的焊接方法 FCAW 或 SAW。

9. 重载自动化悬臂焊接机（图 2-12）

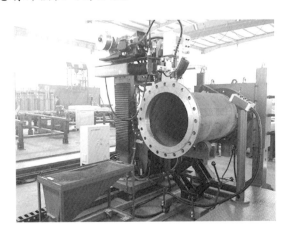

图 2-12　重载自动化悬臂焊接机

重载自动化悬臂焊接机适用于重型厚壁管的焊接，如短管与管件焊接、管件与管件焊接。它包括悬臂式自动焊接机、卡盘式变位机、管子支撑和导轨。悬臂自动焊接机可以沿导轨移动到不同的焊接位置。

系统储存了 40 多套 WPS 程序。操作人员只需根据管径壁厚的不同，通过触摸屏选择需要的焊接工艺程序即可。设备可以使用 TIG、MIG、SAW 工艺对焊件进行自动打底、填充、盖面。

特点：

支持 32 寸、48 寸、60 寸三种管径，适用于碳钢、不锈钢、合金钢，适用于法兰、三通、大小头及特殊三通与管子的焊接，适用于短管焊接，可选择 TIG、MIG、SAW，PLC 系统控制 & WPS 编程；可选择焊前预制装置，提高的焊接质量和焊接效率。例如，24 寸管道自动焊接工位，生产效率可达 175～185DI/d，包括前期处理的预定时间。

10. 重载自动化弯管焊接机（图 2-13）

图 2-13 重载自动化弯管焊接机

重载自动化弯管焊接机适用于重型厚壁管的焊接，如当配合管子支撑时可以完成长管与管件的焊接、长管与长管的焊接。它包括压臂式焊接机、管子支撑和导轨。

为了克服管件质量偏心的问题，该工位设计装配了独特的夹压装置，可以实现工件的稳态转向。通过特殊设计的管子支撑，它可以轻松进行长直管的焊接。该工位可以大大提高焊接自动化程度，减小劳动强度，提高焊接质量和效率。该工位可根据实际工况进行定制。

系统储存了 40 多套 WPS 程序。操作人员只需根据管径壁厚的不同，通过触摸屏选择需要的焊接工艺程序即可。设备可以使用 TIG、MIG、SAW 工艺对焊件进行自动打底、填充、盖面。

特点：

支持 32 寸、48 寸、60 寸三种管径，适用于碳钢、不锈钢、合金钢，适用于弯管焊接，适用于长管焊接，可选择 TIG、MIG、SAW 工艺，PLC 系统控制和 WPS 编程，零点平衡重量模式设计：适合最大质量 1.5t 的弯头，焊接速度可实现无级调速，更高的焊接质量和焊接效率。

例如，32 寸管道自动焊接工位，生产效率可达 175～185DI/d，包括前期处理的预定时间。

11. 两点管法兰自动焊接机

内外角焊缝的管法兰系列自动焊接机，大大提高了法兰焊接的效率。

两点管法兰自动焊接机（图 2-14）能够对法兰内外焊缝同时进行焊接。焊接变位机通过无限回转提供稳定的驱动动力，它能够满足多层多道焊的焊接要求。无级变速调节装置可以控制焊接速度。是船舶建造行业管法兰焊接的核心装备。

特点：

支持多种管径（16 寸、24 寸、32 寸、48 寸、90 寸等），主要用于管法兰内外焊

图 2-14 两点管法兰自动焊接机

缝的焊接，可选择 CO_2、MIG、SAW 工艺；PLC 系统控制，四把焊枪能够实现同步焊接，更高的焊接质量和焊接效率。

例如，24 寸管道自动焊接工位，生产效率可达 225DI/d，包括前期处理的预定时间。可以与双轴火焰等离子切割机和法兰组对机组成生产线。

2.2.2 大型起重机

1. 履带式起重机

（1）马尼托瓦克 MLC100 型

马尼托瓦克 MLC100 型履带式起重机（图 2-15）最大起重量 100t，最大起重力矩 371tm，主臂 73m，主臂加副臂 85m，发动机功率 224kW。

（2）宇通重工 YTQU160 型（图 2-16）

YTQU160 型履带式起重机结合国内外先进技术开发设计，发动机采用美国康明斯 QSL9 电控发动机，209kW/2000rpm，燃油箱 400L。发动机与力矩限制器进行 CAN 总线设计，最大吊重 160t，基本臂 18m，上下节臂长度各为 9m，最长主臂为 81m，副臂基本臂 13m，上下节臂长度各为 5m，最长副臂为 31m，主臂与副臂的最大组合为 69+31m 主臂可带载行走，作业半径 5~60m，整机重量 150t，最大起重力矩 850t·m。

图 2-15　马尼托瓦克 MLC100 型履带式起重机　　　图 2-16　宇通重工 YTQ160 型履带式起重机

（3）徐工 XGC260 型（图 2-17）

XGC260 履带起重机最大额定起重量 260t，最大起重力矩 145t×10m＝1450t·m。配有主臂、主臂臂端单滑轮、轻型主臂、塔式副臂、固定副臂以及实现主副钩复合吊装的盾构机安装等 6 种工况。轻型主臂最大起重量 85t，塔式副臂最大起重量 95t，固定副臂工况最大起重量 105t，主臂端单滑轮工况最大起重量 28t（2 倍率）。

（4）三一集团 SCC11800 型（图 2-18）

SCC11800 型履带式起重机，最大起重量达到 1180t，相当于吊起 6 架波音 747 客机。最大起重力矩 15500t·m。整机重达 740t，加上 780t 压载配重，全重 1520t。

（5）马尼托瓦克 31000 型（图 2-19）

31000 型是马尼托瓦克设计和制造的起重能力最大的履带式起重机，它采用创新的自支撑配重。这种独特设计称为可变位配重系统，可最大限度地减少起重机铺摊面积和作业地面准备工作。测试期间，它吊起了 2500t 的测试重量。该型号起重机的额定起吊能力是 2300t。

图 2-17 徐工 XGC260 型履带起重机

图 2-18 三一集团 SCC11800 型

（6）兰普森 LTL-2600B 型（图 2-20）

LTL-2600B 型履带式起重机，起重力矩高达 80000t·m，主臂长 65～146m，副臂长 49～73m，最大起重量为 2358.2t。

图 2-19 马尼托瓦克 31000 型履带式起重机

图 2-20 LTL-2600B 型履带式起重机

（7）特雷克斯-德马格 CC8800-1TWIN2 型（图 2-21）

CC8800-1TWIN 型履带式起重机，最大起重能力 3200t，工作半径 8m，最大起重力矩 44000t·m。这是目前世界起重能力最大的履带式起重机。该机实质上是由两台 1600t 级 CC8800-1 型吊机，组成的双臂架吊机，起吊状态时配重 1740t。

（8）中联重科 ZCC3200NP 型（图 2-22）

ZCC3200NP 型履带式起重机是当今世界上起重能力最强、技术水平最先进的履带式起重机之一。该产品采用了"并联双臂架＋前后履带车"的总体方案，突破了传统履带起重机的设计思路，使起重机整体稳定性与抗侧翻能力得到突破性提高，安全性能显著提高；最大起重量达到 3200t。

图 2-21　特雷克斯-德马格 CC8800-
1TWIN 型履带式起重机

图 2-22　中联重科 ZCC3200NP 型履带式起重机

（9）利勃海尔 LR13000 型（图 2-23）

LR13000 型履带式起重机适用于最新一代的核电站吊装，对单个重量级的预制模块化吊装尤其重要，并且重量越来越大，起重机主臂长 78m，塔臂长 72m，满负荷情况下，据说有大约 3750t 的最大起重能力。最大的动臂和副臂组合是 246m，包括 120m 主臂和 126m 变幅副臂，提供最大吊钩高度为 240m。

（10）徐工 XGC88000（图 2-24）

徐工 XGC88000 履带式起重机是全球最大的起重机。XGC88000 起重机采用大跨距前后履带车＋组合臂＋组合回转装置的设计，以最可靠的布局确保了大起重量和大力矩的实现。

图 2-23　利勃海尔 LR13000 型履带式起重机

图 2-24　徐工 XGC88000 履带式起重机

2. 门式起重机

6400 吨液压复式起重机可解决未来 10～20 年内，国内、国际上可能出现的超大、超重型煤化工、石油化工设备吊装。（图 2-25～图 2-28）

工况名称：复式工况A
起重机等级：A2
最大起重能力：6400t
设计起吊高度：120m
塔架中心距：20.1×22.2m
吊装设备最大直径：13000mm
主梁长度：28.6m
提升器：2×8×600t
提升最大速度：10m/h
主梁最大滑移速度：5m/h
施工电梯速度：30m/min，300kg
门架同步自顶最大升降速度：10m/h

图 2-25　6400t 液压复式起重机简介

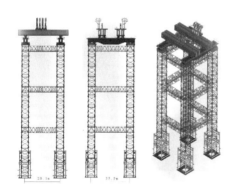

工况名称：复式工况A

起重机等级：A2

最大起重能力：6400t

设计起吊高度：120m

塔架中心距：20.1×22.2m

吊装设备最大直径：13000mm

主梁长度：28.6m

提升器：2×8×600t

提升最大速度：10m/h

主梁最大滑移速度：5m/h

施工电梯速度：30m/min，300kg

门架同步自顶最大升降速度：10m/h

(a)

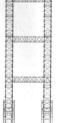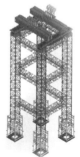

工况名称：复式工况B

起重机等级：A2

最大起重能力：6400t

设计起吊高度：120m

塔架中心距：22.2×22.2m

吊装设备最大直径：15000mm

主梁长度：28.6m

提升器：2×8×600t

提升最大速度：10m/h

主梁最大滑移速度：5m/h

施工电梯速度：30m/min，300kg

门架同步自顶最大升降速度：10m/h

(b)

图 2-26　6000t 液压复式起重机工况及技术参数

| 6400t 液压复式起重机结构 | 6400t 液压复式起重机主要参数 |

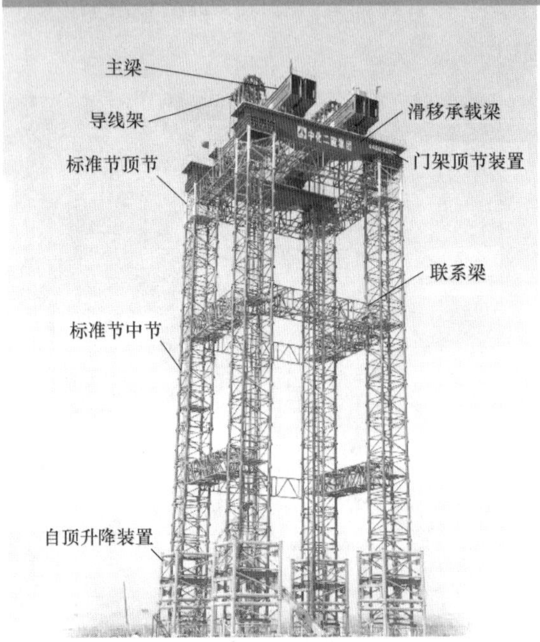

主梁
导线架
标准节顶节
联系梁
标准节中节
自顶升降装置
滑移承载梁
门架顶节装置

工况名称：复式工况 B
起重机等级：A2
最大起重能力：6400t
设计起吊高度：120m
塔架中心距：22.2×22.2m
吊装设备最大直径：15000mm
主梁长度：28.6m
提升器：2×8×600t
提升最大速度：10m/h
主梁最大滑移速度：5m/h
施工电梯速度：30m/min，300kg
门架同步自顶最大升降速度：10m/h

图 2-27　6000t 液压复式起重机结构及主要参数

例如：费托合成反应器的吊装。

费托合成反应器分为上、下两段，下段尺寸为 $\phi 9860 \times 130 \times 54400$，重达 2260t，安装标高为 +0.3m，上段在反应器内件安装完毕后进行吊装，重 200t，安装标高为 54.7m。费托合成反应器吊装主吊采用 6400t 液压复式起重机，溜尾采用其扩展工况 1600t 溜尾门架，主吊起重机连接主吊耳进行垂直提升，溜尾起重机连接设备溜尾吊耳沿起吊方向滑

图 2-28　费托合成反应器的吊装

移，整个吊装过程中溜尾起重机根据主吊起重机提升高度进行实时变速同步跟进，保证吊装过程中主吊和溜尾钢绞线偏角处于安全范围内。吊装过程中由于溜尾门架中心间距与主吊起重机门架中心间距相同。因此，采用 1600t 溜尾门架无法将设备直接溜尾到就位位置，当溜尾门架滑移底座滑移到门架外套架距离 100～200mm 时，溜尾门架停止滑移，采用溜尾吊耳拽溜和主吊耳纠偏钢丝绳将溜尾起重机提升力转换到拽溜钢丝绳上。通过拽溜钢丝绳来完成最后的溜尾就位工作。

机电工程项目施工管理

3.1 机电工程项目施工组织管理

3.1.1 机电工程项目合同管理案例

1. 施工承包合同

（1）施工合同文本

一般都由协议书、通用条款、专用条款组成。除合同文本外，合同文件一般还包括：中标通知书、投标书及其附件、有关的标准、规范及技术文件、图纸、工程量清单、工程报价单或预算书等。在合同订立及履行过程中形成的与合同有关的文件均构成合同文件组成部分。

（2）合同文件的优先顺序

合同通用条款规定的优先顺序：中标通知书（如果有）；投标函及其附录（如果有）；专用合同条款及其附件；通用合同条款；技术标准和要求；图纸；已标价工程量清单或预算书；其他合同文件。也可根据项目的具体情况在专用条款内约定合同文件的优先顺序。原则上应把文件签署日期在后的和内容重要的排在前面，即更加优先。所有合同文件中包括合同当事人就该项合同文件所做出的补充和修改，属于同一类内容文件的，应以最新签署的为准。专用合同条款及其附件须经合同当事人签字或盖章。

（3）合同中的承包人（项目经理）

1）项目经理应为合同当事人所确认的人选，并在专用合同条款中明确项目经理的姓名、职称、注册执业证书编号、联系方式及授权范围等事项，项目经理经承包人授权后代表承包人负责履行合同。项目经理应是承包人正式聘用的员工，承包人应向发包人提交项目经理与承包人之间的劳动合同，以及承包人为项目经理缴纳社会保险的有效证明。承包人不提交上述文件的，项目经理无权履行职责，发包人有权要求更换项目经理，由此增加的费用和（或）延误的工期由承包人承担。

2）项目经理应常驻施工现场，且每月在施工现场时间不得少于专用合同条款约定的天数。项目经理不得同时担任其他项目的项目经理。项目经理确需离开施工现场时，应事先通知监理人，并取得发包人的书面同意。项目经理的通知中应当载明临时代行其职责的人员的注册执业资格、管理经验等资料，该人员应具备履行相应职责的能力。承包人违反上述约定的，应按照专用合同条款的约定，承担违约责任。

2. 专业工程分包合同

专业工程分包是指项目总承包单位或施工承包单位将其所承包工程中的专业工程发包给具有相应资质的其他专业工程施工企业完成的活动。

（1）专业工程分包合同主要内容

1）专业工程分包合同示范文本的结构和主要条款、内容与施工承包合同相似。

2）分包合同内容的特点是，既要保持与主合同条件中相关分包工程部分规定的一致性，又要区分两个合同主体之间的差异。分包合同所采用的语言文字和适用的法律、行政法规及工程建设标准一般应与主合同相同。

（2）项目总承包单位或施工承包单位的工作

1）向分包人提供与分包工程相关的各种证件、批件和各种相关资料，向分包人提供具备施工条件的施工场地。

2）组织分包人参加图纸会审，向分包人进行设计图纸交底。

3）提供本合同专用条款中约定的设备和设施。

4）为分包人提供施工所要求的场地和通道等。

5）负责施工场地的管理工作，协调分包人与同一施工场地的其他施工人员之间的交叉配合，确保分包人按照经批准的施工组织设计进行施工。

（3）专业工程分包人的主要责任和义务

1）除非合同条款另有约定，分包人应履行并承担总包合同中与分包工程有关的发包人的所有义务与责任，同时应避免因分包人自身行为或疏漏造成发包人违反发包人与业主间约定的合同义务的情况发生。

2）分包人须服从发包人下达的或发包人转发监理工程师与分包工程有关的指令。未经发包人允许，分包人不得以任何理由越过发包人，与业主或监理工程师发生直接工作联系，分包人不得直接致函业主或监理工程师，也不得直接接受业主或监理工程师的指令。如分包人与业主或监理工程师发生直接工作联系，将被视为违约，并承担违约责任。

3. 合同风险主要表现形式及防范

（1）合同风险主要表现形式

1）合同主体不合格。

2）合同订立或招标投标过程违反建设工程的法定程序。

3）合同条款不完备或存在着单方面的约束性。

4）签订固定总价合同或垫资合同的风险。固定总价合同由于工程价格在工程实施期间不因价格变化而调整，承包人需承担由于工程材料价格波动和工程量变化所带来的风险。

5）业主违约，拖欠工程款。

6）履约过程中的变更、签证风险。

7）业主承担指定分包单位或材料供应商所带来的合同风险。

（2）合同风险防范要点

1）诚信守法，规范建设工程合同行为。

2）认真组织合同评审，评估各项风险，选派高水平的人员参与谈判，加强合同风险在合同执行期间的管理和控制。

3）以合同为依据，加强索赔管理，用索赔和反索赔来弥补或减少损失。

4）针对合同风险，灵活采用消减风险、转移风险，组建联合体，共担风险等方法管控风险。

（3）项目所处的环境风险防范措施

1）政治风险防范。政治风险主要指项目所在国政局动荡、战争、汇兑限制和政府违约。防范措施：特许权协议必须得到东道国政府的正式批准，并对项目付款义务提供担保。向国家出口信用保险公司投保政治保险。

2）市场和收益风险防范。市场和收益风险主要指市场价格的变化和付款。防范措施：在特许协议中，由东道国政府对项目付款义务提供担保（主权担保）。

3）财经风险防范。财经风险主要指利率、汇率、外汇兑换率、外汇可兑换性等。防范措施：就目前国际金融状况而言，项目融资全部以美元贷款，通过远期外汇买卖、外汇买卖掉期、货币期权等金融工具进行汇率风险的规避。随着人民币国际化进程的推进，项目融资中人民币的比例正在逐步上升，稳健的人民币货币政策，是对中资公司消减财经风险的有力支持。

4）法律风险防范。法律风险主要指涉及土地法、税法、劳动法、环保法、合同法、招投标法等法律、法规的更改和变化所引起的项目成本增加或收入减少等风险。防范措施：明确因违约、歧义、争端的仲裁在双方都认可的第三国进行。

5）不可抗力风险防范。不可抗力风险主要指超出通常状况下所能预料的范围或程度的自然灾害所带来的风险。防范措施：对可投保的各种不可抗力风险进行保险。

（4）项目实施中自身风险防范措施

1）建设风险防范。建设风险主要指项目建设期间工程费用超支、工期延误、工程质量不合格、安全管理薄弱等。防范措施：通过招标竞争选择有资信、有实力的承包商。在特许经营期的设计上，完工风险采用东道国政府和项目公司共同承担。

2）营运风险防范。营运风险主要指在整个营运期间承包商能力影响项目投资效益的风险。防范措施：运行维护委托专业化运行单位承包，降低运行故障及运行技术风险。

3）技术风险防范。技术风险主要指设计、设备、施工所采用的标准、规范。防范措施：委托专业化的监理和监造单位在过程中严格控制施工质量和设备制造质量，关键技术采用国内成熟的设计、设备、施工技术。

4）管理风险防范。管理风险主要指项目在建设、运营过程中管理不善而导致亏损。防范措施：提高项目融资风险管理水平，提高项目精细化管理能力。

4. 合同变更的分类与成立条件

（1）合同变更的成立条件

1）合同关系已经存在。

2）合同内容发生变化。如工程变更主要包括工程量变更、工程项目变更、进度计划变更、施工条件变更等。设计变更主要包括更改有关标高、基线、位置和尺寸等。

3）经合同当事人协商一致，或者法院、仲裁庭裁决，或者援引法律直接规定。

4）如果法律、行政法规对合同变更方式有要求，则应遵守这种要求。

（2）变更的范围

除专用合同条款另有约定外，合同履行过程中发生以下情形的，应进行变更：

1) 增加或减少合同中任何工作，或追加额外的工作。

2) 取消合同中任何工作，但转由他人实施的工作除外。

3) 改变合同中任何工作的质量标准或其他特性。

4) 改变工程的基线、标高、位置和尺寸。

（3）工作变更定价的原则及程序

除专用合同条款另有约定外，工作变更定价按以下情况处理：

1) 已标价工程量清单或预算书有相同项目的，按照相同项目单价认定。

2) 已标价工程量清单或预算书中无相同项目，但有类似项目的，参照类似项目的单价认定。

3) 变更导致实际完成的变更工程量与已标价工程量清单或预算书中列明的该项目工程量的变化幅度超过15%的，或已标价工程量清单或预算书中无相同项目及类似项目单价的，按照合理的成本与利润构成的原则，由合同当事人商定或确定变更工作的单价。

4) 承包人应在收到变更指示后14d内，向监理提交变更调价申请。监理应在收到承包人提交的变更调价申请后7d内审查完毕并报送发包人，监理对变更调价申请有异议，通知承包人修改后重新提交。发包人应在承包人提交变更调价申请后14d内审批完毕。发包人逾期未完成审批或未提出异议的，视为认可承包人提交的变更调价申请。

5) 因变更引起的价格调整应计入最近一期的进度款中支付。

5. 合同的终止与解除

（1）合同的终止

根据《合同法》规定，合同权利义务终止的原因有：因履行完毕而终止；因解除而终止；因抵销而终止；合同因提存而终止；合同因免除债务而终止；合同因混同而终止。

（2）合同的解除

1) 合同解除的特征：是以有效成立的合同为对象；须具备必要的解除条件；应当通过解除行为；效果是合同关系消灭。

2) 合同解除可分为约定解除和法定解除。

3) 合同解除后，尚未履行的，终止履行；已经履行的，根据履行情况和合同性质，当事人可以要求恢复原状、采取其他补救措施，并有权要求赔偿损失。

6. 案例

某业主与某施工单位签订了施工总承包合同，该工程采用边设计边施工的方式进行，合同部分条款如下：

××工程施工合同书（节选）

一、协议书

（一）工程概况

该工程位于××县级市××地段，建筑面积3000m²，框架结构住宅（其他概况略）。

（二）承包范围

承包范围为该工程施工图所包含的土建工程。

（三）合同工期

工期为2016年2月21日～2016年9月30日，合同日历天数为223d。

（四）合同价款

本工程采用总价合同形式，合同总价为：贰佰叁拾肆万元整人民币（234.00万元）。

（五）质量标准

本工程质量标准要求达到承包商最优的工程质量。

（六）质量保修

施工单位在该项目的设计规定的使用年限内承担全部保修责任。

（七）工程款支付

在工程基本竣工时，支付全部合同价款，为确保工程如期竣工，乙方不得因甲方资金的暂时不到位而停工和拖延工期。

二、其他补充协议

1. 乙方在施工前不允许将工程分包，只可以转包。

2. 甲方不负责提供施工场地的工程地质和地下主要管网线路资料。

3. 乙方应该按项目经理批准的施工组织设计组织施工。

问题：

1. 该工程施工合同协议书中有哪些不妥之处？

2. 该项工程施工合同的补充协议中有哪些不妥之处？请指出并改正。

3. 该工程按工期定额来计算，其工期为212d，你认为该工程的合同工期为多少天？

4. 确定变更合同价款的程序是什么？

解析：

1. 补充协议书的不妥之处：

（1）不妥之处：乙方在施工前不允许将工程转包，只可以分包。

正确做法：不允许转包，可以分包。

（2）不妥之处：甲方不负责提供施工场地的工程地质和地下主要管网资料。

正确做法：甲方应负责提供施工场地的工程地质和地下主要管网资料。

（3）不妥之处：乙方应按项目经理批准的施工组织设计组织施工。

正确做法：应按工程师（或业主代表）批准的施工组织设计组织施工。

2. 该工程的合同工期为223d。

3. 确定变更合同价款的程序是：

（1）变更发生后14d内，承包方提出变更价款报告，经工程师确认后调整合同价款。

（2）若变更发生后14d内，承包方不提出变更价款报告，则视为该变更不涉及价款变更。

（3）工程师收到变更价款报告之日起14d内应对其予以确认；若无正当理由不确认时，自收到报告时算起14d后该报告自动生效。

3.1.2 高层建筑机电工程施工组织管理案例

1. 工程总体概述（表3-1）

工程概述 表3-1

工程名称	北京市朝阳区CBD核心区Z15地块中国尊项目
工程地点	北京市朝阳区光华路CBD核心区Z15地块

建设规模	总用地面积 1.1478ha,建筑面积约 43.7 万 m²,总建筑高度 528m,总层数 115 层
建设单位	北京中信和业投资有限公司
建筑设计单位	北京市建筑设计研究院有限公司
机电顾问单位	柏诚(亚洲)有限公司
照明顾问	Brandston Partnership Inc
BIM 顾问	悉地国际设计顾问有限公司
监理单位	北京远达国际工程管理咨询有限公司
LEED 顾问	君凯环境管理咨询(上海)有限公司
造价顾问	中建精诚工程咨询有限公司
消防顾问	奥雅纳工程咨询(上海)有限公司
节能顾问	清华大学
楼宇智能化顾问	广州睿慧新电子系统有限公司与新加坡新电子系统(顾问)有限公司(联合体)

2. 项目功能分区简介 (表 3-2)

项目功能分区简介　　　　　　　　　　　　　　　　　　　表 3-2

功能分区简介	
ROOF	风机房、消防水箱及信号间、停机坪
Z8 区 19930m²	F103～F108,F103 为设备层,F104 为避难层,F105～F108 为观光和多功能中心
Z7 区 47100m²	F087～F102,F087 为设备层,F088 为避难层,F089～F102 为中信集团总部办公楼
Z6 区 40140m²	F073～F086,F073 为设备层,F074 为避难层,F075～F086 为潜在客户办公、行政楼
Z5 区 41000m²	F057～F072,F057 为设备层,F058 为避难层,F059～F072 为潜在客户办公、行政楼
Z4 区 40965m²	F043～F056,F043 为设备层,F044 为避难层,F045～F056 为潜在客户办公楼层
Z3 区 45770m²	F029～F042,F029 为设备层,F030 为避难层,F031～F042 为中信银行办公楼
Z2 区 46310m²	F017～F028,F017 为设备层,F018 为避难层,F019～F028 为中信银行办公、行政楼
Z1 区 53730m²	F005～F016,F005、F005M 为设备层,F006 为避难层,F007～F016 为中信银行办公楼
Z0 区 15260m²	B01～F004,中信银行支行旗舰店、会议中心、中信和业投资有限公司办公区等
ZB 区 87000m²	B07～B02,物业、物流、车库和能源中心 包括:设备机房、物业用房、垃圾用房等

　　Z15 项目作为中信集团总部办公大楼,是中信集团的自持物业,主要为中信集团及所属企业或潜在客户提供高端、优质的总部办公及企业会所、会议中心、车库等相关配套场所,非面向市场销售或出租为主的商业性物业开发项目

3. 机电专业施工范围（表3-3）

机电专业施工范围 　　　　　表3-3

专业	施工范围
暖通、空调工程	（1）空调系统（包括但不限于风机盘管空调系统、风机盘管加新风系统、风机盘管加区域变风量空调系统、底面热水采暖加区域变风量空调系统、多联机空调系统、恒温恒湿空调系统、循环通风降温加多联机空调系统）、通风系统（送排风系统、防排烟系统、厨房油烟排放系统）、水系统（空调水系统、冷却水系统（不包含冷却塔）、凝结水系统、低温热水辐射采暖系统、补水管道、膨胀水管道、定压水管道）、预制立管系统（含消防等有压管道）。 （2）Z5～Z8区合同范围内暖通子项工程施工图深化设计、预制立管系统的深化设计。 （3）Z5～Z8区合同范围内暖通子项工程全部设备、材料的供货、安装、工程实施及调试工作；暖通系统备品备件、项目初步接收后两年缺陷责任期的维护工作

4. 暖通专业概况（表3-4、表3-5）

暖通专业概况 　　　　　表3-4

系统名称	内　　容
防烟系统	防烟楼梯间、避难层、消防电梯前室、合用前室加压送风
排烟系统	除设备层/避难层进风、排风开口外，功能楼层玻璃幕墙不开启，无自然排烟系统；在长度超过20m的内走道、面积超过100m² 的地上房间、面积超过50m² 的地下房间、高度超过12m的中庭设置机械排烟系统；首层大堂和顶部观光区设置排烟及补风系统

空调风系统 　　　　　表3-5

空调风系统	区域	运行模式
FCU	地下物业办公室	FCU＋PAU 运行，共同承担室内冷负荷
	地上办公外区	FCU 干工况运行，主要承担围护结构等显热负荷
	地上电梯厅、功能房间	FCU 干工况运行，承担室内冷负荷
全空气	大堂、观光区	小负荷工况下（过渡季）变风量运行：固定送风温度，调整送风量；大负荷工况下（夏季和冬季）定风量运行：固定送风量，调整送风温度
VAV	地上办公内区	采用单风道FASU，全年供冷。办公区采用低温风口，会议和餐厅等采用常温风口。变风量空调机组，采用可变静压＋总风量控制方式变速运行

5. 本工程重难点分析与应对管理措施

（1）工程特点

Z15地块位于北京市CBD核心区的中轴线，占地约1.15ha，地上建筑面积35万 m²，高度528m，集商务办公、观光、多功能中心等功能于一体。在接到业主招标文件、图纸后，公司组织了具有丰富经验的优秀的机电专家，对招标文件和图纸进行了仔细认真的研究和讨论，总结出本机电工程具有以下特点：

1）建筑面积约 43 万 m²，机电施工体量大。

2）总建筑高度 528m，属于超高层建筑。

3）机电系统采用大量新技术，科技含量高。

4）LEED 金级认证和绿色二星需求，绿色施工要求高。

5）项目建造全过程 BIM 技术应用。

作为北京市地标式建筑，社会影响巨大。

（2）本工程施工管理重点

1）履行总包管理职责与义务，切实践行机电施工管理

根据类似超高层高端机电工程施工管理经验，结合 Z15 中国尊机电工程实际情况，在机电总包管理、协调配合方面必须做好以下内容：

① 协调管理：与总包的管理协调、与精装和架空地板单位的工序协调、与机电其他承包商的界面协调。

② 安全管理：竖井施工防高空坠物、高层风大电气焊防火星飞溅、临边洞口施工防坠落、机电施工禁止抛物伤害。

③ 进度管理：深化设计图纸进度的管理、机电站房及竖井土建条件关键进度的控制、避难层机电设备进场进度控制（幕墙封闭及塔吊拆除之前）、机电施工进度满足移交精装条件。

④ 质量管理：机电设备、管线施工质量控制及成品保护。

2）超高层机电施工关键技术管理

① 超高层机电施工垂直运输技术管理。

② 超高层管道试压排水措施。

③ 超高建筑风压、风向对设备选型。

④ 超高层建筑避难层消声减震技术管理。

⑤ 管道工厂化预制、装配施工技术（预制组合立管）。

3）机电深化设计与物资选型

① 机电管线综合深化设计。

② 机电物资选型：机电设计参数复核计算与设备的优化选型。

4）BIM 技术的应用

① 基于 BIM 模型完成施工图综合会审和深化设计。

② 空间碰撞检测。

③ 可视化模型指导现场施工。

④ 自动工程量统计。

⑤ 预制、预加工构件的数字化加工。

⑥ 物料跟踪管理。

5）机电绿色施工措施

① LEED 金级认证。

② 中国绿色建筑评级三星标准认证。

6）应急预案与社会关系

① 安全、传染性疾病、群体性事件等的应急措施。

② 公司多年的社会资源关系储备。

6. 本工程机电施工管理工作流程

（1）工期管理流程

1）根据业主的关键节点、里程碑、工期，以及机电总包单位的总控计划，编制总进度计划，报监理、总包、业主审批同意后执行。机电施工总进度计划应涵盖暖通高区空调专业工程。

2）建立层次化的进度计划系统，保证施工总进度计划目标的实现。进度计划系统包括：暖通高区空调施工总进度计划、独立供应和专项供应设备材料进场计划。组织劳务分包单位施工编制交叉协调施工计划，指导多工种、专业的交叉施工。

3）编制深化设计出图及报审计划、物资材料送审及进场计划；配合调试专家编制机电调试计划。

4）建立进度报告制度，严把关键线路施工进度，按期（周、月、季、年）编制进度报告，报监理、总包和业主审核，进度报告包括本期进度计划和实际进度比较分析、进度管理措施、下期进度等内容。

5）在施工过程中按期比较进度计划和实际进度，若发现进度计划和实际进度出现偏差，及时查找原因，找到对象，并根据延迟的情况调整后续工序，保证总工期。

（2）质量管理流程

① 配合机电总包单位建立健全的工程质量管理体系，将本项目全体各机电分包单位质量管理组织有机地融合在机电总包单位的质量管理体系及组织中，保证工程整体质量达到质量目标。

② 机电总包单位组织编制工程创优策划与实施，同时围绕项目整体质量目标进行目标分解，进行宏观质量与微观质量的策划，保证各个分项工程的质量目标满足整个工程整体质量目标的需要。

③ 负责协调不同专业分包、劳务分包单位之间连接交界面的施工计划及工序，对其交界面的工程质量负责。

（3）样品、样板管理流程

① 所有材料均报审材料样品，所有分部分项工程制作工程样板，样品和样板得到业主审批后，方可正式施工。

② 机电材料样品需经总包综合后报监理、设计、顾问、业主评审。

（4）编制机电图纸深化设计送审计划，实施深化设计管理流程

1）机电专业分包根据工程的实际需要，将编制图纸深化设计及送审计划，该计划包含了图纸深化设计完成时间、送审时间及批复完成时间。

2）图纸深化设计及送审的组织协调管理的工作内容包括：

根据制订的图纸深化设计及送审计划、组织协调本专业工程的图纸深化设计工作。

组织协调本专业工程的图纸会审及设计交底工作。

管理统筹协调本专业工程的深化设计图纸。

3）组织协调管理图纸深化设计工作的保证措施。

组建一个由工程实际设计经验丰富、专业设计人员齐全、分工明确、硬件设施齐备的深化设计部，是图纸深化设计协调管理工作最强有力的保证措施。

在图纸深化设计及工程实施过程中，深化设计部的工程师及机电各专业分包商均遵循设计问询制度。针对合同图纸中存在的疑问等，可以文件的形式向设计方询问，以保证询问的有效性。

（5）施工技术管理流程

1）建立技术管理体系，并报业主、总包、监理单位审查。技术管理体系以总工程师为技术管理体系的第一责任人，整合公司的相关部门及项目技术管理部门，形成一个由总工程师统一领导的、自公司到项目的完整的体系。

2）机电工程施工之前，需编制施工组织设计、施工方案，且得到业主、监理、总包的审批后，方可实施。

3）对于危险性较大的分项工程，按照相关规定组织专家进行论证审查，根据专家意见进行施工方案完善，并通过总监、总包、业主的审批后方能实施。

4）对于施工组织设计及施工方案中新技术、新材料、新工艺的应用，需由国家权威部门认定，并有推荐的部门提出所执行的施工规范和质量检验评定标准，经总监、总包、业主批准后方可使用。

（6）成品保护管理流程

1）根据不同的施工阶段、工艺特点、现场条件及管理要求采取针对性成品保护措施，督促要求前一工序施工方应负责采取保护措施保障本工序产品移交后不受后一工序正常施工破坏，后一工序施工方接收后负责采取措施保障施工时前一工序成品不受破坏。

2）制定成品保护的检查制度、交叉施工管理制度、交接制度、考核制度、奖罚责任制度。

3）做好施工工序顺序协调工作，预见工艺顺序对工程成品保护影响，协助总包管理各分包单位落实保护措施，防止因工艺顺序引起成品保护损坏。

4）各工序之间交接时，必须进行交接验收。交接验收包括检查成品保护措施是否落实。工程成品施工方必须保证在交接和验收时，其产品移交时的质量和数量、防护措施符合设计、规范及合同的要求。

5）成立成品保护领导小组，落实承担机电总包单位的成品保护的资源配备，在施工的全过程中做好成品保护的巡视检查工作，必要情况采取二次保护措施。

（7）设备材料送审及物资进场检验管理流程

1）编制设备材料送审计划及进场计划

为保证设备材料到货时间满足现场施工进度的要求，同时考虑到现场场地对物料有限存储的限制，制定并提交给机电总包商各自详细、合理、有效的设备材料送审计划、设备材料进场计划，并严格管理在设备材料送审及进场方面的计划执行状况。

2）设备材料送审及进场检验

加强对设备材料审批及进场检验程序的管理，对质量不合格、资质材料不齐备的设备材料，拒绝送审和进场。

对设备材料送审及进场等相关信息做汇总、收集及分析，将其结果作为组织协调及督促各分包设备材料送审或进场的依据。

组织协调对进场货物材料的验收工作，对其质量严格检验，绝不允许对不合格材料物资进场，以保证整体工程质量。

3）做好设备材料采购、加工和运输的过程监控管理

① 对采购的过程监控：

在公司内部，我们严格执行质量管理体系的规定，供方在经公司评价合格的合格供方内选择；所有物资合同必须由公司物资部签订，项目提交物资计划、技术交底和商务交底等文件；所有物资合同必须经过公司评审，一般物资合同由公司物资部组织评审，重大物资合同（金额较高、技术较复杂或确认为重要的物资）必须由项目相关部门共同评审，所有合同评审合格后方可签订。

② 对加工的过程监控：

合同内明确供方及时通报产品的加工和生产情况，项目和公司物资部随时同供方保持联系，沟通情况；对有必要进行生产厂验证的物资，在合同中明确相应生产厂验证要求，及时组织人员进行验证。

③ 对运输的过程监控：

合同中明确对包装和运输的一般和特殊要求，供方发货、运输和到货时，供需双方及时保持联系和协调。

（8）安全生产、文明施工管理流程

1）机电总包单位实现本项目的安全目标（无死亡、无重伤、无倒坍、无中毒、无火灾）、文明施工目标。

2）机电分包承包单位安全生产、文明施工管理必须符合国家、北京市和其他有关安全生产的法律、法规、规定，同时需满足 LEED 认证金级的相关要求。

3）设立本工程安全生产管理机构，配置专职安全主任和专职、足够数量、取得了相关资质的安全管理人员。

4）机电总包单位在项目实施过程中指导、监督、检查专业分包商及劳务分包商的专职安全生产管理机构的建立、安全管理人员的落实以及安全管理工作的开展情况，并确保专业分包商及劳务分包商的专职安全管理人员正常履约。

暖通高区空调在施工现场建立消防安全责任制度，确定消防安全责任人，制定用火、用电、使用易燃易爆材料等各项消防操作规程。

加强对施工人员的管理，所有特殊工种作业人员必须持证上岗，证件需有效并定期复审。

（9）工程信息化管理流程

建立暖通高区空调 BIM 团队，负责本工程机电系统 BIM 模型的建立和运用。定期组织 BIM 会议，拟定阶段 BIM 的实施情况，并报告、反馈相关问题。变动管理、实时收集所有图纸变更，保持模型、信息动态调整。

（10）成本与合同管理流程

1）暖通高区空调根据标书预算或施工图预算造价和总进度计划及时编制年、季、月的工程用款计划，汇总后报监理、总包、业主审定。

2）暖通高区空调按期优质完成分部分项的工程施工和节点施工计划。建立资金台账、及时向业主汇报资金使用和计划的执行情况。

3）及时向业主提出机电专业分包单位进场的时间，供业主决策。

4）在业主对机电专业分包单位招标的过程中，积极配合业主向来投标的机电专业分

包单位介绍工程及工地现场的实际情况，并协助业主的技术标询标工作。

7. 超高层机电施工管理

（1）超高层建筑机电施工的垂直运输方案管理

本工程由 1 座塔楼组成，地下 7 层，地上 108 层，建筑高度 528m，为超高层建筑。机电工程如何组织好人员、材料、设备的垂直运输，将极大影响到机电工程施工进度，将是机电施工管理的重中之重。

机电工程施工的垂直运输组织主要包括：人员竖向交通组织、机电设备材料的垂直运输、竖向机电施工人员交通组织。

本项目超高层建筑机电工程施工阶段，势必会出现机电各专业与土建、装修等专业交叉配合、协调施工的局面。由于施工作业面积广、施工人员多，且施工设备及材料也需及时运送至所需部位，而所供上下楼层的通道及交通运输工具资源有限，施工现场交通的组织问题将显得较为突出。

1）常规的解决办法

控制上下楼人员次数，减少对交通资源的浪费，使通道及电梯得以充分利用。

调整交叉作业时间，分配人员施工于不同时间段，缓解集中施工时的交通压力。

控制施工所用电梯经停楼层，以减少电梯全程运行时间。

采用夜间非施工或闲时集中运输施工设备及材料至各需要楼层或部位，以解决人员与物资运输的时间冲突。

2）针对本工程的解决办法

由于本工程是超高层建筑且工期紧张，对于暖通高区空调的施工难度、质量、工期要求非常高。为了解决超高层建筑施工过程中面临的交通组织难度大这一普遍难题，我单位将与机电总包方积极协调，采取以下一系列措施解决或缓解这一矛盾：

① 对人员的管理

合理控制施工人员的流动，减少不必要的上楼下楼。根据以往工程经验，人员流动主要原因在于取送施工工具、图纸、饮食及排泄等几大方面。施工过程中，我们要求分包施工单位特注意做到以下各项：

作业前作好充分准备，备好相关所需工具、图纸等必备物品。

协调各施工单位组织做好给施工人员统一送餐及饮用水至集中作业楼层，缓解用餐时间人员集中上下楼的交通拥堵，节省平时所花费在等电梯时的大量时间，提高工作效率。

协调机电总包方在每层或隔层合理位置安放临时厕所，以解决施工人员因排泄而频繁上下楼的问题，并每天设专人清理，既提高工作效率，又保证楼内清洁。

② 对施工运输电梯的管理

协调机电总包方对施工电梯进行高区及低区电梯分别设置，以保证高区及低区运输效率。

协调机电总包方对施工电梯的分层停靠，以减少全程运行时间。

③ 对施工作业时间的协调

统一协调各分包单位交叉作业时间，根据进度计划合理安排劳动力。

充分利用夜间施工阶段，在保证安全及足够夜间施工照明的前提下，把占用施工作业面大、不利于多专业交叉作业且占用时间长的项目安排至此时间段施工。

本项目周边有多个居民小区，在夜间施工时需做好相应的防扰民的措施：我司在类似地区的施工经验表明，能否顺利的协调解决居民问题成为工程顺利开始的关键。为保证开工后顺利解决民扰问题，拟采取以下措施：机电夜间施工前，应向总包申请，并报相应的夜间施工方案，方案中应列出夜间施工责任人、夜间施工相应的防噪声、光污染措施、扰民事件发生后的应急预案等。

④ 对物资运输的管理

充分利用夜间及施工闲时进行物资的运输。

分施工流水段在不同施工区段合理位置为物资设置临时存放库，以缓解物资运输与人员运输的矛盾，减少施工人员对物资所需搬运距离及时间的花费，提高工作效率。

A. 机电设备材料、预制组合立管的垂直运输

机电设备材料的垂直运输应优先考虑使用施工电梯，以保证主体结构的施工进度。我单位考虑较长管道及体积、重量较大设备和预制组合立管采用塔吊集中吊运。管道配件、电管、小型设备（地台、风机、水泵等）、小型风管、保温材料等采用施工电梯运输。

为充分发挥塔吊起重量大的特点，机电设备材料应集中运输。通过统一协调安排，在结构施工的间隙和夜间，将需吊运设备、材料，采用集装箱式的吊笼大重量运输，减少塔吊使用次数。

通过施工电梯运输的材料，应主要在夜间进行，以免影响白天人员的运输。

所有的机电设备材料的使用塔吊或施工电梯运输之前，均需提前向总包单位申请，申请单上应明确吊运的时间、楼层等信息，以便总包单位统一管理。

B. 大型机电设备的垂直运输

本工程设置有避难层和设备层，设置了大量的机电设备，且不同于一般项目，如何安全、经济、快速地组织好地上区域大型设备的垂直运输，极为关键。

针对塔楼内的机电设备的垂直运输，首先要做好吊装的策划，包括运输方案、运输路线等，并协调机电总包单位做好相应的结构预留工作。根据吊装策划方案，以及现场塔吊、室外电梯的拆除时间情况，编制相应的设备进场时间安排。在吊装过程中，要严格按照吊装方案进行操作，并做好相应的安全和应急措施。

C. 塔吊、外用电梯拆除后的垂直运输

在幕墙封闭后，塔吊及外用电梯已经拆除，因为大型设备已经在塔吊和外用电梯拆除前运输到位安装完成，现只需解决材料小型设备的运输问题，根据以往超高层施工经验，我司将协调总包提前启用正式电梯做临时施工电梯使用。

（2）超高层管道试压排水措施管理

由于本建筑属于超高层建筑，流水段作业，机电插入配合施工阶段较早，也可能出现高区某些楼层以上机电施工刚刚插入，其下部的一些楼层精装修及机电施工已经完成，为了保护已施工完成的楼层的施工成品不被水泡以及减少维修清通管道的工作量，空调专业在打压及闭水后的排水具体措施如下：

1）将各专业已完成施工楼层上部设备层的排水管及通气管断开，使施工排水不直接排至已施工完成具备使用条件的正式排水管内，同时在楼层内适当的位置新设排水立管作

为临时泄水立管，水平可按照需要设置地漏。

2）安排专人看守控制管道打压、闭水所用排水量，保证排至设备层集水池的水不会满溢。同时在水箱高位设一根溢流水管接到地漏位置，接至下一个排水分区。

3）在设备层已完成施工的排水管开口处设一个 S 型存水弯作为排水口，同时安排专人 24h 查看，确保无任何固体物进入管道内，在排水管不使用时，用专用木塞封口，楼上需要排水时，先通知此处监管员，确认可行后方可排水。

（3）超高层建筑设备层消声减振施工管理

超高层建筑受高度影响，为了避免机电系统竖向承压过大，通常会设置有大量的设备转换层，转换层内机电设备众多，机电系统运行后噪声和振动问题明显，而与之毗邻的楼层往往就是正常使用的功能房间。如何处理设备层的噪声和振动问题，对于此类超高层建筑机电系统非常关键。

避难层机房站房内设备众多，运行时将产生大量的噪声及振动，而与其相邻的楼层均为办公、研发和会议室，若不对高区设备层进行相应的噪声和振动处理，必将对日后的使用造成较大影响。

根据我公司工程经验，消声减振关键是在设计阶段需由设计院或声学顾问做好相应的消声减振设计。在实施之前，需严格按照设计方案进行相应消声减振设备（减振器、减振垫、消声器等）的选型、采购，同时需附计算书、选型报告，报业主或声学顾问审批。在实施阶段，严格按照消声减振方案的对节点进行处理。实施完成后，需对实施效果进行测试和调整。

（4）管道工厂化预制、装配施工技术（预制组合立管系统）

超高层建筑往往机电系统复杂，机电施工具有工期短、立体交叉作业多、垂直运输难、安全风险高、场地狭小等施工难点。采用管道工厂化预制、装配施工技术，其主要具有缩短施工周期，减少垂直运输的频率，降低安全风险，有效控制施工质量等优点，而管道预制实现工厂化规模生产，能有效控制材料的损耗，最大程度上提高了现场作业工效。

（5）机电深化设计与物资优化选型管理

机电管线综合深化设计

本项目机电专业众多、管线复杂，如何通过对设计图纸的深化设计，复核机电设计参数，补充和完善设计图纸，合理布置暖通空调专业系统的设备及管路，同时综合考虑机电其他系统的管线、设备排布，以指导现场施工，对于机电的施工非常关键。而深化设计实力，也往往是考察和选择机电分包商的重要因素之一。

公司总部机电设计工作室完成以下工作：

① 针对本机电工程的深化设计工作，现场将组建一支深化设计团队负责深化设计的组织、实施与管理工作。按照业主、顾问的相关要求，绘制综合管线布置图、剖面图、预留预埋图、管井布置图、专业施工图、详图、吊顶平面综合布置图等图纸等。

A. 机电物资优化选型

本机电工程系统采用很多新技术，也有很多新设备、材料，物资的优化选型工作，对于日后机电系统的调试与运行，非常关键。

B. 系统校核及设备选型计算

机电设备材料在采购之前，需对设计系统和参数进行校核计算。系统校核计算主要从系统的运行原理、服务功能、安装维修操作方面，满足系统设备的选型、采购及调试等工作。以下通过我单位在以往工程实施案例，作进一步实施描述。

C. 加工图纸及技术规格书的编制

根据机电设备材料的选型结果，编制机电设备材料的加工图纸，以便商务部门进行采购。同时，根据设计要求和参数，编制机电材料的技术规格书，用以设备的招标。

D. BIM 技术的运用

本项目对 BIM 技术的运用要求较高，在招标文件中明确提出了机电专业承包商需负责完成一套完整的机电综合建筑信息模型，并利用 BIM 技术实现以下目标：加强项目设计与施工的协调、减少施工现场碰撞冲突、优化施工进度及流程、可视化模型知道现场施工、快速评估变更引起的成本变化、提升工程制造质量、物料跟踪管理、为物业提供准确的工程信息。

② 在本项目施工中全过程运用 BIM 技术，管理内容包括：

基本 BIM 模型完成施工图综合会审和深化设计；

各专业空间碰撞检测；

通过模型进行施工技术交底；

自动工程量统计；

预制、预加工构件的数字化是施工；

对加工、制作、运输及安装跟踪管理；

交付 BIM 竣工模型，提供建造过程中的相关信息。

（6）机电绿色施工措施管理

根据招标文件要求，本项目工程需取得 LEED 认证金奖，国家绿色建筑二星级以上奖项。对于机电工程的绿色施工提出了很高的要求。

1）本项目 LEED 实施方案

施工管理和工作质量计划的制定及文件体系的建立；

项目制定 LEED 认证之施工管理和工作质量计划，建立 LEED 认证的文件体系。

2）LEED 认证的施工管理和工作质量计划

① 施工管理和工作质量计划

项目施工过程中，配合机电总包商建立施工管理和工作质量计划，来监管施工期间 LEED 认证实施的进度和工作质量。管理内容主要有以下几个方面：

A. 施工废弃物管理：制定并实施废弃物管理计划，该计划中应明确解构和回收材料的机会、推荐采用的回收方法、合法的可回收物品运输和加工单位、以及这些加工后的产品的可能市场。计划中应该包含回收、筛选和再利用材料的估计成本，还应该有针对性的提到减少材料使用的问题。

B. 施工期间及入住前室内空气质量管理：在施工期间保护空调系统各组件，以及在完工后清洁受污染的组件。控制施工期间的通风/隔离。控制原材料质量，在任何材料采购前提交书面和实物（可行）以供业主确认。如果固定安装的空气处理机在施工中使用，每个回风过滤网的过滤介质 MERV 值（最低效能报告值）应是 8，达到《一般通风用空气洁净设备分级粒径效率的测试方法》ASHRAE 52.2—1999 的规定。在入住前所有过滤器应予以更换。

C. 现场施工及调试：在单机试车完毕进行系统测试和平衡。系统平衡后，着手为业主准备操作手册，组织对业主物业管理人员的操作培训。

材料选用：所有的马达/风机、保温材料等应符合 LEED 认证标准。

② 施工管理会议安排

LEED 认证及调试工作进度会议（每月）：按业主及机电总包商要求，定期举行。主要讨论 LEED 认证及调试相关事宜和由机电总包商提交的每月 LEED 认证进度报告。业主、机电总包商、分包商（与当时正进行的 LEED 认证和调试工作相关的）和设计院均会出席。

LEED 认证及调试工作研讨会议：于施工期间共举行四次。主要讨论 LEED 认证及调试的进展情况，审阅由机电总包商提交的 LEED 认证行动计划（于第一次会议讨论）和每月 LEED 认证进度报告、大楼系统手册及物业管理人员培训计划，并由调试管理机构汇报调试工作的进展，同时对在实施 LEED 认证要求时遇到的问题共同提出解决方案。业主、机电总包商、分包商（与当时正进行的 LEED 认证和调试工作相关的）、设计院和物业管理公司均需要出席。

③ 机电专业分包承包商的职责

设置专门的 LEED 认证施工协调人，配合机电总包完成有关 LEED 认证的相关事宜。接受 LEED 认证培训和 LEED 顾问公司的指导。

LEED 认证施工协调人应确保所有 LEED 认证施工技术专业说明所列举的有关机电方面的 LEED 认证要求均被满足。LEED 认证施工协调人同时需要确保所供应和使用的材料能满足 LEED 认证的要求。

当现场的施工/安装与当前的设计阶段提交数据有异时，LEED 认证施工协调人负责更新设计提交数据。

如果 LEED 认证要求与其他的项目要求有任何差异，我单位 LEED 认证负责人向机电总包单位报告，寻求 LEED 顾问的解决方案。

3）LEED 认证的文件体系

在项目实施过程中配合机电总包单位建立正确的文件体系。文件应不仅局限于 LEED 认证信件模板所要求的证据文件材料，还应包括能够证明达到 LEED 认证所规定的性能表现水平的相关证据材料。

在施工过程中我单位将配合机电总包单位向业主提供以下数据资料：

在每月的 LEED 认证及调试工作会议和 LEED 认证及调试工作研讨会议前一个星期提交本专业部分 LEED 认证进度报告，将以下项目的实际施工和采购活动进度与 LEED 认证行动计划进行比较：

① 施工废料管理计划进度报告。

② 循环成分。

③ 本地开采、采集或再生的和加工生产的材料。

提交所有防火装置的生产商产品数据对照表，说明防火剂种类；提交所有保温隔热材料的生产商产品数据对照表。

施工程序，包括暖通空调的保护、源头控制、路径切断、内务管理和日程安排等。

保护储存在工地或已经安装的吸收性材料免受潮气影响的施工程序。

4）LEED 认证的具体实施

① 施工质量监督、控制

按照施工质量管理计划，对各质量管理要点进行监督、控制。仔细研究本工程 LEED 认证得分点，施工过程中遵照执行，并提供执行图像资料。

参加由机电总包商组织的 LEED 认证定期会议。

按照 LEED 认证监察团队的要求提交本专业部分 LEED 认证工作记录表及工程日报表，并配合监察团队核实工作记录的真实性及完整性。

② 设备、材料采购要求

在设备、材料采购阶段我公司将严格按照 LEED 认证机电招标要求及 LEED 认证标准进行设备及施工材料的选型，增加建筑废物的管理与再回收利用，保证工程所使用的材料和施工工艺满足美国绿色建筑 LEED 认证的要求。

③ 机电系统的基本调试运行

施工单位应按照调试工作/过程分界面各责任方的要求完成以下运行调试程序和内容：

A. 听从业主指派运行调试机构的领导、评审、监督运行调试的程序和活动完成情况。

B. 制定和实施运行调试方案。

C. 编制调试系统的运行管理手册。

D. 给物业管理人员提供培训。

E. 编制简要运行调试报告。

（7）机电 TAB 调试管理

本项目作为高端工程，机电系统采用了很多新技术，同时，业主对机电调试的要求很高，如何在调试专家的指导下，通过 TAB 调试，找出设计、施工、设备安装等方面存在的问题，经过调整和采取改进措施，以满足设计意图、运行要求，对于机电工程非常关键。

本项目 TAB 调试实施：

在本项目调试阶段，将抽调项目现场管理部、深化设计部人员组建调试运行部，负责在调试专家的指导下，完成本机电承包范围内的调试工作，包括系统文件存档、安装检查、预调试和启动测试、控制系统校验和点对点测试、测试调节平衡工作、功能性测试、综合系统测试、承包商向业主提供的系统操作演示和培训工作。

（8）高温环境下施工保证措施管理

本项目成立专门的高温机电施工管理小组，负责高温条件下作业劳保用品的发放、高温条件下施工作业的检查、高温施工应急预案等管理工作。

做好高温气候条件下的防暑降温措施：合理安排工作时间，避开高温时段；提供茶水、绿豆汤，配发风油精、清凉油及人丹等防暑用品；现场搭设遮阳棚，供员工休息使用；生活区设置淋浴室，保证员工洗浴需求。

做好高温条件下施工管理措施：如机电设备吊装、焊接工作尽量避开中午等。

夏季高温季节是现场用电高峰期，定期对电气设备逐台进行全面检查、保养，禁止不规范用电。

加强对易燃、易爆等危险品的贮存、运输和使用的管理，在露天堆放的危险品采取遮阳降温措施。严禁烈日曝晒，避免发生泄露，杜绝一切自燃、火灾、爆炸事故。

（9）雨季条件下机电施工保证措施管理

① 成立雨期施工防汛领导小组、抢险小组。

② 编制雨期机电施工方案、制定防汛预案和措施。

③ 做好雨期防汛防台风材料、机具配备。

④ 做好汛期预警机制与应急演练。

（10）机电大型站房的施工管理

本项目设置了大量的机电设备机房（如空调机房、风机房等），如何组织好机电设备机房的施工，是机电施工进度和质量的关键环节。

本项目机电大型站房的施工应重点做好以下几个环节：

1）做好机电设备大型站房的深化设计及 BIM：机房内机电管线复杂，在深化设计阶段，重点做好机房内机电管线综合管线排布深化设计工作，并运用 BIM 技术进行碰撞检查。在综合管线深化设计过程中，要综合考虑日后设备安装检修空间、支吊架的设置等。

2）做好机房内设备的运输及安装工作：提前策划机房设备的运输方案，规划吊运方式、运输路线等，设备进场后严格按照运输方案进行设备的吊运。在设备安装过程中，要严格按照相关规范、技术文件及厂家的安装指导书进行作业，并做好设备安装完成后的成品保护工作。

3）做好机电设备机房与总包移交条件工作：提前编制设备机房施工计划，并依此反推出机电设备机房土建具备条件的时间节点。提前协调总包单位，以便机房能够及时、顺利移交机电施工，确保施工进度。

4）做好机电设备机房消声减振工作：机电站房内设备众多，设备运行时噪声和振动较大，需在安装时做好相应的消声和减振工作。

3.1.3 机电工程质量管理案例

1. 质量控制目标、保证体系及质量管理组织机构

（1）质量控制目标及目标分解

达到国家颁布的现行有关质量验收合格标准，质量验收一次合格。

1）质量目标分解

项目技术负责人是本工程质量目标实施的组织者，组织前期深化设计；组织图纸会审、技术交底；编制专项施工方案、作业指导书；对分部、分项工程组织施工工艺策划；施工中全面贯彻执行，层层把关，确保整体质量目标的实现。

2）节能目标分解

施工前通过详细的策划，在施工组织设计中对建筑节能工程进行详细地阐述，并对采用的施工工艺进行评价，并制定专门的施工节能技术方案。项目部实行水、电计量，生活用水、电及工程用水、电按定额消耗节约率均不低于 5%，确保节能目标实现。

3）QC（质量控制）活动目标

项目部成立 2～3 个 QC 小组，针对本工程施工创优的重点、难点，选定课题，开展

QC 活动，力争有 1～2 项 QC 小组活动成果取得省级以上奖项。

（2）质量管理保证体系

1）质量管理保证体系图（图 3-1）

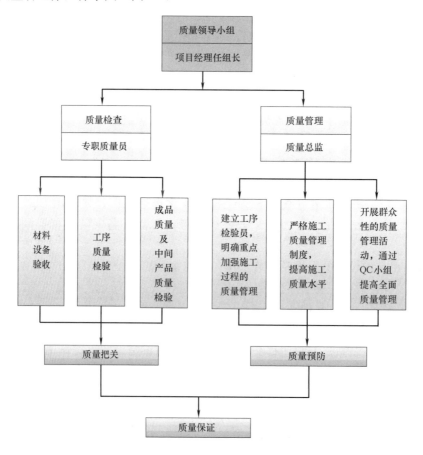

图 3-1　质量管理保证体系图

2）质量验评标准

《建筑工程施工质量验收统一标准》GB 50300—2013；

《建筑工程施工质量评价标准》GB/T 50375—2016；

《建筑节能工程施工质量验收规范》GB 50411—2007；

《建筑安装工程施工质量验收统一标准》GB 50300—2013；

《通风与空调工程施工质量验收规范》GB 50243—2016；

《建筑给水排水及采暖工程施工质量验收规范》GB 50242—2002；

《建筑电气工程施工质量验收规范》GB 50303—2015；

《机械设备安装工程施工及验收通用规范》GB 50231—2009。

其他相关的施工验收规范标准

（3）质量控制管理组织机构及职责

1）质量控制管理组织机构（图 3-2）

2）质量控制管理职责（表 3-6）

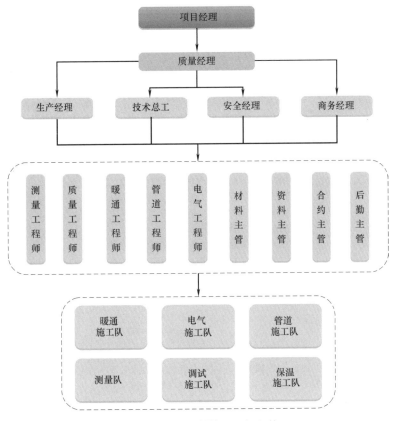

图 3-2　质量控制管理组织机构

质量控制管理职责　　　　　　　　　　　　　　　　　　表 3-6

序号	岗位	职责内容
1	项目经理	项目经理是项目工程质量的第一责任人,对本项目工程质量负全面责任。 按照企业的有关规定,建立项目质量保证体系,配备足够的质量管理人员。 主持编制施工组织设计,确保工程质量目标实现。 审批项目工程质量报表,确保按时向公司质量部门报送质量报表。 审批项目编制的不符合处置方案,组织进行不合格品处置。 及时掌握项目的工程质量状况,参加项目的工程质量专题会议,组织相关信息分析。 及时向上级报告工程质量事故,负责配合有关部门进行事故调查和处理
2	生产经理	协助项目经理管理工程质量,对项目的工程质量负重要的责任。 认真执行工程质量各项法规、标准及企业规章制度。 参与编制项目施工组织设计并组织实施。 组织项目质量检查,对发现的质量问题组织整改。 正确处理工程进度与质量的关系

续表

序号	岗位	职责内容
3	技术经理	对工程项目的质量负技术责任。 全面负责工程项目的技术管理工作,保证国家、行业、地方、企业颁布的有关工程质量法规、标准、规范、强制性条文、企业标准在项目实施中得到贯彻。 组织编制项目质量通病预防措施,并实施监督,做好质量的预控工作。 组织图纸会审;组织编制施工组织设计、专项施工方案和施工技术措施,并及时上报公司有关部门和公司总工程师批准。 组织编制技术质量交底文件,组织专业技术员对作业班组的技术质量交底。 检查施工组织设计、施工方案、技术措施、技术质量交底的落实情况。 参加项目质量检查工作,参加项目分阶段工程质量验收工作。 组织项目的工程质量专题会议,及时向项目经理汇报工程质量状况。 负责项目施工质量的投诉处理;参加工程质量事故调查,分析技术原因,制定事故处理的技术方案及防范措施。 审核工程质量报表,及时上报上级质量部门。 组织编制交工技术资料,及时归档
4	质量经理	负责项目的工程质量监督检查工作,持证上岗,对管辖范围的检查工作负全面责任。 参与对施工班组的质量技术交底。 熟悉每个分部、分项、检验批的质量验收标准,对施工作业面的工程质量进行跟踪检查,及时纠正违章、违规操作,防止发生质量隐患或事故。 对每一检验批进行实测实量,严格按国家工程质量验收标准或企业的质量标准进行质量验收、评定。 参与施工现场的质量检查,对查出的一般质量问题,负责下整改单,并监督施工队、班组及时整改;对严重的质量问题及时报告项目总工,并负责处置后的验收。 参与工程质量事故的调查和处理。 负责项目质量统计报表,及时上报公司工程管理部门。 依据公司或项目质量奖罚制度,有权对项目的作业队伍和操作人员提出处罚和奖励意见,并有质量一票否决权
5	材料主管	严格按物资采购程序进行采购,确保物资采购质量。 组织对工程物资的验证,确保使用合格产品。 采购资料及验证记录的收集、整理
6	材料保管员	负责项目工程材料采购,对工程材料质量负责任。 按照国家质量标准和项目材料质量要求做好材料的采购、进场验收工作。 根据专业施工技术员确定的比例,对需要抽样检验的材料进行抽样送检。 负责材料质量证明文件的收集和整理,并及时提交工程技术员。 做好材料的保管工作
7	计量员	按照公司《计量管理手册》的要求,做好计量管理工作。 对项目进场使用的计量器具负责登记、检查验收,超过检验校核有效期和不合格的计量器具不准在工程中使用。 对分包方使用的计量器具进行监督检查。 做好计量统计报表,及时上报公司工程技术管理部门
8	设备管理员	对项目施工用设备机具的完好性负责。 按照公司设备管理的要求,负责进场设备机具的登记、验收和日常维护、月度检查工作

序号	岗位	职责内容
9	专业工程师	对本专业的工程质量负技术责任。 参与图纸会审,编制本专业施工方案,专项施工技术措施。 按工序、分阶段对施工班组进行施工质量技术交底,做好交底记录。 熟悉分部、分项工程的技术质量标准,严格按施工工序组织施工。 负责交接检验。 参与项目分项、分部及竣工工程的质量检查、验收、评定。 负责提供本专业材料采购质量要求,核实材料来源并督促材料选样送检。 按照工程进度收集和整理工程技术质量资料。 参与项目质量问题投诉和质量事故处理。 做好施工日志
10	施工班组长	为本项目工程质量的直接责任人,对本班组施工的工程质量负主要责任。 严格按施工技术交底(作业指导书)进行施工,严禁偷工减料。 做好工序的自检、互检工作,并认真做好检验记录。 接受质检员和技术员的监督检查。出现质量问题主动报告真实情况。 施工中发现使用的建筑材料、构配件有异变,及时反映,拒绝使用不合格的材料。 对出现的质量问题或事故要实事求是的报告,提供真实情况和数据,以利事故的分析和处理,隐瞒或谎报,追究班组长的责任
11	作业人员	施工操作人员对工程质量负直接操作责任。 坚持按技术操作规程、技术交底及图纸要求施工。违反要求造成质量事故的,负直接责任。 按规定认真作好自检和必备的标记。 在本岗位操作做到三不:不合格的材料、配件不使用;上道工序不合格不承接;本道工序不合格不交出。 接受质检员和技术人员的监督检查。出现质量问题主动报告真实情况。 参加专业技术培训,熟悉本工种的工艺操作规程,树立良好的职业道德

2. 质量管理制度及保证措施

(1) 质量管理制度

1) 工程质量管理制度(表 3-7)

工程质量管理制度 表 3-7

序号	制度名称	序号	制度名称
1	质量责任制度	11	工程质量监督制度
2	质量教育培训制度	12	工序交接制度
3	隐蔽工程验收制度	13	工程质量创优制度
4	工程质量验收程序和组织制度	14	质量跟踪监控制度
5	工程质量奖罚制度	15	挂牌管理制度
6	样板引路制度	16	竣工服务承诺制度
7	质量交底制度	17	月评比及质量奖罚制度
8	检验检测制度	18	质量检测仪器管理制度
9	工程成品保护制度	19	质量检测仪器周检制度
10	定期、不定期质量检查制度	20	质量会议、会诊及讲评制度

序号	制度名称	序号	制度名称
21	工程实体质量监测、标识制度	28	工程质量事故报告制度
22	工程质量预控制度	29	质量管理人员持证上岗制度
23	全过程、全天候质量检查制度	30	检测及监测点、线路保护制度
24	QC小组活动管理制度	31	过程三检制度
25	关键工序施工质量控制旁站制度	32	施工标准规范管理规定制度
26	工程质量整改制度	33	质量文件记录制度
27	工程质量竣工验收制度	34	质量否决与责任追究制度

2）检验检测制度（表3-8）

检验检测制度 表3-8

序号	项目	内容
1	检验检测制度	项目质量主管对进货检验和试验工作负责，负责样品和试件的抽样和试验。 质量主管对过程检验和试验负责，确保进入下道工序的产品均为合格品。负责编制项目《试验和过程检验项目和频次计划》。 工程完工后，由总工程师组织相关部门进行最终检验和试验，并由施工技术部填写工程竣工报告。 检验、测量和试验设备的控制：测量室和试验室分别负责按规定要求采购检验、测量和试验设备，并对所有检验、测量和试验设备按规定周期进行校检及送检，送检时选择天津市有相应资质的检测单位，建立仪器台账，确保不合格的仪器及设备不投入使用。 检验和试验状态：由试验室采取合适的方法对物资和过程的检验和试验状态进行标识，确保使用合格的物资和确保合格的工序转序。 不合格品的控制：为了防止不合格品，要对不合格品进行控制，确保不合格品不流入下道工序或不合格工程交付使用。 不合格品的标识：对项目不合格品的标识统一进行设计、控制管理。 隔离：对不合格品采取隔离措施，对原材料不合格的，经标识后按类堆放。 处置：对不合格原材料可采取拒收、报废等措施。对施工中不合格品应进行返工，按原操作程序重新进行，经过返工后的产品要重新进行检验。 评审和处置后的记录：质量主管对评审和处置后的工作做好记录，按规定整理、保管。 各司其职的原则： 技术经理负责对试验工作总体安排，明确各部门主要人员职责，并严格按职责奖惩；各专业生产经理在人力物力上支持试验工作；物资管理部对供应物资的质量负责；各专业施工部要对各自负责的专业施工质量负直接责任。 委托试验原则： 工程需要进行的试验项则由技术管理部委托有资质能力的试验室进行试验；凡规定必须经复验的原材料，必须先委托试验，合格后才能使用的原则
2	检验检测管理	所有施工试验及进场原材料的复试必须在监理的监督下见证试验，要求试验取样、制样必须有监理单位的见证人、试验人员或物资管理部及分包商试验人员共同参加。依照现行规范或业主、监理的要求进行施工试验和进场原材料复试。非见证的复试试验，也严格按取样规定的要求操作
3	主要检验内容	管道、阀门、电线、保温材料、风机盘管等
4	检验检测主要资料	试验委托单、委托登记台账、试验记录、试验台账、试验报告、专项试验报告单、不合格材料台账

3）样板引路制度（表3-9）

样板引路制度 表3-9

序号	项目	内 容
1	基本规定	本项目所有分部分项工程的主要材料均须报审材料样品，所有分部分项工程均应制作工程样板，材料样品和工程样板均应得到审批后，方可正式施工。 机电承包负责其分包合同范围内所有材料样品报审和工程样板施工，机电承包应配合总承包进行机电系统技术协调，配合组织有关分包商工程样板施工。 材料样品报审和样板施工应与深化设计并行进行，在正式大面积施工前完成确认。 任何审批不符合样板标准的材料和工程实物须拆掉返工重做，由相关承包单位自行负责损失
2	样板设计方案	样板设计由业主牵头，根据设计单位或设计顾问的图纸通过初步深化设计审核，确定样板形式和材料品种。在确定样板设计后，配合总承包组织样板施工的分包单位，确定样板施工方案。 多家单位共同施工的样板，如样板房、样板楼层等，则由总承包组织编制综合样板施工方案，经业主和相关单位批准后实施
3	样板施工	样板一般是工程实施前的一项工作，带有策划和试验性特点，故应以预期目标导向进行管理。机电承包单位负责协调整个机电系统提供合适的施工场地和环境，记录工艺过程，配合总承包在施工过程中可以进行合理的优化和调整
4	样板评审	工程样板评审由总承包申报，由监理组织评审。样板的评审应是经济技术综合性的评审，样板初步完成，应组织设计、承包商、监理单位对样板进行综合性评审。 评审应关注样板工艺材料设计改进，实现多专业多部门互动。同时注意对样板的成本也要进行评估，找到经济技术最优方案。 材料样品经各方确认后，封样留存于封样间，作为检查、验收、结算依据
5	样板改进	样板经评审后，业主或总承包负责收集整理改进意见，进行综合后，对样板的形式、工艺、材料进行改进，并形成综合性的改进方案，再次实施。改进一般经过多轮评审→改进→再评审→再改进，以达到最优的结果
6	样板交底示范	样板审批完成后，供所有项目有关参与团队学习。如样板在具体施工单位确定前完成，则后期进场的承包商或管理团队，都要求详细观摩样板，把握细节处理和实施技巧、展示实现样板所制作的特种施工工具、工艺过程、材料品牌等。特别是工艺样板，应把全部工艺过程在样板上展示，供后续工种和操作班组学习，以明确各工序的质量目标。 承包商编制施工总结报告，报监理顾问业主审批
7	工程实施	样板审批完成后，机电承包商负责完善深化设计图纸和施工方案，并经报审确认后，再组织工程实施
8	样板间管理制度	样板间封存的样板应作为建筑安装及装饰材料的标准样板，用于与施工过程中所采购材料进行核对。所采购的材料必须与封存样板一致，以确保工程实际使用材料与设计要求一致，从而保证整体的设计效果。 施工单位报送的材料样板在通过材料样品封样程序后进入样板间保存。材料样板要分专业排放、排列整齐。未经项目总工办公会批准不得随意对样板进行更换。 样板间应实行专人管理。进入样板间实行登记制度。未经有权人允许，外单位人员不得随便进入样板间。 外单位人员确实因为工程需要必须进入样板间核对样板的，须由专业工程师向生产经理申请批准后，由专业工程师及样板间管理人员陪同一起进入样板间。 样板间封存的样板原则上一律不得外借带出样板间。确实需要外借带出样板间的，需经生产经理批准并登记后方可带出。带出的样板必须当天送回样板间保存。 外借带出的样板由登记外借人员负责保管，要保持样板整洁、完整，发现遗失及时报告，并追查处理。

序号	项目	内　容
8	样板间管理制度	外借样板在外借人员还回时,样板间管理员必须检查是否齐全并办理销借手续。 进入样板间查阅样板时,查阅者不得大声喧哗,不得抽烟。查阅人要爱护样板,不得勾画、污损样板。一旦发现,由查阅者负全部责任。 保持样板间清洁、干燥和卫生,切实做好防盗、防火、防潮、防尘、防鼠、防高温、防强光等工作。 严格执行安全制度,样板间门窗要坚固。样板间内禁止存放易燃、易爆等危险物品,并不能存放杂物、食品,管理人员应经常检查样板间的消防器材。 管理人员做到人离灯熄,紧闭门窗,出门加锁。管理人员要妥善保管样板间钥匙,确保样板间安全。 样板间设两把锁,由工程部指派的两名负责人保管,并同时开启方为有效。样板间管理人员职责如下: 负责样板入库登记及摆放;负责样板间的日常维护和消防、防盗安全管理。负责核实拟进入样板间和借阅样板人员的身份及手续;负责对外借样板归还时的审核工作。 负责审核各专业样板入库前的各项工作是否满足程序要求;样板标签是按要求已由相关单位和人员签字确认;负责申请进入样板间和拟外借样板申请的初步审查,经生产经理和总工程师签字同意后方可实施

4）质量检查制（表 3-10）

质量检查制　　　　　　　　　　　　　　表 3-10

序号	项目	内　容
1	基本规定	每周周五质量部经理组织全体分包对工程现场进行全面质量检查,检查内容为现场工程质量。 每月 25 日质量部经理组织一次月度质量大检查,检查内容为现场工程质量。 每季度最后一个月 25 日业主、监理参加、组织一次全面质量检查,检查内容:现场工程质量、质量管理体系、管理制度、质量记录。 参加人员主要包括:质量部经理、生产经理现场专业工程师、质量主管及分包单位现场施工负责人、质量主管,施工队组现场负责人也应参加。 定期质量检查均做检查记录,并报送业主、监理。 检查结束后,开质量专题讨论会,对发现的质量问题及时处理,必要时发出整改通知,限定整改期限,质量主管跟踪复查。发现严重质量问题立即采取纠正措施。 每月评选出若干名对质量控制有突出贡献的质量管理人员,通报表扬并给予奖励。 每季度的质量检查对各参建队伍进行质量评比,按质量奖罚制度奖优罚劣
2	不定期检查	质量主管及分包、施工队质量管理人员对施工现场进行随时随地的巡视检查,发现质量问题及时处理,将质量问题消灭在萌芽状态。 质量部对各分包的质量管理体系的运行进行监督检查,督促其正常运行

5）过程三检制（表 3-11）

过程三检制　　　　　　　　　　　　　　表 3-11

序号	项目	内　容
1	自检	对于施工质量可以进行全过程跟踪,能够及时整改,不需做预先鉴定的分项工程,如:风管制作及安装、空调水管的安装等,在施工完后均需由施工班组自检,如符合质量验收标准要求,由班组长填写自检记录表
2	互检	经自检合格的分项工程,由质量主管组织施工班组进行互检,对互检中发现的问题,施工班组应认真及时地予以解决

序号	项目	内　　容
3	交接检	在进行下道工序施工前,由上下工序班组进行交接检,通过交接检认为符合分项工程质量验收标准要求,在双方填写交接检记录,经质量主管签字认可后,方可进行下道工序施工

6）挂牌管理制（表 3-12）

挂牌管理制　　　　　　　　　　　　　　　　　　表 3-12

序号	项目	内　　容
1	技术交底挂牌	在工序开始前针对施工中的重点和难点现场挂牌,将施工操作的具体要求,如:风管制作安装、支吊架制作安装、水管安装、管井施工、设备吊装等设计要求、规范要求写在牌子上,既有利于管理人员对工人进行现场交底,又便于工人自觉阅读,达到理论与实践的统一
2	施工部位挂牌	执行施工部位挂牌制度:在现场施工部位挂"施工部位牌",牌中注明施工部位、工序名称、施工要求、检查标准、检查责任人、操作责任人、处罚条例等,保证出现问题可以追查到底,并且结合质量奖罚制执行奖罚,从而提高相关责任人的责任心
3	半成品、成品挂牌	对施工现场使用的钢材、风阀、管道部件、空调水阀门、电线电缆、桥架及空调设备等进行挂牌标识,标识须注明使用部位、规格、产地、进场时间等,必要时注明存放要求和保护要求

（2）质量保证措施

1）技术组织保证措施（表 3-13）

技术组织保证措施　　　　　　　　　　　　　　表 3-13

序号	项目	措 施 内 容
1	建立技术管理体系	建立项目总工为首的技术保证体系,明确各部门、岗位的职责,确保技术保证体系的运行,严格执行技术、质量管理制度,确保施工的全过程始终处于受控状态
2	优化施工方案、做好技术交底、加强过程控制	编制专题施工方案,并在施工过程中不断优化,不断提高施工水平 不断的完善施工工艺,加强施工工艺、质量技术数据的测量、监控力度。作好技术交底工作,使施工管理和作业人员充分了解掌握施工方案、工艺要求。对每一道工序进行质量监控,对质量不合格品及时整改,杜绝不合格品进入下一道工序。 选派优秀的施工技术管理人员项目管理班子,以优秀的安装技术工人投入到本项目的施工之中;对所有的施工管理人员及施工作业人员进行各种必要的培训,关键的岗位必须经考核考试合格,持有效的上岗证书才能上岗,特殊工种持证上岗
3	"四新"技术	推广应用"四新"技术,提高工程质量和劳动生产率。包括管线综合布置技术、BIM 技术应用以及高压垂吊式电缆敷设技术等新技术
4	施工标准规范	根据工程的需要,配置有效的施工质量验收标准和企业(地方)技术标准
5	QC 小组活动	采用先进的管理手段,积极开展 QC 小组攻关活动,针对较难控制的质量问题,采用 PDCA 循环,找出产生问题的主要原因,提出对策,并落实、整改
6	技术文件、资料整理	安排文档管理员施工技术文件、资料的整理工作。施工技术文件作为今后工程质量验收的一项重要内容,在施工期间就要注重资料的收集、汇总、整理与保管

2）资源对质量的保证措施（表3-14）

资源对质量的保证措施　　　　　　　　　　　　　　　　　　　　表 3-14

序号	项目	措施内容
1	劳动力的保证	施工中人的因素是关键。无论从管理层到劳务层,人的素质的好坏直接影响到工程质量目标的实现。根据项目的情况,我们拟采取以下保证措施: 　　我公司具有多年多项大型工程的施工经验和能力,拥有丰富的劳动力资源库,劳动力储备充足。本工程将配备具有丰富的施工经验,操作水平高的工人。 　　所有入场的施工作业人员必须接受我公司组织的专业知识和安全的培训、考核,合格后方可上岗作业。做好宣传工作,使全体施工人员牢固树立起"百年大计,质量第一"的质量意识,确保工程质量创优目标的实现。 　　做好劳动力计划,及时做好人员的进退场安排。避免窝工及工人过度劳累而使质量失控。 　　建立完善的质量负责制,使每位参与本项目施工的人员都明确自己的质量目标和责任,使工作有的放矢
2	施工机械、检测设备的性能保证	确保性能先进、工况完好的施工机具、检测设备投入到本项目的施工之中。 　　施工期间,定期对施工机械进行检查,随时掌握现场机械的使用情况及机械的状态情况。确保机械处于最佳的运行状态,为施工生产服务,并使现场的机械得到充分的利用。 　　建立健全施工机具、检测设备管理制度、岗位责任制及各种机械操作规程,对现场的机械做到定人定机的管理,对每个人的职责予以明确,保证现场机械的管理处于受控状态
3	工程材料质量保证	所采购的材料设备品牌符合招标文件规定,技术规格等参数必须满足设计要求。 　　材料设备采购前需报业主、监理审批,材料样品在自审合格的基础上再呈报。材料设备进场必须执行标准、施工及验收规范或业主合同的规定进行检验、试验。 　　进场材料经检验、试验合格后方可投入施工现场使用。入库的材料要按规定分类堆放整齐、标识清晰、正确。 　　从事材料搬运的工作人员,必须具备自我防护意识,掌握装卸技能,熟知安全注意事项。搬运工作必须选择配备符合运输、装卸要求且运行可靠的各种搬运设备、运输工具,防止因产品搬运不当产生变形、变质、损坏。 　　发现不合格品后,专业责任工程师立即组织相关人员分析原因,制订纠正和预防措施,防止同类问题发生。针对常见的质量通病,制定相应预防措施,保证材料质量

3）工程检验、试验管理的保证措施（表3-15）

工程检验、试验管理的保证措施　　　　　　　　　　　　　　　　表 3-15

序号	检测项目	检测内容
1	进货检验试验	绝热材料的导热系数、密度、吸水率、电缆、电线截面和每芯导体电阻值等
2	过程检验试验	检验标准:按照国家标准(规范)、地方标准(规范)和企业标准进行检验。 　　检验程序:工序完成后,操作人员进行"自检、互检"合格后,由项目总工组织进行检验,关键工序和特殊工序检验要由项目总工先进行检验,合格后,提前8小时通知总承包质量主管检验合格后,再报监理工程师、设计院共同进行检验。在特殊或紧急情况下,可提前4小时检验。 　　在施工过程中设置见证点和停止点检验,见证点必须由施工方质量主管、业主、监理工程师、设计院四方到场共同检验认可,四方缺一不可;停止点作业前,工序技术负责人要按规定时间提前通知质量主管、甲方、监理工程师、设计院到现场共同检验,并作好签认。 　　对直接影响成品质量的适当的过程参数和产品特性进行监控,发现异常立即反馈加以纠正。 　　只有在完成规定的检验和试验或必需的报告得到认可后,才能转入下一道工序

续表

序号	检测项目	检测内容
3	技术复核	对设备安装的位置、标高、精度、管道安装坡度、重要阀门的安装位置、电气配电柜安装位置等重要工序的施工,由专业技术人员进行技术复核后才能进行下一道工序的施工
4	关键/特殊过程控制	对大型设备的吊装、管道水压试验、电气调试、设备试车、空调调试等关键过程要由专业技术人员编制专题施工方案,对施工班组进行技术交底,对施工过程进行连续监控
5	检测器具配置	根据工程实际情况,项目部配备能满足工序各项检测要求的计量器具

4) 工程质量检测、试验要求及计量器具配备 (表 3-16)

工程质量检测、试验要求及计量器具配备　　　　　表 3-16

工序名称及位置	测量参数名称	测量频次	计量器具名称
设备安装			
基础验收	坐标	全检	经纬仪
	标高	全检	水准仪
	平整度	全检	水准仪
设备清点、验收	装箱清单	全检	检查
	特征和性能	全检	检查
设备就位、找正找平	设备与基础中心线	全检	钢卷尺
	标高	全检	水准仪
	垫铁	全检	目测
	水平度	全检	框式水平仪
	间隙	全检	塞尺
	同轴性	全检	百分表
	垂直度	全检	钢板尺、吊线
一次灌浆	地脚螺栓垂直度	全检	目测
	砂浆配合比	全检	台秤
精平二次灌浆	精平	全检	框式水平仪
	砂浆配合比	全检	台秤
试运转	振动	全检	测振仪
	转速	全检	转速表
	轴承温度	全检	表面温度计
	电机温度	全检	表面温度计
管道安装			
材料检验	管材壁厚	抽查 10% 且 ≥3 处	游标卡尺
	椭圆度	抽查 10%	钢板尺、卡钳
	外观机械挫伤	全检	焊缝检验尺
	阀门检验	抽检 10%	压力表

续表

工序名称及位置	测量参数名称	测量频次	计量器具名称
管道安装			
管道加工	下料长度	全检	钢卷尺
	切口端面	全检	直角尺、钢板尺
	坡口角度	全检	焊缝检验尺
管道组对	对口间隙	全检	焊缝检验尺
	对口错边量	全检	焊缝检验尺
	平直度	全检	条式水平仪
	法兰平行度	全检	钢板尺
	管道与法兰垂直度	全检	直角尺
管道焊接	焊口平直度	抽检10%	钢板尺、样板
	焊缝加强高度	抽检10%	焊缝检验尺
	咬肉深度	抽检10%	焊缝检验尺
	连续咬肉长度	抽检10%	焊缝检验尺
支吊架安装	标高	全检	水准仪
	垂直度	全检	吊线、钢板尺
	水平度	全检	条式水平尺
阀门安装	与管道中心线垂直度	全检	直角尺
	与法兰平行度	全检	直角尺
管道安装	水平管道纵横向弯曲	全检	吊线、钢板尺
	立管垂直度	全检	吊线、钢板尺
	成排管段间的间距	全检	吊线、钢板尺
管道系统试压	试验压力	全检	压力表
管道防腐涂漆	涂层	抽检	目测
	漆膜厚度	抽检	漆膜测厚仪
	表面平整度	抽检	钢板尺
通风安装			
材料检验	镀锌钢板厚度	抽查10%且≥3处	游标卡尺
	外观检查	抽检	目测
	保温材料厚度	抽检	钢板尺
风管制作	下料长度	全检	钢卷尺
	法兰平行度	全检	钢板尺
	对口间隙	全检	焊缝检验尺
支吊架安装	标高	全检	水准仪
	垂直度	全检	吊线、钢板尺
	水平度	全检	条式水平尺

续表

工序名称及位置	测量参数名称	测量频次	计量器具名称
通风安装			
风管安装	水平风管纵横向弯曲	全检	吊线、钢板尺
	立管垂直度	全检	吊线、钢板尺
	成排风管间的间距	全检	吊线、钢板尺
风管试验	漏光试验	抽检	强光手电
	漏风量测试	抽检	漏风量测试仪
	风速测试	抽检	风速仪
桥架安装			
桥架材料检验	桥架板厚	抽查2%	游标卡尺
	热镀锌均匀性	抽检2%且≥3件	
	防腐层厚度和附着力	抽检2%且≥3件	
桥架材料检验	外观检查	全检	
支吊架制安	标高	全检	水准仪
	垂直度	全检	吊线、钢板尺
	水平度	全检	条式水平仪
桥架安装、调直、调平并固定	桥架外观检查	全检	目测
	水平度	10%	吊线、钢板尺
	直线度	10%	吊线、钢板尺
	垂直安装的垂直度	10%	吊线、钢板尺
接地连接	接地线穿墙	全检	钢卷尺
金属导管安装			
金属导管材料检验	金属导管平均外径	抽查2%	游标卡尺
	金属导管壁厚	抽查2%	游标卡尺
	热镀锌均匀性	抽检2%且≥3件	
	防腐层厚度和附着力	抽检2%且≥3件	
	外观检查	全检	
金属导管预制	下料长度	全检	钢卷尺
	导管弯扁程度	抽查10%	钢卷尺
	导管弯曲半径	抽查10%	钢卷尺
	切口端面	全检	直角尺
	导管套丝长度	全检	钢板尺
固定接线盒	标高	全检	水准仪
	水平度	全检	水平仪
管线连接	螺纹接头长度	抽查10%	钢板尺
	暗配的导管距建筑物表面的距离	抽查10%	钢卷尺
	明配管的固定	抽查10%	钢卷尺
	室内进入落地式柜、台、箱、盘内的导管管口高出柜、台、箱、盘基础面	抽查10%	钢板尺

续表

工序名称及位置	测量参数名称	测量频次	计量器具名称
金属导管安装			
管线连接	管进盒	抽查 10%	目测
接地连接	专用接地卡跨接的铜芯软导线截面积	抽查 10%	游标卡尺

（3）机电各专业主要质量控制点及控制措施

1）电气工程质量控制点及控制措施（表 3-17）

电气工程质量控制点及控制措施 表 3-17

分项工程	质量控制点	质量控制措施
施工准备	材料计划	按照国家规范、设计图纸、招标文件要求编制
	材料送审	
	施工方案	
预埋复核	位置标高正确	确保按基准标高线施工
	线管保护层漏埋、错埋	避免预埋的管路三层交叉认真查阅图纸
	管路弯扁度	逐个检查
桥架安装	位置、标高正确	绘制综合图解决
	与水管、风管间距正确	
	支架排列正确	
线槽安装	位置、标高正确	绘制综合图解决
	与水管、风管间距正确	
	支架排列正确	
管路暗敷	支架间距	消除质量通病
	与水管、风管间距正确	
	接线盒、过线盒接线正确	
	管路弯扁度	
管路明敷	支架间距	消除质量通病
	与水管、风管间距正确	
	接线盒、过线盒接线正确	
	管路横平竖直	
	管路弯扁度	
穿线配线	导线涮锡、压接接线帽	严格涮锡工艺、使用专用接线帽
	导线损伤	穿线时注意保护导线
电缆敷设	电缆平直、固定牢固	根据电缆排布图进行协调电缆按次序敷设
	电缆弯扁度	
	电缆排列整齐、美观	
器具安装	器具固定方法正确	研究照明器具的安装方法
	位置标高正确	准确定位
设备安装	安装方法、位置标高正确	制订专项施工方案

续表

分项工程	质量控制点	质量控制措施
调试	绝缘摇测全面	制订专项调试方案
	开关动作可靠	

2）给排水工程质量控制点及控制措施（表3-18）

给排水工程质量控制点及控制措施 表3-18

分项工程	质量控制点	质量控制措施
安装准备		熟悉图纸，编制施工方案
孔洞复核	位置、标高准确	绘制管道洞口检查表
套管安装	套管类型正确 套管水平度、垂直度准确	套管类型根据使用部位进行明确 立管套管管道完成后再固定套管
管道安装	位置、标高、坡度正确消除管道 交叉和矛盾	分系统编制专项施工方案 绘制综合图解决施工交叉问题
防腐处理	除锈、防腐处理砌底	认真检查
填堵孔洞	根据工艺确定填堵方法套管与管道的 间隙均匀套管出地面高度不一	套管调正后固定牢固 与土建协调地面做法
水压试验	分层分区打压	编制单项方案
闭水试验	分层分区	编制单项方案
设备安装	稳固	编制单项方案
系统冲洗	冲洗彻底	冲洗彻底
调试	—	编制单项方案

3）通风与空调工程实体质量控制内容（表3-19）

通风与空调工程实体质量控制内容 表3-19

序号	控制项目	控制措施内容
1	风管支架	①金属风管安装 a. 风管连接处完整无缺损，表面平整，无明显的扭曲。明装水平偏差≤2/1000；垂直度偏差≤1/1000；总偏差不大于10mm。 b. 风管与配件的咬口缝紧密、宽度一致；翘角平直，圆弧均匀，两端平行，无明显扭曲与翘角；表面平整，凸凹不大于5mm。 c. 楞筋或楞线的加固、排列规则，间隔均匀，板面平顺；角钢、加固筋的加固，排列整齐、均匀对称。 d. 可伸缩性软风管的长度不大于1.5m，并无死弯或塌凹。 ② 风管支吊架安装 机械加工开孔下料、型钢圆钢平直无毛刺，焊缝均匀完整，吊杆平直，螺纹完整，断口平齐，管卡圆弧均匀，支吊架受力均匀，无明显变形，与风管接触紧密。安装位置标高正确，有固定支架埋设准确牢固平整，轴线顺直。 ③ 空调水系统支吊架安装 a. 管道与设备连接处需设独立支吊架。 b. 冷冻水、冷却水系统管道机房内、总干管的支吊架采用承重兼晃管架，与设备连接的管道、管件有减振措施。保温管道与吊架之间有绝热衬垫，衬垫表面平整，衬垫结合面的空隙贴实。 c. 管道支吊架的焊接焊缝饱满，不得漏焊、欠焊或焊缝裂纹。
2	风口风阀	① 风口与风管的连接严密、牢固，与装饰面相紧贴；表面平整、不变形，调节部件灵活，可调，固定可靠。条形风口的安装，接缝处衔接自然，无明显缝隙。位置正确，排列整齐，平整美观。风口水平度偏差不大于1/1000；垂直度偏差不大于1/1000。 ② 调节风阀结构牢固，启闭灵活。止回阀启闭灵活，关闭时严密。 ③ 叶片的搭接贴合一致。 ④ 插板风阀壳体严密，内壁作防腐处理。 ⑤ 三通调节风阀拉杆或手柄的转轴与风管的结合处严密

续表

序号	控制项目	控制措施内容
3	风机空调设备	① 风机安装 a. 通风机出口方向正确,运行平稳。 b. 固定通风机的地脚螺栓拧紧,并有防松动措施。 c. 安装风机的隔振钢支、吊架,其结构形式和外观尺寸符合设计或设备文件的规定;焊接牢固,焊缝饱满、均匀。 ② 空调设备 a. 空气过滤器安装平整、牢固,方向正确。过滤器与框架、框架与围护结构之间严密无穿透缝。风机盘管与风管、回风箱或风口的连接严密、可靠。 b. 整体安装的制冷机组,其机身纵、横水平度的允许偏差为 1/1000,制冷设备或制冷附属设备其隔振器安装位置正确,各个隔振器的压缩量均匀一致,偏差不大于 1mm
4	水泵	安装的地角螺栓垂直、拧紧,且与设备底层座接触紧密。 水泵叶轮旋转方向正确,无异常振动和声响,紧密连接部位无松动
5	阀门	安装位置、进出口方向正确,便于操作,连接牢固紧密,启闭灵活,连接部位为渗漏,整齐美观

3. 质量通病的预控措施
（1）质量通病控制程序（图 3-3）

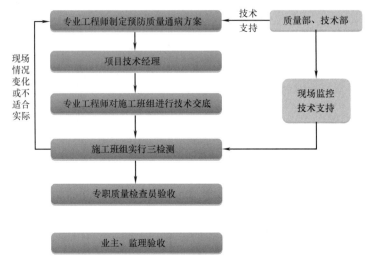

图 3-3　质量通病控制程序

（2）电气安装工程质量通病及防止措施（表 3-20）

电气安装工程质量通病及防止措施　　　　表 3-20

序号	质量通病	防治措施
1	管子弯曲半径小,弯曲处出现弯扁、凹穴、裂缝现象	用手动弯管器弯管时,要正确的放置好管子焊缝位置,弯曲时逐渐向后移动弯管器,不能操之过急
2	明装电线管排列不整齐美观,支吊架、固定点间距不均匀	多条电线管并排安装时,卡具排列按照统一的顺序编排,同时卡具之间距离应该考虑接线盒的因素,避免因接线盒而影响电线管的平直度
3	电缆桥架现场安装时破坏镀锌层,防腐处理不够	将开口处打磨平滑,涂两遍红丹防锈漆,干后再用手动喷漆喷涂,喷漆的颜色应与桥架的颜色相近

序号	质量通病	防治措施
4	配电箱、盘、柜体及其内的二层金属板接地不可靠,电气的可开启门或面板没有采用合适截面的裸铜软线	在配电箱、盘、柜体订货时,应明确要求在柜底或(其他合适位置)设置专门的接地板,接地应牢固可靠,各回路接地点应分别与接地板相连接,不得采用"垒接"方式。可开启门或面板均应采用合适截面的铜软线与配电箱、盘、柜体相连做好接地跨接
5	电缆敷设时,电缆的排列顺序混乱	电缆敷设应根据设计图纸绘制的"电缆敷设图"进行,合理的安排好电缆的放置顺序,避免交叉和混乱现象

(3) 给排水安装工程质量通病及防止措施 (表 3-21)

给排水安装工程质量通病及防止措施　　　　　　　　　　　　表 3-21

序号	质量通病	防治措施
1	管道支架托架不在同一平直线上;吊架标高不一,圆心不在同一直线上	设置支架时拉线控制;防止支架位移,栽入后,待砂浆灌抹后,还需拉线调校至符合要求为止;调整吊架花篮螺栓上下或移动卡具螺丝位置,不同心时可反向安装
2	管道堵塞	① 管道安装前要将管腔内杂物、毛刺等清理干净。 ② 管道安装中间断的敞口处要及时封堵严密,不使污杂物落入管内。 ③ 排水管道标高及坡度要严格按图纸要求或规范规定施工
3	给水立管坐标超差	① 在楼板上打凿或修整孔眼时,应认真用线坠找准立管中心,保证孔眼位置准确、直径适宜。 ② 因承重墙体影响管道坐标时,可采用冷弯或用弯头调整立管中心。因隔断墙影响管道坐标时,应扒掉墙体重砌。 ③ 立管安装前,应再次复核立管甩头与室内墙壁装饰层厚度,以利于及时调整立管中心位置
4	管道渗漏	① 管道接口应严格按规范施工工艺进行。 ② 按设计要求和规范规定,做系统的水压试验,并认真检查。 ③ 管道横支管应有坡度,试压后要排空管道内存水
5	管道结露	① 对可能产生结露处而设计未要求时,应做出防露处理。 ② 对设计要求的应按设计要求的防露措施和材料认真做好防露处理
6	地漏倒泛水造成地面渗漏标高不准,地面倒流水	准确计算好安装标高,把住楼板混凝土前的复核关
7	地漏周围漏水	严格按要求将地漏周围灌严,督促土建施工时,确保楼地面坡度

(4) 通风空调安装工程质量通病及防止措施 (表 3-22)

通风空调安装工程质量通病及防止措施　　　　　　　　　　　表 3-22

序号	质量通病	防治措施
1	风管的连接不严密,存在密封胶脆裂现象	防止型口切得不好,保证插条的宽度一致。插条制作时,手锤用力角度正确,插条的板材同风管的板材厚薄一致。开料时四个角按规范裁剪,防止使用密封胶太多,避免产生脆裂
2	风管口在法兰处翻边尺寸不够	造成风管口在法兰处翻边尺寸不够的主要原因是风管开料时尺寸控制不对,计算不准确,没有预留翻边
3	调平风管时,未将吊杆调正,造成吊杆松弛或风管再变形	调平风管时,借助水平尺先将吊杆调正,如果吊杆没有上紧,注意将膨胀螺栓上紧,再拉线调平风管

序号	质量通病	防治措施
4	空调水管保温管托配置不合理,管托与水管间有缝隙	空调水管保温管托应与管道外径相一致。对施工班组进行详细的施工技术交底,保温前对管道及管托进行验收,封堵管壁与木托之间缝隙
5	保温材料及绝热管托接合处没有涂粘结剂	空调冷冻保温时,保温材料及绝热管托接合处应涂粘结剂。保温完毕后验收时应逐个进行检查
6	风管软接口过长,扭曲	软接口在铆接前应拉直对正,铁皮条要压紧,帆布口处不漏风
7	系统噪声过大	① 为保证在末端消声器之后的风管系统不再出现过高的气流噪声,在管道拐弯处要采用曲率半径大的弯头 ② 消声器、消声弯头要单独设置支、吊架,不能使风管承受消声器或消声弯头的重量,且有利于单独检查、拆卸、维修和更换 ③ 为避免噪声和振动沿着管道向围护结构传递,各种传动设备的进出口管均要设柔性连接管,风管的支架、吊架及风道穿过围护结构处,均要有弹性材料垫层,在风管穿过围护结构处,其孔洞四周的缝隙要用不燃纤维材料填充密实 ④ 设备安装时要在减振器上带有可调整的校平螺栓 ⑤ 使用优质消声设备,在安装时,要严格注意其方向 ⑥ 对于风管及支、吊架要用相应的防隔振结构与措施 ⑦ 严格风管的密封性措施,杜绝由于风管系统漏风的噪声形成 ⑧ 防止风管强度加固不够造成风管管壁振动。通过自动生产线加工风管,风管段长度约为1m,同时生产线自动对风管压筋,也减少风管接缝,可整体提高风管强度及减少漏风形成的噪声 ⑨ 大截面风管加固严格按规范加固,消除风管强度不足引起的振动
8	风机盘管冷凝水问题	风机盘管安装后清理风机盘管集水盘并用塑料纸进行封闭,在投入使用时再进行拆除,在风机盘管进行灌水试验前,先用吸尘器对集水盘进行清理,防止集水盘中的杂物进入管道中造成管道排水不畅或堵塞;冷凝水管的施工中合理布置管线减少弯头,在冷凝水管上设置清扫口(即用带堵头的三通代替90°弯头),以便于日后对管道进行疏通

(5)设备安装工程质量通病及防止措施(表3-23)

设备安装工程质量通病及防止措施 表3-23

序号	质量通病	防治措施
1	设备布置不合理,影响后续的管道及电气接线	进行设备机房深化设计时,根据厂家提供的资料,利用BIM软件,对设备机房进行模拟施工;出现设备机房空间不足时还应向设计、监理及业主反映,以便增加设备机房面积
2	设备运转噪声大	选择产品质量有保证的厂家产品;采取合理的减振措施;设备进出口管线采用柔性连接,设备固定安全可靠
3	设备进出口管道支架设置不合理,影响设备安全运行	选择合理的支架型式,支架固定位置应能承受管道的全部重量以保证设备处于自由状态
4	捆绑方法不当,造成设备表面涂层损坏甚至变形	设备吊装时捆绑点必须为设备吊装孔,没有吊装孔的在设备捆绑完成后应在钢丝绳和设备本体间加垫柔性隔离物;选择吊装条吊装
5	运输过程中碰撞,造成设备或其他专业的成品损坏	选择合理的运输路线;运输过程中由专人指挥,杜绝多人指挥或无人指挥;保证通信联络畅通;超高层吊装时在设备上设置牵引绳,随时调整设备的空间位置
6	设备基础二次灌浆不饱满或超出设备底盘	灌浆时对设备进行保护,灌浆后及时清理设备上多余的混凝土或砂浆,选择适合的混凝土标号

4．实测实量检查实施方案

（1）实测实量目的

规范产品质量实测过程中的程序、取样方法、测量操作、数据处理等具体步骤和要求。提供产品质量实测的操作方法，尽可能消除人为操作引起的偏差。

（2）实测实量取样原则

1）随机原则：各实测取样的楼栋、楼层、房间、测点等，必须结合当前各标段的施工进度，通过图纸或随机抽样事前确定。

2）可追溯原则：对实测实量的各项目标段结构层或房间的具体楼栋号、房号做好书面记录并存档。

3）完整原则：同一分部工程内所有分项实测指标，根据现场情况具备条件的必须全部进行实测，不能有遗漏。

4）效率原则：在选取实测套房时，要充分考虑各分部分项的实测指标的可测性，使一套房包括尽可能多的实测指标，以提高实测效率。

5）真实原则：测量数据应反映项目的真实质量，避免为了片面提高实测指标，过度修补或做表面文章，实测取点时应规避相应部位，并对修补方案合理性进行检查，现场实测时可选择目测最差处进行实测。

（3）操作要求

建设单位、监理部、施工单位形成三级检查体系，具体分工见表 3-24。

表 3-24

建设单位、监理部、施工单位形成三级检查体系分工

级别	组别	检查人员	检查比例	检查频率	结果处理
一级	施工单位	技术负责人、质量员及相关工程师	100％自查	随施工进度及时检查	问题整改,后续改进,结果上报监理部
二级	监理部	监理部工程师	周工作量的 50％	每周一次	结果上报建设单位
三级	建设单位工程部	工程部工程师	周工作量的 10％	每周一次	检查结果上报集团工程管理中心

说明：① 二、三级检查每次检查范围应不包含上次检查具备条件的工作面。

② 检查人员的数量根据检查情况、检查任务自行酌情确定，检查人员需相对固定，避免流动性过。

③ 检查仪器需要按相关规范定期进行校准，以减少因检查规则、检查仪器操作生疏或检查仪器的误差等因素带来的影响。检查记录结果的上报。

④ 各检查体系应留存保管好各自层级的实测原始数据记录资料，以备检查。

⑤ 施工单位每周五前完成本周检查、汇总编制实测实量报告并上报监理、业主。

（4）通风与空调系统实测实量检查项及标准

1）检查项：防火阀、排烟阀（口）以及其他风阀的安装

检查标准：方向、位置应正确，防火分区隔墙两侧的防火阀，距墙表面不应大于 200mm；各类风阀应安装在便于操作及检修的部位，安装后的手动或电动操作装置应灵活、可靠，阀板关闭应保持严密；防火阀直径或长边尺寸等于大于 630mm 时，宜设独立支、吊架；调节阀应按系统功能要求设置；止回阀安装方向应符合系统要求。

2）检查项：风管连接

检查标准：风管连接应符合施工规范要求，无明显漏风、歪斜，支吊架设置合理；连接法兰的螺栓应均匀拧紧，其螺母宜在同侧；风管接口的连接应严密、牢固，风管法兰的垫片材质应符合系统功能的要求，垫片不应凸入管内，亦不宜突出法兰外。为餐饮商铺预

留的排油烟、补风管接口，其周边不能有阻碍用户接驳管道的梁、柱及其他机电管线等；防排烟系统和厨房风管密封垫料必须符合防火要求。

3）检查项：风管的防晃支吊架安装

检查标准：支、吊架不宜设置在风口、阀门、检查门及自控机构处，离风口或插接管的距离不宜小于 200mm；当水平悬吊的主、干风管长度超过 20m 时，应设置防止摆动的固定点（防晃支架），每个系统不应少于 1 个。

4）检查项：金属矩形风管加固

检查标准：矩形风管边长大于 630mm、保温风管边长大于 800mm，管段长度大于 1250mm 或低压风管单边平面积大于 $1.2m^2$ 中、高压风管大于 $1.0m^2$，均应采取加固措施；楞筋或楞线的加固，排列应规则，间隔应均匀，板面不应有明显的变形；角钢、加固筋的加固，应排列整齐、均匀对称，其高度应小于或等于风管的法兰宽度。

5）检查项：矩形风管导流片

检查标准：边长大于或等于 500mm，且内弧半径与弯头端口边长比小于或等于 0.25 时，应设置导流叶片，导流叶片应采用单片式、月牙式两种类型；导流叶片内弧应与弯管同心，导流叶片应与风管内弧等弧长；导流叶片间距 L 可采用等距或渐变设置方式，最小叶片间距不宜小于 200mm，导流叶片的数量可采用平面边长除以 500 的倍数来确定，最多不宜超过 4 片；导流叶片应与风管固定牢固，固定方式可采用螺栓或铁质击芯铆钉。

6）检查项：不锈钢风管安装

检查标准：当不锈钢板法兰采用碳素钢时，应根据设计要求做防腐处理；铆钉应采用与风管材质相同或不产生电化学腐蚀的材料，连接的螺栓应为不锈钢螺栓连接；不锈钢板与碳素钢支架的接触处，应有隔绝或防腐绝缘措施。

7）检查项：风管漏风检查

检查标准：进行漏风试验的验收资料与现场核对。

8）检查项：通风与空调系统保温

检查标准：各管道设备保温材料规格、厚度应符合设计要求；风管的保温钉数量应满足规范要求；保温完整，无破损、开裂和保温应连续；空调供、回水管保温端面应刷胶，并用布基胶带缠绕密实；套管内的保温应完整连续。

9）检查项：空调及通风机房

检查标准：型号、规格、方向和技术参数应符合设计要求；机组应清扫干净，箱体内应无杂物、垃圾和积尘，做好设备安装过程中的成品保护；设备安装的降噪措施（减振支架、软接头）是否按图施工；在风管穿过需要封闭的防火、防爆的墙体或楼板时，应用不燃且对人体无危害的柔性材料封堵。设备接地应完善。空调机组的冷凝水管安装应完善；风机软连接材料和施工应符合施工规范要求。

10）检查项：风机盘管安装

检查标准：机组应设独立支、吊架，安装的位置、高度及坡度应正确、固定牢固；（并应按图集要求考虑减震和防松）；机组与风管、回风箱或风口的连接，应严密、可靠；风机盘管机组及其他空调设备与管道的连接，宜采用弹性接管或软接管（金属或非金属软管），软管的连接应牢固、不应有强扭和瘪管；风机盘管安装位置应便于检修；检查风机盘管试压验收资料。

11）检查项：空调水泵安装

检查标准：垫铁组放置位置正确、平稳，接触紧密，每组不超过3块；减振器与水泵基础连接牢固、平稳、接触紧密。水泵运行不得有异响；水泵进、出水端应设置偏心大小头；支架应为减振绝热支架。

12）检查项：制冷机组安装

检查标准：制冷设备、制冷附属设备的型号、规格和技术参数必须符合设计要求，并具有产品合格证书、产品性能检验报告；设备的混凝土基础必须进行质量交接验收，合格后方可安装；设备安装的位置、标高和管口方向必须符合设计要求；用地脚螺栓固定的制冷设备或制冷附属设备，其垫铁的放置位置应正确、接触紧密；螺栓必须拧紧，并有防松动措施；采用隔振措施的制冷设备或制冷附属设备，其隔振器安装位置应正确；各个隔振器的压缩量，应均匀一致，偏差不应大于2mm；集分水器应有绝热措施。

13）检查项：冷却塔安装

检查标准：冷却塔地脚螺栓与预埋件的连接或固定应牢固，各连接部件应采用热镀锌或不锈钢螺栓；同一冷却水系统的多台冷却塔安装时，各台冷却塔的水面高度应一致，高差不应大于30mm；冷却塔的出水口及喷嘴的方向和位置应正确，积水盘应严密无渗漏，分水器布水均匀；带转动布水器的冷却塔，其转动部分应灵活，喷水出口按设计或产品要求，方向应一致；冷却塔风机叶片端部与塔体四周的径向间隙应均匀；对于可调角度的叶片，角度应一致。

14）检查项：冷凝水管道安装

检查标准：无倒坡、平坡；支吊架安装满足规范要求；保温材料、规格应符合设计要求，施工应符合规范要求；冷凝水管应在保温前进行通存水试验，检查资料并与现场核对。

15）检查项：空调水系统管道与设备连接的柔性不锈钢、橡胶短管

检查标准：管道与设备的连接，应在设备安装完毕后进行，与水泵、制冷机组的接管必须为柔性接口，柔性短管不得强行对口连接，与其连接的管道应设置独立支架；柔性短管不得产生严重变形。

16）检查项：空调水系统阀门安装

检查标准：阀门（截止阀、止回阀）安装位置、高度、进出口方向必须符合设计要求，连接应牢固紧密；安装在保温管道上的各类手动阀门，手柄均不得向下；检查主控阀门的试压资料；隐蔽的阀门应设置检修口；水管阀门的设置应满足功能要求。

17）检查项：板式换热器

检查标准：所采用的固定螺栓包括垫环和螺帽均需热浸镀锌处理；检查管道的冷热介质进出口与设备上的接管是否一致；换热器周围应留有一定的检修空间，其大小与板片的尺寸有关；换热器的冷热介质进出口都应安装温度计和压力表。

18）检查项：锅炉安装

检查标准：禁止底座完成后再将固定螺栓打入底座；锅炉的高、低水位报警器和超温、超压报警器及连锁保护装置必须按设计要求安装齐全和有效；锅炉房内应有合理的预留给锅炉本体补水的给水点位；锅炉房燃气放散管阀门应做警示标示，避免在锅炉房通气

后非相关操作人员随意开启阀门，导致燃气泄漏事故；锅炉房内的电气管线应具有防爆功能；蒸汽管道支架应符合图集要求，保温材料、规格应符合设计要求。

19）检查项：空调水系统管道安装

检查标准：空调水系统管道安装符合规范要求，如为焊接，则焊缝应饱满，均匀一致；隐蔽前应进行试压，检查试压资料；空调水管道与设备连接是否接错；管道等高处和最顶端设置排气阀。

20）检查项：空调水系统管道的支、吊架安装

检查标准：支、吊架的安装应平整牢固，不得变形，与管道接触紧密，管道与设备连接处，应设独立支吊架；冷（热）媒水，冷却水系统管道机房内总、干管的支、吊架，应采用承重防晃支架；与设备连接的管道管架宜有减震措施；当水平支管的管架采用单杆吊架时，应在管道起始点、阀门、三通、弯头及长度每隔15m设置承重防晃支、吊架。

（5）给水排水工程

1）检查项：排水管防臭

检查标准：地漏是否设有水封；软管插入排水管的封堵是否处理到位。

2）检查项：排水通气管安装

检查标准：通气管应高出屋面300mm，但必须大于最大积雪厚度；在通气管出口4m以内有门、窗时，通气管应高出门、窗顶600mm或引向无门、窗一侧；在经常有人停留的平屋顶上，通气管应高出屋面2m，并应根据防雷要求设置防雷装置，U-PVC安装在屋顶应有抗紫外功能。

3）检查项：管道立管管卡安装

检查标准：楼层高度小于或等于4m，每层必须安装1个；楼层高度大于4m，每层不得少于2个；管卡安装高度，距地面应1.5～1.8m，2个以上管卡应匀称安装，同一房间管卡应安装在同一高度上。

4）检查项：管道及设备保温

检查标准：保温材料、规格应符合设计要求；保温施工应符合施工规范要求。

5）检查项：排水管坡度

检查标准：污水管的坡度应符合设计要求，无平坡、倒坡。

6）检查项：排水管道支、吊架间距

检查标准：排水管道的支吊架设置应符合规范要求，安装牢固，无松动。

7）检查项：各类塑料管管道伸缩节、阻火圈

检查标准：排水塑料管道必须按设计要求及位置装设伸缩节。如设计无要求时，伸缩节间距不得大于4m；高层建筑中明设塑料管道应按设计要求设置阻火圈或防火套管。

8）检查项：给水水箱

检查标准：水箱无明显渗漏水；水箱的进水浮球关断阀功能应正常；水箱应有直观的液位计；水箱溢流管和排污管设置应完善。

9）检查项：水处理设备

检查标准：设备布置应符合设计要求；管道、阀门安装应符合施工规范要求；有洗衣房的公共建筑应设置软水装置。

10）检查项：给水管道安装

检查标准：管道支架安装应符合规范要求；铜管的隔热层无缺失；隐蔽前应进行试压，检查资料；热水供水管在系统末端设置回水管；减压阀安装应符合设计要求。

11）检查项：给水水泵安装

检查标准：垫铁组放置位置正确、平稳，接触紧密，每组不超过 3 块；减震器与水泵基础连接牢固、平稳、接触紧密；水泵运行不得有异响；设备安装的降噪措施是否按图施工，主要检查进出口的软接头（包括橡胶软接头和不锈钢软接头等）；给水水泵及管道的支架安装符合施工规范要求；给水水泵及管道的水流标识、设备标牌清晰；压力表及自控系统安装运行正常。

（6）强电工程

1）检查项：电缆桥架

检查标准：金属电缆桥架及其支架全长应不少于 2 处与保护导体相连接；非镀锌电缆桥架间连接板的两端跨接铜芯接地线，接地线最小允许截面积不小于 $4mm^2$；镀锌电缆桥架间连接板的两端不跨接接地线的，则连接板两端不少于 2 个有防松螺帽或防松垫圈的连接固定螺栓；桥架应与支架固定连接；大于 30m 的电缆桥架应设置固定支架。

2）检查项：金属、非金属柔性导管敷设

检查标准：刚性导管经柔性导管与电气设备、器具连接，柔性导管的长度在动力工程中不大于 0.8m，在照明工程中不大于 1.2m；可挠金属管或其他柔性导管与刚性导管或电气设置、器具间的连接采用专用接头；复合型可挠金属管或其他柔性导管的连接处密封良好，防液覆盖层完整无损；可挠性金属导管和金属柔性导管不能做保护导体的连续导体。

3）检查项：电缆桥架、线槽过变形缝及伸缩节做法

检查标准：伸缩节的做法应符合设计要求，如无设计要求，则应符合规范要求：直线段钢制电缆桥架长度超过 30m，铝合金或玻璃钢制电缆桥架长度超过 15m 设有伸缩节；电缆桥架跨越建筑物变形缝处设置补偿装置。

4）检查项：强电缆线敷设

检查标准：电缆上不得有电缆绞拧、护层折裂等未消除的机械损伤；电缆敷设时应排列整齐，不宜交叉，加以固定，并及时装设标志牌，标志牌应按规范设置于电缆终端头、电缆接头处，标志牌上应注明线路编号，当无编号时，应写明电缆型号、规格及起讫地点；并联使用的电缆应有顺序号。标志牌的字迹应清晰不易脱落；电缆终端和接头应采取加强绝缘、密封防潮、机械保护等措施；电缆敷设时其弯曲半径不应小于 10 倍的电缆直径；剥切电缆时不应损伤线芯和保留的绝缘层；矿物绝缘电缆的接头须做防腐、防潮处理。

5）检查项：配电箱柜安装

检查标准：暗装箱体须与地面平行，水平误差不应超过 2mm；箱内开关元器件应稳固、不松动；箱内每个开关回路应标明具体用途；箱内接线应整齐划一，在箱柜内接线距离过长，须做绑扎处理；箱柜内应干净整洁、无杂物；箱体与接地排的连接应做防腐处理、无锈蚀；缆线与开关的压接端应做涮锡防氧化处理；进入配电箱的电缆、电线应有绝缘护套保护。

6）检查项：灯具安装

检查标准：当灯具为Ⅰ类灯具时，灯具的裸露导体必须保护导体，并应有专用接地螺栓，且有标示；灯具固定可靠，不使用木楔，每个灯具固定使用螺钉或螺栓；灯具重量大于3kg时，固定在螺栓或预埋吊钩上；灯具固定牢固可靠，不使用木楔，每个灯具固定用螺钉或螺栓不少于2个；当绝缘台直径在75mm及以下时，采用1个螺钉或螺栓固定；当钢管做灯杆时，钢管内径不应小于10mm，钢管厚度不应小于1.5mm。

7）检查项：变配电室及配电间

检查标准：变配电柜、屏、台、箱、盘安装垂直度允许偏差为1.5‰；系统接地应完整并符合设计要求，标识清晰；变配电室及配电间的通风、消防、照明设施设置完善；变配电室及配电总等电位排间严禁水管穿越。

3.1.4 机电工程施工安全管理案例

750kV官亭—兰州东电力线路工程施工安全管理案例分析

1. 工程概况

750kV官亭—兰州东输变电工程的建设是我国历史上的一个重大突破。工程起于青海省民和县境内的750kV官亭变电站，止于甘肃省榆中县境内的750kV兰州东变电站。线路经过五县一市，全长为140.70km。全线共使用铁塔263基，其中直线塔228基，耐张塔35基；最大档距为1235m；最高塔高为67.5m；工程铁塔型式共有14种，其中自立式塔型13种，拉线门型塔1种。750kV官亭—兰州东输电线路工程所在位于青藏高原与黄土高原的交接地带，次级地貌单元属陇西黄土高原西南部边缘。工程所在区地貌类型可分为四种：河谷地貌区、低中山地貌区、中山地貌区、山前冲洪积平原区。沿线以山地为主，山地占74%，高山大岭占22%，2标段跨黄河、洮河各1次。

建设单位：国家电网公司委托的西北电网有限公司。

施工单位：陕西、甘肃、湖南、东北电业管理局和山东送变电工程公司。

工程建设目标：实现750kV输变电工程"四个确保"和"五个一流"，工程总投资390万元。2004年8月1日开工，2005年9月5日竣工并通过国家电网公司验收，全各施工标段工程质量优良率达100%。

2. 工程危险因素和环境因素识别

（1）危险因素识别

750kV输变电示范工程具有高海拔、地质条件差、自然环境恶劣、水土流失严重、山地、人烟稀少等特点，是世界上同类工程中建设难度最大的输变电工程。为使工程安全、健康有效地进行，施工前首先运用因果分析法对工程危险因素识别，如图3-4所示。

（2）基础施工中的危险源因素

① 线路经过的黄土地区都具有湿陷性，个别地方湿陷性达到了Ⅲ、Ⅳ级。湿陷性强。

② 工程线路基础大，基础尺寸最高7.7m，底盘最高4.4m，立柱1.2m；钢材重量2.3t/腿，会造成边坡和基坑坍塌。

③ 线路工程位处高山大岭地段全长30.955km，许多塔位的小运距离达到5km，交通运输非常困难和危险。

④ 基坑边易造成人员坠落伤害。

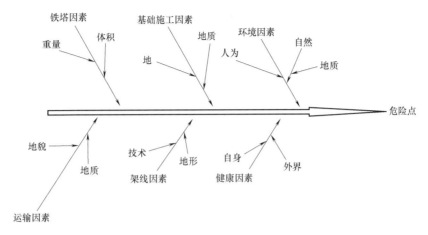

图 3-4　工程危险因素识别图

（3）铁塔组立过程危险源因素

① 输变电工程线路酒杯型铁塔塔头的高度 28～32m，导线横担长 3.8～13.4m，吊绳或锚具不易固定，导致高空坠物和物体打击。

② 塔头部分重量在 150～236kN 之间，导地线横担重量在 73～130kN 之间，导致吊麦设备失灵，造成坠物和物体打击。

③ 蹬杠（塔）没有佩戴安全绳、安全带低挂使用、踩板或脚扣拖拉造成人员高空坠落。

④ 高空传递材料、工具等发生的物体打击。

⑤ 地面违章指挥造成物体打击和高空坠落。

⑥ 地质不稳造成铁塔倾斜发生高空坠落和物体打击等。

⑦ 铁塔材料（山地）运输过程中造成的机械伤害。

（4）架线（扩径导线）施工过程危险源因素

① 扩径导线张力展放是国内首次，因其结构特殊发生机械伤害和物体打击。

② 线路要跨越黄河、洮河各 1 次，造成人员坠河。

③ 高空作业没有挂安全带造成高处坠落。

④ 照明和施工移动电缆漏电造成触电。

⑤ 其他。

3. 750kV 官亭—兰州线路工程建设安全目标

（1）杜绝塔材运输交通、机械伤害事故。

（2）杜绝基坑坍塌重伤和死亡事故。

（3）杜绝湿陷引起的机械伤害和人身伤亡。

（4）杜绝任何触电事故。

（5）杜绝高空坠落、物体打击死亡事故。

（6）杜绝任何吊装伤害和打击事故。

（7）杜绝放线滑车失控造成机械伤亡。

（8）杜绝取暖引起火灾和人员窒息。

（9）实现安全事故零目标。

4. 750kV官亭—兰州东线路工程建设安全措施

（1）建立组织安全保证体系措施

1）建设管理单位安全保证体系

① 工程建设管理单位成立了项目安全委员会，并聘请全国送电行业的专家组成安全检查组，定期对工程建设进行检查。

② 由上海德瑞电力建设安全咨询公司担任安全顾问，对安全生产等进行指导。

③ 统一并明确工程建设的安全管理目标强化各监理部和施工单位项目部"领导安全第一责任人"的意识。

④ 明确各监理部总监是第一安全监督责任人，各施工标段副总监是本标段的第一安全监督责任人，驻队监理员是本队的安全监督责任人，监理部专职安全员负责全线的安全监督工作。

⑤ 工程各参建单位对安全管理制定切实可操作的管理模式，健全和完善各项安全制度。

2）监理单位安全保证体系

① 建立了以总监理工程师为首的安全控制网，并设置负责安全管理的监理工程师明确安全方针、安全目标、各级人员的安全职责、安全控制的制度和方法等。

② 各标段监理部积极督促施工单位健全安全组织机构，并严格监督其在现场施工的安全工作，形成自上而下的现场安全管理网络。

③ 切实对工程建设中人、机、环境及施工全过程进行安全控制和监督，制止建设行为中的冒险性、盲目性和随意性，预防并及时发现和纠正人的不安全行为和物的不安全状态。

3）施工单位安全保证体系

① 牢固树立"安全第一，预防为主"的思想，并认真贯彻执行安全法规。

② 成立以项目经理为组长，总工和副经理为副组长，专职治安员和各施工队长、材料负责人为组员的工程安全管理领导小组，并责任落实到人。

③ 严格技术措施的管理和落实，严格技术交底，严格安全检查，严格安全台账登记等。

④ 根据危害辨识和风险评价，各项目部组织编写安全保证计划、施工安全措施、分部作业指导书，以及各种安全制度和办法等。

（2）工程施工安全措施

1）工程施工安全一般措施

① 加强职工、民工的安全教育培训工作，提高职工遵章守纪的自觉性。

② 拉线应按要求正确安装，钢桩应钉设牢固，并满足人机工程要求。

③ 在带电体附近高空作业时，距带电体要满足规定的安全距离。

④ 架子车和钢丝套的连接必须牢固可靠，架子车提升时，下方严禁有人。

⑤ 高处作业人员必须取得资格证书才能上岗作业。

⑥ 发电机应有可靠的接地，严禁超负荷使用。

⑦ 在林区或草地上应注意防火，现场设专人监护，施工人员严禁吸烟。

⑧ 爆破作业按规定设立安全警戒区。

⑨ 各种安全文明施工设施、标志、标识标准化。

⑩ 架线杆上作业要设定各种防触电措施和方法。

2）工程施工安全管理措施

① 现场施工对设备材料堆放、基础开挖、杆塔组立、张力场、牵引场等场地实行安全文明施工责任区封闭管理。

② 设置现场定置图、组织分工图、事故应急响应和主要机械设备操作规程、危险点控制对策表。

③ 安全文明施工区域封闭材料使用安全警（旗）配以红白相间色标的铝合金轻型立杆。

④ 施工用电应统一配备符合国家标准的电源箱，橡套电源电缆线使用红白相间的标志杆架设。

⑤ 组塔的塔位在水塘内时应搭设牢固的作业平台。

⑥ 制订工程安全施工管理办法，做到"层层抓安全，人人管安全，事事讲安全"，使安全责任横向到边，纵向到底。

⑦ 严抓特种作业和工器具安全。高处作业人员均配备了全方位防冲击安全带保险绳并在投入使用前都要经过严格检查。

⑧ 为防止沙尘暴的突然袭击，指派专人收看收听气象信息预报，遇有沙尘暴信息当晚通知施工队，注意及时停止作业。

3）工程施工安全技术措施

① 工程施工过程中认真贯彻采用通过"先做标准样板，再推广施工全面实施"的方法。

② 扩径导线的架线使用扩径导线专用工器具，如铝合金挂胶滑车、加长卡线器、挂胶提线器等；导线和工器具接触的位置进行包胶，使工器具与导线隔离，防止磨损导线等。

③ 线路酒杯形直线塔的组立，在塔位地形条件好时，抱杆可以打外拉线的采用内悬浮杆外拉线的施工方法；相反可采用落地摇臂抱杆或落地内拉线抱杆加小抱杆散组的施工方法。

④ 对于湿陷性强且为水浇地的塔位基础底部采用2∶8灰土处理及上层采用土工布的理方法。

⑤ 对于仍然具有复活的古滑坡区，可将线路选择绕行通过，确保稳定和安全。

⑥ 工程中的重大、特殊、危险项目的施工和新技术、新工艺的作业，要求施工单位真调研，编制详尽特殊施工方案并制定安全措施，报监理部审核，必要时组织国内著名家讨论后组织实施；实施过程中要求监理部派员全过程参与并监护。

⑦ 对所需主要索具的受力进行计算，以防索具断裂和伤人。

3.1.5　机电工程项目成本管理案例

施工成本控制是在保证工程质量、工期等方面满足合同要求的前提下，对项目实际发生的费用支出控制在计划成本规定的范围内，以保证成本计划的实现。

1. 成本管理目标

加强生产成本控制，做好合同管理，将施工总成本控制在公司与项目部签订的责任成本范围内，项目收益率力争达到 3%。

2. 成本管理原则

成本管理必须实现以合同管理为基础，资金管理为核心，通过强化现场控制来实现成本目标。

3. 编制项目成本定额

（1）以公司与项目部签订的责任书中约定的成本控制目标的 97%（责任成本—项目收益率 3%）为项目成本定额的总金额。

（2）以项目施工图预算为基础，将成本定额的总金额反算入定额子目，调整子目单价，形成项目成本定额。

（3）施工过程中，以实际已完工程量套入成本定额得出已完工程的控制成本；以项目当前实际费用支出（包括所有计入项目成本的费用）减去材料库存价值得出已完工程的实际成本。两者进行比较得出成本偏差。

4. 成本管理体系及责任分解

施工成本管理以项目经理为总负责人，成立以生产经理、技术负责人、材料主管、计划统计为主，项目部全员参与的成本控制管理小组，贯穿项目整个实施过程。成本管理职责分工表，见表 3-25。

成本管理职责分工表　　　　　　　　表 3-25

岗位	责任
项目经理	全面负责项目成本控制管理。确定成本目标,组织编制成本计划;负责项目成本分解、控制、考核管理等
生产部生产经理	负责生产过程成本控制。对生产组织、施工效率、进度纠偏资源调配、物料节约等方面负责;对零星用工控制负责
各专业工长	负责分部分项成本控制。对所主管分部分项工程的生产组织、施工效率、进度纠偏、资源调配、物料节约等方面负责;对工程变更索赔负责;对班组结算工程量符合性负责;对工程资料及时性、符合性负责
技术质量部技术负责人	负责技术质量成本控制。对 BIM 设计、施工方案的技术经济性负责;对不合格品控制负责
质量员	负责质量成本控制。对不合格品控制负责
资料员	对项目资料的收发、内容符合性负责
劳资员	负责劳资成本控制。对管理人员考勤符合性负责
设计员	负责设计成本控制。对 BIM 图纸正确性、经济性负责
计划统计	负责结算、决算成本控制。对班组结算数额正确性负责;对项目进度款编制报审负责;对项目竣工决算负责
物资部材料主管	负责项目物资成本控制。对物资采购成本负责;对物资不合格品控制负责;对物资登记、发放、回收、节约、再利用负责
安全部安全主管	负责项目安全成本控制。对安全防护用品投入及正确使用负责;对安全管理规章制度的落实负责;对安全事故预防负责

5. 成本管理办法

（1）项目成本管理小组每月进行成本状况分析，并在月末的生产例会上明确当月成本状况、出现的偏差及原因，制定具体纠偏措施，在施工过程中加强控制。

（2）采取按分部分项工程分级进行控制管理的办法。如：在责任成本管理上，分为班组承包费、主材费、办公费、业务费四个责任区管理，单项费用再采取分级控制的办法。

（3）建立健全信息反应机制，以周报、月报形式及时反应现场消耗情况。

（4）对构成工程实体的主要材料控制管理时，首先从方案抓起，对工艺、现场组织进行优化，分解施工全过程并分别进行过程控制管理。

（5）对主要材料控制管理，在分部工程材料计划、分项工程材料计划、子系统材料计划的基础上进行限额、定额、总额考核等多级形式控制材料消耗的总额。

（6）配件消耗控制应在工艺革新，现场管理加强的基础上，作好人员素质提高等工作，合理使用、管理机械。

（7）根据公司的相关管理办法，做好劳务班组的使用和管理，严格按照承包合同、实际工作量办理结算。

（8）重大施工方案采取集体研究、科学决策、合理组织、严格管理的方式，遵循工艺先进、施工方便、技术经济、功能可靠的原则，达到提高工效、节省费用，避免不当的窝工、返工和浪费的目的。

（9）对施工成本影响较大的环节积极采用新技术、新工艺，进行科研攻关，技术改新并加强管理。

（10）根据成本的需要，不断进行职工教育、培训、单位间的交流、成本管理宣传、管理重点调整，来确保成本管理的有效性。

（11）深入施工一线，解决成本管理中的实际问题，提高成本管理和决策的水平。

3.1.6 机电工程项目索赔管理案例

（1）索赔的作用

1）索赔是合同有效实施的一项保证措施

合同一经签订，合同双方即产生权利与义务关系，它受法律的保护和制约。索赔是合同法律效力的具体体现。

2）索赔是落实和调整合同双方经济责权利关系的手段

索赔是合同和法律赋予受损失者的权利，对承包商来说是一种保护自己权力和利益的手段。

（2）引起项目索赔的原因

1）项目工程量大、投资多、结构复杂、技术和质量要求高、工期长。

2）承包合同签订是基于对未来的预测，不可能对所有的工程做出准确的说明。

3）合同的内容是基于设想或设计，难免导致大量的工程变更。

4）工程项目参加者众多，各方面技术和经济关系错综复杂，管理上失误是不可避免的。

5）合同双方对合同理解的差异造成工程实施中行为的失调和管理的失误造成合同

争执。

（3）常见的索赔

合同引起的索赔、因意外风险和不可预见因素引起的索赔、设计图纸或工程量表中的错误引起的索赔、业主违约引起的索赔、监理工程师工作差错引起的索赔。

（4）索赔的程序和依据

1）索赔的程序：提出索赔要求；报送索赔资料；业主答复；友好协商解决；提交仲裁和诉讼。

2）索赔的依据：构成合同的原始文件；业主的指示；来往函件；会议记录；施工现场记录；工程财务记录；现场水文气象记录；市场信息记录；政策法令文件等。

（5）索赔实施

1）提交索赔要求

由于业主方面的原因，出现工程范围或工程量的变化，或由于其他非承包商原因，造成工期拖期或费用增加时，承包商有权提出索赔。但应在合同规定的期限内，向业主发出索赔意向通知。

当出现索赔事件时，承包商应在引起索赔的事件第一次发生之后的28d内将其索赔意向通知业主，同时承包商应继续施工。如不在规定的时间内提出索赔，业主有权拒绝接受承包商提出的索赔。

2）报送索赔资料

承包商应在发生索赔时间后，尽快准备索赔资料。一般说对大型复杂工程的索赔报告应分别编写和发送，对小型工程可合二为一。

一个完整的索赔报告应包括：概括地叙述索赔事项。发生的时间、地点、原因、产生持续影响的时间。索赔权的论证；索赔值的量化；证据部分等。

3）索赔答复及认可

业主在收到承包商送交的索赔报告的有关资料后，于28d内给予答复，或要求承包商进一步补充索赔理由和证据。

如果业主在收到承包商送交的索赔报告的有关资料后28d未予答复，或未对承包商做进一步要求，视为该项索赔已经认可。

当索赔事件持续进行时，承包商应当阶段性向业主发出索赔意向，在索赔事件终了后28d内，向业主送交索赔的有关材料和最终索赔报告，业主应在28d内给予答复或要求承包人进一步补充索赔理由和证据。逾期未答复，视为该项索赔成立。

4）索赔争端的解决

当争议双方在监理工程师主持下直接谈判无法取得一致意见，为了争取通过友好协商的方式解决索赔争端，根据国际工程施工索赔的经验，可由争议双方协商邀请中间人进行调解，以能够比较满意地解决索赔争端。

对于索赔争端，最终的解决途径是通过国际仲裁或法院诉讼来解决，它虽然不是一个理想的解决办法，但当一切协商和调停都不能奏效时仍不失为一个有效的最终解决途径。

5）索赔成立条件

① 与合同对照，时间已造成了承包人工程项目成本的额外支出，或直接工期损失。

② 造成费用增加或工期损失的原因，按照合同约定不属于承包商的行为责任或风险责任。

③ 承包人按合同规定的程序提交索赔意向通知和索赔报告。

（6）索赔的理由

1）发包人违反合同给承包人造成时间费用的损失。

2）因工程变更（设计变更、发包人和工程师提出的工程变更以及承包人提出的并由工程师批准的变更）造成了时间、费用增加。

3）合同文件的歧义解释、技术资料不确切，或由于不可抗力导致施工条件改变，造成了时间、费用的增加。

4）发包人提出提前完成项目或缩短工期而造成承包人的费用增加。

5）发包人延误支付期限造成承包人的损失。

6）合同规定以外的项目进行检验，且检验合格，或非承包商的原因导致项目缺陷的修复所发生的损失或费用。

7）非承包商的原因导致工程暂时停工。

8）物价上涨、法规变化及其他。

（7）索赔的分类

1）工期索赔：承包商向业主要求延长施工的时间，使原定的工期竣工日期顺延一段合理的时间。承包商可以避免承担误期损害赔偿费。

2）费用索赔：承包商向业主要求补偿不应该由承包商自己承担的经济损失或额外开支。承包商取得费用补偿的前提是：在实际施工过程中所发生的施工费用超过了报价中该项工作所预算的费用。施工超支的原因主要有两种情况：施工受到干扰，导致工作效率降低，业主指令工程变更或额外工程导致工程成本增加。

（8）工程中常见的索赔

现场施工条件变化索赔，工程范围变更索赔，工期拖期索赔，加速施工索赔，业主风险及特殊风险引起的索赔，暂停施工或终止合同引起的索赔，业主拖期付款和业主违约引起的索赔，制定分包商和其他承包商引起的索赔，政策法令变更引起的索赔。

（9）建设工程索赔的依据

1）合同文件：这是索赔的重要依据，包括：本合同协议书；中标通知书；投标书及其附件；本合同通用、专用条款；标准、规范及有关技术文件；图纸；工程量清单；工程报价单或预算书。

订立合同所依赖的法律法规：适用的法律法规；适用标准、规范（双方在专用条款内约定适用国家标准、规范的名称）。

2）相关证据：书证（指以文字或数字记载的内容，起证明作用的书面文书和其他载体，如财务账册、合同文本、往来信函、欠据和收据等）。物证（指以存在、存放的地点外部特征及物质特征来证明案件事实真相的证词或向司法机关所做的陈述），视听材料（能够证明案件真实情况的音像资料，如录音、录像带等）被告人供述和有关当事人陈述；鉴定结论；勘探、检验笔录。

3）在工程索赔中的证据：招标文件、合同文本及附件，其他各种签约（备忘录、修正案等），发包人任课的工程实施计划、各种工程图纸、技术规范等；来往信函；各种会议纪要；施工进度计划和实际施工进度记录；施工现场的工程文件；工程照片；气候报告、工程中的工作检查。检验报告和工作技术鉴定报告；工程的交接记录；建筑材料设备的采购、订货、运输、进场、适用方面的记录凭证报表；市场行情资料，包括市场价格、官方的物价指数、工资指数、中央银行的外汇比率等公布材料；工作会计核算资料；国家法令法规正常文件等。

（10）索赔文件的编制方法

1）总论部分：概要论述索赔事项发生的日期和过程；承包人的具体索赔要求。

2）论证部分：这是索赔报告的关键部分，其目的是说明自己有索赔权，是索赔能否成立的关键。

3）索赔款项（工期）计算部分：如果说合同论证部分的任务是解决索赔权能否成立，则款项计算是为解决能获多少款项。

4）证据部分：要注意引用的每个证据的效力或可信程度，对重要的证据资料最好附以文字说明，或附以确认件。

（11）工期索赔

1）工期索赔影响

工期索赔分析的步骤：确定索赔时间对某道工序或活动的影响；分析由于某工序或活动的持续时间变化，对总工期的影响。

索赔事件对对应工序或活动的影响分析：工期拖延影响分析、工期变更的影响分析和暂停施工或工程中断影响分析。索赔事件对整个工期的影响分析。

分清工期延误的性质；工期延误指的是总工期的延误；事件重叠影响工期延误的分析。

2）工期索赔原因

导致工期延长的原因有：任何形式的额外或附加工程；合同条款所提到的任何延误理由，如延期交图、工程暂停、延迟提供现场等；异常恶劣的气候条件；由业主造成的任何延误、干扰和阻碍；非承包商的原因或责任的其他不可预见的事件。

3）工期延误的性质

承包商的原因造成的或由承包商以外的原因造成的工期延误。

当工期延误是由于承包商的原因所造成的是不能索赔的。

当工期延误不是由于承包商的原因和责任的工期延误，允许承包商进行工期索赔，并得到工期延期。这种延期如果同时也造成了承包商的经济损失和费用增加，则还可得到费用补偿。

4）工期延误对总工期的影响

可以索赔的工期延误指的是总工期的延误，也可以指重要的阶段工期。在实际工作中工期延误总是发生在一项具体的工序或工作上，因此工期索赔分析必须要判断，发生在工序或工作上的延误是否会引起总工期或重要阶段工期的延误。发生在关键线路上关键工序的延误，会影响到总工期，因此是可以索赔的。反之是不能索赔的。

当同时发生几个事件，都引起了工期延误，在具体日期上出现了重叠情况，这时分析原则是：当不可原谅延误与可原谅延误重叠时，以不可原谅的工期延误计算；当可原谅延误互相重叠时，工期延长只记一次。

批准工期延期，相应延长竣工期，按原定方案和计划实施；承包商加速施工，以弥补损失的工期，承包商可以提出因采取加速措施而增加了费用的索赔。

（12）费用索赔

1）费用索赔原则

费用索赔的原则：实际损失原则、合同原则、合理性原则。

索赔费用分析的原则：在确定赔偿金额时应遵循下列两个原则：

所有赔偿金额都应该是承包商为履行合同所必须支出的费用。按此金额赔偿后，应使承包商恢复到未发生事件前的财务状况，即承包商不致因索赔事件而遭受任何损失，但也不得因索赔事件而获得额外利益。

2）费用索赔方法

索赔金额的计算方法主要有三种：总费用法、修正总费用法和实际费用法。

3）索赔费用项目

费用索赔的构成：直接费（人工费、材料费、施工机械使用费）、管理费（上级管理费、现场管理费）、利润、续开保函与延长保险发生费用的索赔、融资成本的索赔计算。

索赔费用项目：人工费、材料费、机械设备费、现场管理费、总部管理费、保险费和担保费、融资成本、现场延期管理费、总部延期管理费、所失利润、其他等。

工期延误引起的费用索赔：包括工期延误时承包商可索赔的费用和非关键线路上活动拖延的费用索赔。

工期变更的费用索赔。包括工程量变更和工程质量变化。

加速施工的费用索赔。

工程中断和合同终止的费用索赔。

4）常见不可索赔的费用

承包商为进行索赔所花的费用。

因事件影响而使承包商调整施工计划，修改分包合同等而花的费用。

因承包商的不适当行为或未能尽最大的努力而扩大的部分损失。

索赔金额在索赔处理期间的利息，除非确有证据证明工程师有意拖延处理时间。

5）反索赔

反索赔是对提出索赔一方的反驳。发包人可以针对承包人的索赔进行反索赔，承包人也可以针对发包人的索赔进行反索赔，通常的反索赔主要是指发包人向承包人的反索赔。

在反索赔时，发包人处于主动有利地位，发包人在经监理工程师证明承包人违约后，可以直接从应付工程款中扣回款项，或从银行保函中得以补偿。

发包人相对承包商反索赔的内容：工程质量缺陷反索赔；拖延工期反索赔；保留金的反索赔；发包人其他损失反索赔。

（13）工程项目索赔管理案例分析

承包人为某省建工集团第五工程公司（乙方），于 2013 年 10 月 10 日与某城建职业技术学院（甲方）签订了新建建筑面积 20000m² 综合教学楼的施工合同。乙方编制的施工方案和进度计划已获监理工程师批准。该工程的基坑施工方案规定：土方工程采用租赁两台斗容量为 1m² 的反铲挖掘机施工。甲乙双方合同约定 2013 年 11 月 6 日开工，2015 年 7 月 6 日竣工。在实际施工中发生如下几项事件：

1）2013年11月10日，因租赁的两台挖掘机大修，致使承包人停工10d，承包人提出停工损失人工费、机械闲置费等3.6万元。

2）2014年5月9日，因发包人供应的钢材经检验不合格，承包人等待钢材更换，使部分工程停工20d，承包人提出停工损失人工费、机械闲置费等7.2万元。

3）2014年7月10日，因发包人提出对原设计局部修改引起部分工程停工13d，承包人提出停工损失6.3万元。

4）2014年11月21日，承包人书面通知发包人于当月24日组织主体结构验收。因发包人接收通知人员外出开会，使主体结构的验收的组织推迟到当月30日才进行，也没有事先通知承包人，承包人抽出装饰人员停工等待6d的费用损失2.6万元。

5）2015年7月28日，该工程竣工验收通过，工程结算时，发包人提出反索赔应扣除承包人延误工期22d的罚金。按该合同"每提前或推后工期一天，奖励或扣罚6000元"的条款规定，延误工期罚金共计13.2万元人民币。

针对以上事件分析：

事件1）索赔不成立，因此事件发生原因属承包人自身责任。

事件2）索赔成立，因此事件发生原因属发包人责任。

事件3）索赔成立，因此事件发生原因属发包人责任。

事件4）索赔成立，因此事件发生原因属发包人责任。

事件5）反索赔成立，因此事件发生原因属承包人的责任。

事件2）至事件4）由于停工时，承包人只提出了停工费用索赔，而没有同时提出延长工期索赔，工程竣工时，已超过索赔有效期，故工期索赔无效。

事件5）甲乙双方代表进行了多次交涉后仍认定承包人工期索赔无效，最后承包人只好同意发包人的反索赔成立，被扣罚金，记做一大教训。

3.1.7 机电工程造价管理案例

本案例选用了××资源综合利用项目年产8万吨干法氟化铝项目的工程项目实施过程，对整个工程的前期策划、过程施工管理和后期竣工结算作以介绍，有针对性地提出了相应的对策建议。

1. 工程简介

本项目建设地点位于××化工工业园区内，建筑面积约为15000m²。

（1）本项目招标范围：本项目施工图纸范围内全部工程的施工。包括本项目施工图纸范围内的建筑工程、结构工程、给水排水系统工程、消防系统、强弱电系统工程、动力系统工程、设备安装、工艺管道安装和仪表安装等的施工总承包。

（2）投标人资格要求：本次招标要求投标人须同时具备化工石油工程施工总承包一级及以上、房屋建筑工程施工总承包二级及以上和钢结构工程专业承包二级及以上资质，具有类似业绩，并在人员、设备、资金等方面具有相应的施工能力。

（3）工程计价方式：施工图及前述招标范围内的综合单价。

（4）暂列金额：无。

（5）评标办法：本次评标采用综合评估法。

（6）评审标准

1）初步评审标准

① 形式评审标准。

② 资格评审标准。

③ 响应性评审标准。

2）分值构成与评分标准

① 分值构成：施工组织设计 35 分；项目管理机构：5 分；投标报价：60 分。

② 评标价高于评标基准价，每高 1%，基准分扣 0.5 分，最低减至 40 分，不足 1% 按内插法计算；评标价低于评标基准价，每低 1%，基准分扣 0.25 分，最低减至 40 分，不足 1% 按内插法计算。

③ 评标基准价得分为 60 分。

3）评标基准价计算

评标基准价由以下两部分组成：有效的入围投标人报价去掉一个最高价和一个最低价，然后用算术平均法算出算术平均值后下浮 3% 得出的价格，占本工程的评标基准价权重的 60%（如有效入围投标人≤5 家，则不剔除最高价和最低价，最高和最低价的投标人仍可参加评标基准价的加减评分）；本工程最高期望值下浮 5% 后得出的价格，占本工程的评标基准价权重的 40%。

2. 项目投标过程

某投标单位收到招标文件后，组织相关部门对招标文件进行审核，认真研究招标文件的全部内容，经过评估同意投标。并组建了投标小组，选派有施工经验和合同谈判技能高手参与此工程前期投标和合同签订工作，派专人去工程所在地现场踏勘。

（1）对招标文件认真分析和科学评判

招标文件内容分析准确与否直接影响投标文件的编制水准，从而影响工程中标与否和中标后合同质量高低。具体分析如下：

复核招标文件规定的招标范围和提供的工程量清单是否一致。投标单位在复核招标图纸和工程量清单过程中发现本项目因图纸设计较粗，漏项较多：

① 280t 转换炉设备施工图纸设计与车间厂房对接存在土建技术偏差，需增加费用。

② 280t 转换炉大块式混凝土基础没有设计浇筑时的放热措施，需增加费用。

③ 框架里设备基础较多采用大面积爆破石方，需增加措施费用。

④ 工程施工地点地质属卡斯特地貌，地下常有溶洞，在溶洞打桩需增加费用。

⑤ 转换炉和流化床大型超高设备吊装措施费用。

⑥ 管道焊接安装 inter600 材质所用焊材为进口焊条，需考虑材料费调差增加费用。

（2）投标单位安排专业人员仔细踏勘施工现场，详细了解工程场地和相关的周边环境情况，供投标人在编制投标文件时参考：

1）此工程在当地没有河沙，建筑所用河沙需从 350km 外的邻省运购，需考虑运输费用。

2）工程当地没有商品混凝土站，工程所需商品混凝土必须从 300km 邻市运购，需考虑运输费用。

3）由于此项目图纸设计较粗，变更量会很大，投标报价要考虑部分暂定价，保证施工过程工程量的增加，以及图纸变更设计滞后窝工补偿等。

解决方案：上述所列问题，投标单位在招标文件规定澄清时间要求内，均以书面形式将提出的问题送达招标人，建议招标清单增加暂列金额部分费用，最终招标人同意在招标清单内增加暂列金额 1500 万元。

（3）投标报价的编制与确定

1）投标报价的编制

投标单位组织有经验报价人员按照招标工程量清单进行组价，认真阅读图纸，核对工程量清单的工作内容及项目特征描述。由于招标文件规定变更签证及清单漏项采用当地定额，所以安装工程、土建工程均参照当地定额组价。

编制报价过程中，对招标工程清单提出澄清如下：

① 清单描述合金钢管道实际是 inter600 的材质，清单描述不清楚。

② 清单描述混凝土为商品混凝土，由于施工地地处山区，当地没有商品混凝土站。

③ 招标文件合同中没提到材料采保费，报价中是否计取。

招标单位对问题澄清回复如下：

① 按普通合金钢管道考虑。

② 混凝土按现场搅拌考虑。

③ 材料按市场价计入。

2）投标报价的确定

定额水平测算：根据招标文件规定，此次招标方式为工程量清单报价，预算人员依据当地定额对工程量清单进行组价，组价后各专业预算员将当地定额与企业定额进行对比分析，测算定额水平的差异，报主管经营的公司领导。

投标报价确定：依据投标单位经营部门了解到的信息，此次投标单位共有 5 家，根据以往投标经验，结合此次招标文件的评标办法，预测其他 5 家投标单位的投标价格。预算人员根据现场踏勘结果，并参考以往类似工程经验，结合定额水平差异，对本项目进行成本分析，报商务报价领导小组。商务领导小组根据工程特点，结合所有信息及企业实际水平，确定本项目的投标报价。

预算调整：确定投标报价后，根据工程内容，调整投标预算的相应子目，因本次招标为工程量清单报价，固定综合单价包死，但是评标采用评总价，抽查个别综合单价，在编制报价时根据施工经验对招标工程量小实际工程量大的清单报价相应子目单价调高（下浮少），对招标工程量大实际工程量小的相应清单单价调低（但不得低于成本价）。

通过以上努力，某投标单位最终以技术标 33 分，商务报价 58 分，评标总分第一中标，一举拿下此工程项目。

3. 项目合同签订

合同签订质量高低直接影响项目的经济效益。本项目由于设计图纸差，为规避施工风险，施工单位（中标单位，下同）在签订合同前尤为慎重，组织相关施工和预决算技术经验丰富专家对业主招标文件和图纸进行详细论证，对施工过程进行策划，将对施工不利和可能亏损项目清单进行分析，本着甲乙双方合同公平、公正合理原则下，在签订合同前答疑形式向业主递交，追加工程费用。

合同签订过程中，以招标文件、投标文件及招标过程答疑澄清为依据，与业主谈判，最终给予追加费用：

投标前期现场考察时了解到工程所在地周边没有商品混凝土站，最近的商品混凝土站在邻市，离施工现场 350km，不能满足施工需要。业主澄清答疑要求现场浇筑，施工单位依据施工经验，认为现场浇筑很难满足本工程的工期要求和质量要求，于是施工单位再次提出策划，要求在施工现场建立商品混凝土站，以满足工程进度和质量要求。

经磋商，业主同意现场搅拌改为商品混凝土，按价格给施工单位结算，并给予建商品混凝土站和商品混凝土泵车一部分措施费用。施工方法的调整，促使工期缩短 24d，工程竣工结算增加利润约 45 万元。

经投标前期实地考察，工程所在地没有建筑施工用砂，必须从邻省购买，业主给定投标价 110 元/m² 远远不够，经测算，考虑运杂费后单价调整到 190 元/m²，经和业主协商，同意调整此项单价为 190 元/m²。（此项单价调整，工程竣工结算增加利润约 40 万元。）

原招标文件没有明确甲供和乙供主材、设备的采保费计取问题，施工单位在签订合同期间，提出现场二级库房的建设方案，获得业主同意，将施工期间所有甲供、乙供材料和设备的保管都有施工单位负责，在合同中明确约定所有甲供、乙供材料和设备的采保费按设备材料总价的 3％ 计取。（此项费用经工程竣工结算，增加合同价款约 150 万元。）

原招标文件没有明确设备卸车由谁承担，施工单位提出，可利用现场施工既有吊车车辆进行设备卸车，减少业主的吊车进出场费用。业主对此方案给予认可，在合同中明确约定全厂安装设备到货卸车都由施工单位负责。（设备卸车费结算价款约 65 万元。）

4. 项目施工过程

合同签订后，施工单位迅速组建××氟化工项目经理部，并组织技术人员、预算人员按合同约定时间进入施工现场，进行施工前准备工作。

（1）图纸会审

inter600 钢管材质焊接方案采用进口 316MOD 焊条，业主给的清单暂按一般合金钢焊条价格 42 元/公斤，实际进口不锈钢焊条 489 元/公斤，经和业主商定，清单计价规定消耗量，焊条价为 485 元补差，施工单位在焊接这部分管道，指定专项施工方案，为了节约成本召集公司焊接窄焊缝高手采用窄焊缝大电流焊接方案，并控制焊条用量，限额领料，做到厉行节约，降低施工成本。工程竣工测算节约成本 24 万元，增加利润约 68 万元。

对图纸会审结果做详细记录，由设计院、业主、监理单位、施工单位签字确认，作为最终结算资料。

（2）预算管理程序

项目部预算员依据合同附件（已标价工程量清单），结合投标报价时分析的成本和利润制定出本项目的费用策划，报公司预算管理部门审核，经审核后的项目成本策划交公司企业管理部门，由企管部门依据项目测算与××氟化工项目经理部签订经营承包合同，并将费用策划下发××氟化工项目经理部，作为其成本控制依据。

项目部预算员在公司下发的成本测算基础上，按照专业划分测算出各专业的人工费、材料费、机械费、项目经费等各项费用，报项目部领导班子审核修正，修正后将目标下达各施工班组及职能部门。各施工班组及职能部门按照项目部下达的指标，利用现有资源合理安排、调整方案、技术革新、采用新技术完成目标的实现。

在项目实施过程，每月各班组及职能部门要对实际发生成本和完成工程上报项目部预算员。预算员对实际发生和预测数据进行对比分析，将结果报项目经理，由项目部领导班子根据对比分析结果提出调整测算方案，对偏差加大的项目制定措施。工程技术部将报甲方或进行指标分解和实施。

施工分包单位及材料供应商确定，为了降低施工成本增加利润，对钢结构预制、防腐、保温专业选择能力强、诚信好的专业施工队伍来施工。预算员根据投标报价及成本策划测算出分包招标最高限价，交招标部门组织招标。为了控制主材成本，预算员根据投标标价清单中主材报价制定出材料招标限价，交招标部门。

预算管理要求：

工程量确认：依据施工合同，固定综合单价计价方式，工程量按实际发生调整，工程量的确认依据：① 施工图纸；②图纸会审记录；③现场签证、变更资料等。

价格确定：①合同清单单价，合同清单已有项目的执行合同清单单价；②合同清单未列的或清单描述不一致的项目，执行以下规定：土建工程采用 2004 年《××省建筑、装饰工程消耗量定额》及配套 2009 年《××省建筑、装饰工程价目表》；安装工程执行《××省安装工程消耗量定额》（2004 版）及配套《××省安装工程价目表》（2009 版）；费率采用《××省建筑工程、安装工程、装饰工程、市政工程、园林绿化工程参考费率》（2009 版）；人工费单价调整执行中标人工工日单价；预算软件统一采用广联达 GBQ4.0 计价预算软件；主材（材料价差）认价单、甲供材料价格清单或市场信息价。

各施工单位对现场签证、变更及时办理相关手续后，作为竣工结算的依据，并在签证变更办理后 3d 内及时传递至工程技术部，由工程技术部核实工程量后交预算部，预算部门对费用发生变化的签证变更单进行登记。

主材采购：

① 施工单位自购材料由专业技术人员依据施工图纸，7d 内提出准确工程量，工程部签字确认后报设材部，由设材部询价并报送建设单位有关部门认定材料价。材料采购后，由设材部提供采购材料的单价及数量一份，交专职预算人员，由专职预算人员存档并建立台账。

② 施工单位定额外采购材料，须经业主同意，由业主采购部认价，工程技术部认量后方可采购，否则，结算时不予认可。

进度预算及完成工程量申报要求

工程开工后，项目预算员在每月 20 日前根据施工员上报当月完成的工程量，依据投标工程量清单价报价分工号报相应进度预算（上月 20 日～本月 19 日），电脑打印，由各施工单位主管领导签字，报工程技术部初核工程量及预算，后经项目经理签字审核后，由资料员报监理公司审核工程量，然后报造价咨询单位、建设单位审核工程进度款。预算员将建设单位审核进度结算单交财务部门办理工程款。

对施工单位和专业分包单位采用月进度会签的办法来控制进度款支付，施工单位和专业分包单位上报的进度预算由施工员审核工程量，预算员根据分包合同审核各单位进度款，再由项目部质量、安全、材料、资料等职能部门签署意见，最后由项目总工、项目经理签署意见后交财务部门，付款参考建设单位付款情况依据承包合同或分包合同规定执行。

（3）施工过程变更、签证管理

施工单位依据公司《变更签证管理办法》，施工员、材料员办理的工程技术联络单办理和业主、设计院下发的联络单，由预算员对联络单审核，对有费用变化的工程联络单，建立台账，并办理签证单。建立签证单跟踪台账，定期与业主相关人员沟通对签证单，追踪签证单办理深度。

本项目在施工过程中发生的变更签证很多，列举如下：

1）土建工程施工过程变更、签证增加费用

由于××年产8万吨干法氟化铝项目离施工单位基地较远，在项目策划时，考虑工程施工成本节约问题，本项目土建工程大部分项目由当地施工队伍分包完成，根据工程特点，分别实行专业分包和劳务分包。

2）土建地基石方爆破采用专业分包

本项目地处南方山区典型喀斯特地貌地质，××地勘公司地勘报告为普坚石，有很大误差。施工单位根据地质地貌，土建长条形基础地基施工方案采用人工机械风钻钻炮眼孔爆破方法，装置较为集中，基础采用大型钻孔机钻孔整体爆破方法，爆破难度大。但业主根据地勘报告要求地基统一爆破采用大开放爆破方式，施工单位提出异议，并根据工程所属地质特性要求业主现场进行二次地勘。经业主同意后，现场进行二次地勘，结果显示地质为特坚石，现场不能采用大开放方式爆破，因这样大当量爆破对已建好装置和设备基础会有损坏作用，装置区集中大量设备和框架基础，基础间距2～3m，现场地基大块岩石都成斜20°～30°断层，一爆破中间石方都爆破了，石方量不可避免大量增多，只能采用整体爆破。这种由于地勘误报，施工方案改变和现场实际情况变化，经业主咨询当地造价咨询管理协会，认可以现场实际情况据实计取费用。（合同清单子目爆破普坚石36元/m²，与现场实际不符，且费用相差很大，TJ-NO.-022签证单工程12834m²石方爆破，竣工结算增加价款约125万元。）

土建氟化铝装置三桩基施工采用专业分包，原图纸设计地基石方爆破，现地基处在山与山间沟壑段，有淤泥且淤泥下石头层下有溶洞，施工过程中设计院变更采用淤泥换填，溶洞采用大型旋孔机械旋孔到持力层再浇筑混凝土桩施工方案。

依据设计变更，施工单位及时办理签证确认单，因旋挖机属大型专用机械，大型机械进出场措施费也办理签证确认单，TJ-NO.-091、TJ-NO.-107签证单工程土方换填、桩基工程和大型机械进出场措施费，竣工结算增加价款约215万元。

土建氟化铝装置三地基框架土建中泥瓦工、架子工、钢筋工、模板工和水电装饰工的施工采用劳务分包，因氟化铝装置三地处两座山中间带，原设计地基石方爆破，现发现地表下有大量淤泥，且淤泥下石头层下有溶洞，施工要重新地勘和重新设计，氟化铝装置（一、二、三、四装置）是四个紧挨着的相同装置，综合考虑施工，首先是氟化铝装置一挖地基；接着装置一开挖地基完后，地基施工，挖装置二地基；接着装置一地基施工完后，开始一层施工，装置二地基完后地基施工，装置三地基开挖；施工单位运用流水线作业组织施工，人员、材料和机具都不窝工。但现场因装置三重新地勘和设计，给施工单位造成人员、机械大量窝工。

经多次与业主沟通，业主根据现场实际情况给予认可部分窝工费，TJ-NO.-134签证单人员、机械挽回窝工损失费合计约25万元。

3）安装工程施工过程变更、签证增加费用

因氟化铝装置工艺设计缺陷多，工艺管道安装变更量大，现场工艺管道安装拆除也很多，因工艺管道安装主材由施工单位供应，拆除的主材一定要及时予以签证。预算人员在编制预算时注意到原合同安装清单包括：工艺管道除锈、防腐、焊接、探伤、吹扫、试压等，没有拆除内容，增加拆除内容后，原清单子目拆除及安装乘以 1.5 倍安装系数。GY-NO.-14 签证单，氟化铝装置一、二、三、四装置气体输送泵至成品包装车间管线更换整个管线，施工期间业主要求拆除管道时不认可施工单位提供的主材费用，施工单位依据现场实际情况：装置管线主材拆除能再利用到的很少，拆除管道都是短接，管件报废较多，要求业主对主材予以确认，经多次和甲方现场代表协商最终给予确认，减少损失 21 万元。

氟化铝装置设备安装，施工单位采用内部班组承包模式，设备安装 410 台，投标预算合价 196 万元，实行人材机捆绑承包，其中人工费 72 万元、材料费 28 万元、机械费 52 万元。实际班组施工成本 148 万元，变更签证 46 万元，最终设备安装结算价 391 万元，实现利润 197 万元。

4）氟化铝装置电气仪表变更

施工过程中增加电气仪表支吊架 110t，设计支吊架型号规格较大，甲方要求按设备或工艺管道安装支架清单子目价格计取费用，施工单位坚持引用电气仪表清单计价册的相对应子目，DY-NO.-65 签证单，结算增加价款约 85 万元。

以上所列变更签证增加费用仅为氟化铝装置施工过程中的部分内容，总之要做好工程项目预结算工作，不仅要设专职预算员岗位，还要求预算员必须掌握过硬的预结算专业知识，有丰富的现场施工经验，能发现签证，及时签证，梳理好工程清单项目，做到预决算不漏项、不错项、不错量，力求准确无误，及时有效、保质保量完成项目预结算工作，才能为企业创造最佳利益。

5. 工程结算

（1）施工单位依据公司《工程项目预结算管理办法》，工程竣工后 15 日，施工单位组织参建单位预算人员编制竣工结算，结算分为施工图结算与变更签证两部分，经工程部确认工程量，质安部确认工程质量，竣工资料交齐后，结算交预算部门初审，统一汇总后，交公司预算管理部门审核、签字盖章，报送业主、造价咨询单位进行审核及审计。结算对审中，施工单位积极配合造价咨询单位、业主对工程的审核与审计工作，负责所承担工程结算的解释工作。预算员完成建设单位最终结算价审核后，将工程结算报告交财务部门。

（2）与建设单位结算完成后，施工单位开始对参建单位和专业分包单位进行分包结算。分包结算由施工员审核工程量签字确认，预算员根据分包结算约定计算出分包结算价，再由项目总工、项目经理审核，最终报送公司预算管理部门和审计部门审定，以此作为分包单位结算价。材料结算按照采购合同及实际购买量进行结算。

（3）所有分包结算、材料款结算完成后，××氟化工项目部根据实际费用发生对整个项目做费用分析，与项目期初的费用策划进行对比。通过对比分析原因、总结经验、提高项目管理水平。经对比分析，本项目的盈利情况如下：

合同价款：暂定总价为人民币 73341303 元（其中：土建工程造价 38124521 元，安装工程造价 35216782 元）。

结算价款：人民币 87092120 元，其中：土建工程结算价 44239424 元，安装工程结算价 42852696 元。

最终实现盈利：8242135 元。

3.2 机电工程施工技术管理

3.2.1 高层建筑机电工程施工技术方案

1. 工程简介（表 3-26）

工程简介　　　　　　　　　　　　　　　　　表 3-26

工程名称	中国国际贸易中心三期 A 阶段工程
建设单位	某股份有限公司
项目建筑师	某国际有限公司
项目结构工程师	某工程顾问
国内设计单位	某工程技术有限公司
钢结构深化设计单位	某建筑工程顾问有限公司
机电工程师	某（亚洲）有限公司
估算师	某（香港）有限公司
总承包工程监理单位	某国际工程管理公司
钢结构工程监理单位	某建设监理有限责任公司
工程地址	北京市朝阳区建国门外大街 1 号
工程性质	是一集办公、酒店、商业、餐饮、健身、 服务于一体的多功能建筑

2. 建筑设计概况（表 3-27）

建筑设计概况　　　　　　　　　　　　　　　表 3-27

用地总面积	62701m²	建设用地	44426m²
道路用地面积	18275m²	总建筑面积（A 阶段）	297738m²
地下建筑面积	77466.71m²	地上建筑面积	220271.29m²
地上层数	主塔楼	74 层	檐高 330m
	商场	5 层	檐高 26.5m
	大宴会厅	4 层	檐高 23.9m
地下层数	主塔楼（3 层）	商场、大宴会厅（4 层）	
±0.00 绝对高程	40.15m	室内外高差	0.80m
建筑类别	一类	外墙形式	铝板玻璃幕墙
耐火等级	一级	人防工程	六级
抗振设防烈度	8 度	建筑抗振设防类别	丙类
屋面防水	Ⅱ 级	地下室防水	Ⅰ 级

3. 施工合同包括的系统概况（表 3-28）

施工合同包括的系统概况　　　　　　　　　　　表 3-28

名　称		描　述
电力供应	变配电系统	6 路 10kV 高压供电，每路为可单独供两路的全负荷电源。10kV 高压进线将引至地下二层之 10kV 高压配电房，经高压进线柜及计量柜后，再引入隔邻的 10/0.4kV 变电房
	应急发电系统	本项目采用高压和低压柴油发电机为整个工程的重要负荷提供备用及消防电源。本次合同范围内 2 台 2500kVA 高压柴油发电机，2 台 1500kVA 低压柴油发电机
	干线及动力系统	干线采用电缆、母线
用电末端	插座系统	包括各种类型插座、管线和配电箱
	照明系统	本工程电气照明主要包括一般照明，应急照明。包括各种照明灯具、按钮开关、管线和配电箱
安全系统	应急照明和逃生指示系统	包括各种应急照明和逃生指示照明灯具、管线；配电箱双电源回路供电，EPS 或灯具内蓄电池提供应急供电
	接地系统	本设计将利用基础内钢筋网作为接地体。在地下一层四周外墙适当位置甩出镀锌扁钢，供外接人工接地极用
	防雷系统	本设计在塔楼屋顶以及裙房屋面女儿墙上设置避雷铜带。为防止侧向雷击，高出地面 30m 以上，将沿每层建筑物四周的玻璃幕墙金属框架与该层楼板内的两根直径不小于 10mm 的主钢筋接成一体后再与引下线焊接
	火灾报警系统	控制中心型智能消防报警系统，具有火灾报警系统、联动控制功能、系统包括受动报警系统、感烟/感温探测器、警铃和水流指示器等报警装置、系统同时监视消火栓按钮、报警信号阀、压力开关、水流指示器和信号阀等的动作控制信号

4. 施工技术要求

（1）10kV 变压器安装的主要技术要求

1）安装工作流程（图 3-5）

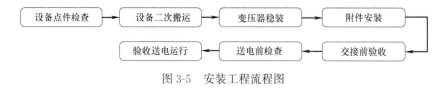

图 3-5　安装工程流程图

2）变压器基础采用槽钢制作。首先将槽钢调直，然后按要求预制加工槽钢基础，并刷好防锈漆及面漆。如图 3-6 所示。

3）变压器本体采用螺栓固定在槽钢基础底座之上，并用水平尺调好水平，允许偏差如表 3-29 所示，全部工作完成后，应再次仔细核查安装尺寸是否符合要求。

4）变压器的接线

本工程设置在 B2 高压配电房的变压器进线通过钢管直埋敷设引入，L54 的高低压变配电室、空调机组变配电室、主塔楼低压变配电室和裙楼低压变配电室内的变压器均采用上进线上出线的方式接线，变压器的接线主要有引入电源线与变压器的一次侧连接；二次侧与低压引出线的连接；变压器的接地连接，变压器一、二次引线的连接。

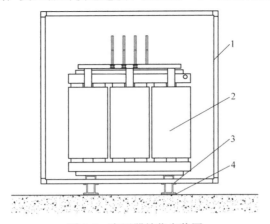

图 3-6　变压器就位安装图

1—铝合金保护外壳；2—干式变压器；3—槽钢基础；4—隔振垫

允许偏差　　　　　　　　　　　　　　　　　　　　表 3-29

项　　　目	允 许 偏 差	
	mm/m	mm/全长
垂直度	＜1	＜5
水平度	＜1	＜5
位置误差及不平行度	—	＜5

本工程变压器高压侧采用 10kV 电缆引入接线。在保护外壳内 10kV 电缆采用电缆抱箍固定可靠，各紧固金属部件要做防锈处理。高压电缆与绕组表面之间的距离及高压三角形连接杆的距离至少应为 120mm，除非在高压侧的分接板平面部分，该处的最小距离视高压端子而定。变压器低压侧封闭母线安装图如图 3-7 所示。

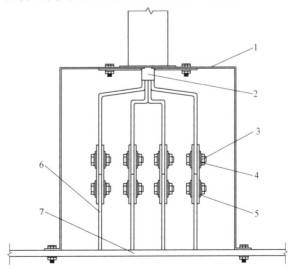

图 3-7　变压器低压侧封闭母线接线安装图

1—封闭母线法兰端保护壳；2—封闭母线法兰端；3—镀锌螺栓；4—弹簧垫圈；

5—平垫圈；6—变压器二次侧出线端子；7—变压器铝合金保护外壳

5）变压器一、二次侧接线后都必须对电缆和母线予以支撑，以避免在高压端或在低压端上出现机械应力。

变压器的重复接地线采用两根 50mm×6mm 铜排。变压器的中性点接地回路中，靠近变压器处，做一个可拆卸的连接点。

所有的紧固件不论是否已经松动，都必须重新紧固一次。在紧固螺栓时使用力矩扳手。

除了正确安装连接电缆和母线外，其他未经许可的设施或附件不允许安装在外壳内。

引向变压器的母线及其支架、电线保护管和接地线等均应便于拆卸，不妨碍变压器检修时的移动。各连接用的螺栓螺纹露出螺母 2～3 扣，保护管颜色一致，支架防腐完整。

变压器保护外壳和其他非带电金属部件均应接地。

在变压器上方作业时，操作人员不得蹲踩变压器保护外壳，并带工具袋，以防工具材料掉下砸坏、砸伤变压器。

在变压器上方操作电气焊时，应对变压器进行全方位保护，防止焊渣掉下损伤设备。

6）变压器测试

变压器在合闸时必须保证中性点接地。变压器第一次投入使用时可全压合闸，冲击合闸时从变压器高压侧投入。第一次受电后持续时间不应小于 10min 且变压器无异常状况。变压器应进行 5 次间隔时间为 5min 全电压冲击合闸并无异常情况，励磁涌流不应引起保护装置的误启动。

（2）高低压柜安装

变配电所内高低压柜的电压等级为 10kV、0.4kV。高低压柜数量多，垂直、水平运输及安装工作量大，高低压柜的进场安装顺序按照其所对应的变配电所施工总控进度计划执行。

1）工艺流程（图 3-8）

图 3-8　高低压柜安装工艺流程图

2）型钢基础制作安装

高低压柜基础材料采用 10 号槽钢，在柜体安装前完成焊接制作、防腐及安装调整。基础槽钢安装允许偏差及其样式见表 3-30。

表 3-30

基础槽钢安装允许偏差及其样式

序号	项　　目		允许偏差（mm）	检验方法
1	顶部平直度	每米	1	拉线、尺量检查
2		全长	5	
3	侧面平直度	每米	1	
4		全长	5	

3）高低压柜就位

高低压柜运送至变配电所后，采用门型架吊装就位，就位的时候按照施工图布置的位置将高低压柜放在基础型钢上。高低压柜就位后先找正两端的柜子，然后在柜子 2/3 的位置绑上小线，逐台校正整排的柜子，高低压柜的水平垂直度见表 3-31。

高低压柜的水平垂直度　　　　　　　　　　　　　表 3-31

项　　目		允许偏差（mm）	检验方法
垂直度	每米	1.5	吊线、尺量检查
柜顶平直度	相邻两盘	2	直尺、塞尺检查
	成排两盘	5	挂线、尺量检查
盘面平直度	相邻两盘	1	直尺、塞尺检查
	成排两盘	5	拉线、尺量检查
盘间接缝		2	塞尺检查

4）高低压柜固定

高压柜用 M16 镀锌螺栓与基础型钢固定，低压柜用 M12 镀锌螺栓与基础型钢固定，柜体之间及柜体与侧挡板均用镀锌螺栓连接。

5）高低压柜与变配电所内其他设备连接

本工程高压负荷开关柜与 10kV 变压器分开放置，高压负荷开关与变压器采用高压电缆的方式构成电气通路，采用上进线上出线的方式。高低压柜进出电缆使用柜体自带的敲落孔，电缆敷设完毕后由专用电缆缩头禁锢及密封封闭处理；封闭母线与低压配电柜连接后用金属壳体进行封闭。

6）高低压柜二次线连接

高低压配电柜在出厂前主要的二次接线已经完成，进入施工现场的高低压柜要按原理图逐台检查柜上的全部电器元件是否相符，其额定电压和控制、操作电源电压必须一致。在施工现场需要安装的二次线主要为计量、电容柜、接地及电气互锁部分的接线。此部分的接线按照不同电压等级、交流、直流线路来区分，绑扎成束，且有标记。二次回路控制线采用多股软铜线，接线端子采用规格合适的闭口接线端子使用专用压线钳压接，方法如图 3-9 所示。

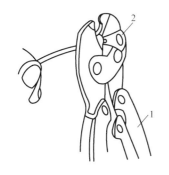
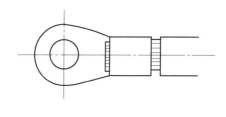

图 3-9　接线端子压接法
1—压线钳；2—闭口铜鼻子

（3）电线导管安装

1）导管暗敷设施工流程（图 3-10）

2）导管明敷设施工流程（图 3-11）

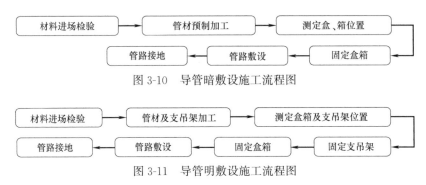

图 3-10　导管暗敷设施工流程图

图 3-11　导管明敷设施工流程图

3）管路敷设技术要求

① 成排明配管做法

明配钢管应排列整齐、横平竖直，固定点间距均匀，固定牢靠。成排明配电线管采用圆钢作吊杆，角钢作横担固定。做法如图 3-12 所示。

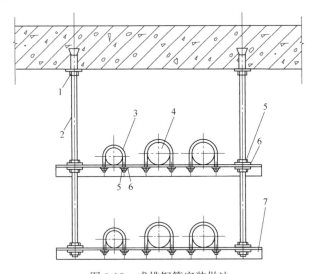

图 3-12　成排钢管安装做法

1—M12 膨胀螺栓；2—M12 圆钢；3—U 型螺丝管卡；4—JDG 钢管；

5—螺母 M8～M10；6—垫圈 8～10；7—40×40×4 角钢支架

② 单根明配管做法

单根明配管采用圆钢吊架及管卡固定。做法如图 3-13 所示。

③ 导管穿伸缩沉降缝（图 3-14）

管道穿伸缩沉降缝时要使用挠性电线保护管做过渡，施工时要做好线路接地。

④ 导管穿防火墙（图 3-15）

电线管穿过防火墙时要采用防火封堵，管径大于 80mm 时，距墙 1m 内的钢管应外涂防火涂料。

⑤ 管路接地

热镀锌线管的接地采用接地卡与专用接地软线固定牢固。

4）电缆桥架安装技术要求

① 水平安装

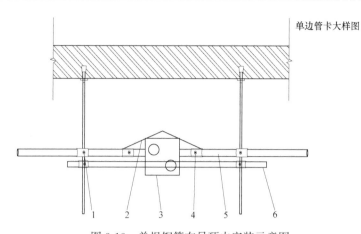

图 3-13 单根钢管在吊顶内安装示意图

1—单边管卡；2—接地线；3—接线盒；4—接地卡；5—JDG 钢管；6—固定扁铁

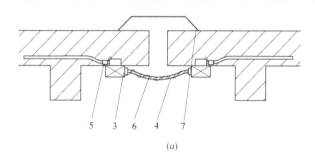

(a)

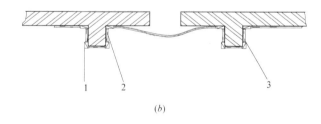

(b)

图 3-14 导管穿伸缩沉降缝

(a) 暗管过伸缩沉降缝做法一；(b) 明管过伸缩沉降缝做法二

1—接线盒；2—钢管；3—连接器；4—挠性电线保护管；5—接地卡；

6—接地线；7—伸缩沉降缝盖

为确保电缆的顺利敷设，水平安装桥架的顶部距顶板最小距离为 200mm，采用共用支架的桥架各层之间的最小间距为 300mm。桥架水平安装图如图 3-16 所示。

本工程所用桥架的型号较多规格从 75～2000mm 不等，各型号桥架水平安装时支吊架规格见表 3-32。

② 桥架垂直安装

垂直桥架主要集中在强电井内且比较密集，电井内的墙体主要为轻钢龙骨隔墙，因此不能直接将桥架固定在墙体上，桥架的受力支架应安装在楼板上。桥架中部的支撑为角钢支架，角钢支架固定于两根垂直安装在隔墙内的槽钢上，槽钢与地面钢板焊接牢固并安装钢肋以保证连接强度，如图 3-17 所示。

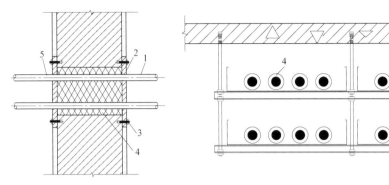

图 3-15 电气管道防火封堵做法

1—钢管；2—防火隔板；3—膨胀螺栓；4—防

火堵料；5—管口内封堵防火堵料或石棉绳

图 3-16 成排桥架水平安装图

1—膨胀螺栓；2—吊杆；3—桥架；

4—电缆；5—槽钢支架

各型号桥架水平安装时支吊架规格　　　　　　　表 3-32

桥架宽度(mm)	镀锌角钢/槽钢	镀锌圆钢/角钢	膨胀螺栓
300 以下	40×40×4	$\phi 10 \times 2$	M10×2
400～600	50×40×5	$\phi 14 \times 2$	M14×2
800	63×63×6	16	M16×2
1000	10 号槽钢	40×40×4 角钢立柱	M12×4

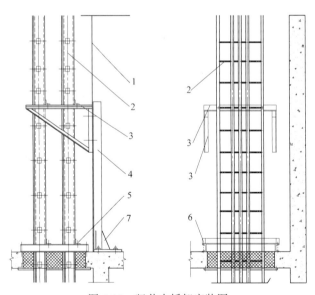

图 3-17 竖井内桥架安装图

1—石膏板隔墙；2—桥架；3—角钢支架；4—槽钢支撑；5—螺栓；6—落地槽钢支架；7—肋

由金属桥架引出的金属管线，接头处应用锁母固定。在电线或电缆引出的管口部位应安装塑料护口，避免出线口的电线或电缆遭受损伤。

③桥架接地

电缆桥架应可靠接地且桥架应具有可靠的电气连通性。桥架端点应通过专用的镀锡铜排接至等电位接地端子板。

5）配电箱安装技术要求

① 工艺流程（图 3-18）

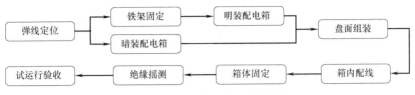

图 3-18　配电箱安装工艺流程图

② 配电箱明装（图 3-19）

在混凝土墙上采用金属膨胀螺栓固定配电箱时应根据弹线定位的要求找出准确的固定点位置，用电钻或冲击钻在固定点位置钻孔，其孔径应刚好将金属膨胀螺栓的胀管部分埋入墙内。在陶粒砖砌筑墙体明装配电箱时，在深化设计前期将配电箱准确定位，与土建专业砌墙配合施工时将配电箱定位点的墙体采用混凝土加固处理。

在轻钢龙骨隔墙上安装配电箱时应注意配电箱安装位置应正确，部件齐全，箱体开孔与导管管径适配。配电箱的所有进出电线导管及开孔处须有保护措施，以防止损坏电线电缆。配电箱在轻钢龙骨墙上明装如图 3-20 所示。

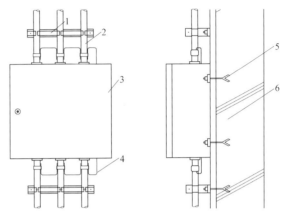

图 3-19　配电箱在混凝土墙上明装

1—支架；2—钢管；3—配电箱；4—接地线；
5—膨胀螺栓；6—墙体

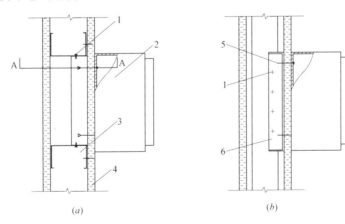

图 3-20　配电箱在轻钢龙骨墙上明装

（a）俯视图；（b）A-A 剖面图

1—横向轻钢龙骨（加固用）与竖向龙骨用铆钉拉铆固定；2—配电箱；3—竖向龙骨；4—墙体；

5—膨胀螺栓；6—竖向轻钢龙骨（加固用）

考虑到本工程强电间内墙体为石膏板隔墙，如挂墙式明装多面配电箱，室内隔墙承重不够，建议此房间内隔墙的龙骨加密处理。

③ 配电箱暗装

在轻钢龙骨隔墙上施工应注意箱体厚度不能超过墙体尺寸，施工时应注意和装修专业的协调配合及成品保护。配电箱在轻钢龙骨隔墙上暗装，如图 3-21 所示。

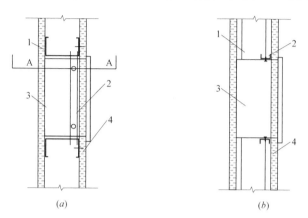

图 3-21　配电箱在轻钢龙骨隔墙上暗装

（a）俯视图；（b）A-A 剖面图

1—竖向龙骨；2—横龙骨或 C 型方钢与竖向龙骨或支撑卡连接；

3—配电箱；4—轻钢龙骨内隔墙

④ 配电柜、箱上母线配置

箱内设备的导电接触面与外部母线连接处必须紧密。导线剥削不应伤线芯或线芯过长，导线必须压接牢固，多股铜线不能断股，应搪锡后再进行压接。

⑤ 配电箱二次回路配线

二次配线必须排列整齐，并绑扎成束，在活动部位应用长钉固定，盘面引出或引入的导线应留有适当余度，二次回路的切换接头或机械，电气联锁装置的动作正确、可靠。

⑥ 箱内的设备接线

两个电源的配电箱的母线的相序排列一致，相对排列配电箱的母线的相序对称，母线色标正确。箱内母线色标均匀完整，二次线排列整齐、回路编号清晰、齐全、采用标准端子头编号，每个端子螺栓上接线不超过二根。箱内引入引出线路整齐、美观。配电箱及支架接地、零线敷设连接紧密、牢固，接地（零）线截面正确。

⑦ 设备与支架接地

配电箱及操作机构的金属支架，均应用镀锌扁钢可靠接地。配电箱不带电的金属部分及操作机构应做可靠接地，接地线采用软铜线，截面不小 10mm^2。接地做法应符合规范的规定。

6）管内穿线施工技术要求

① 工艺流程（图 3-22）

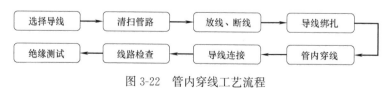

图 3-22　管内穿线工艺流程

② 清扫管路

清扫管路的方法：将布条的两端牢固绑扎在带线上，从管的一端拉向另一端，以将管内杂物及泥水除尽。

③ 放线、断线

放线前应根据施工图对导线的规格、型号进行核对，并用对应电压等级的兆欧表进行通断测试。

剪断导线时，导线的预留长度应按规范要求进行预留。

④ 导线绑扎

当导线根数较少时，可将导线前端的绝缘层削去，然后将线芯与带线绑扎牢固，使绑扎处形成一个平滑的锥形过渡部位。

当导线根数较多或导线截面较大时，可将导线前端绝缘层削去，然后将线芯错位排列在带线上，用绑线绑扎牢固，不要将线头做得太大，应使绑扎接头处形成一个平滑的锥形接头，减少穿管时的阻力，以便于穿线。

⑤ 管内穿线

电线管在穿线前，应首先检查各个管口的护口，保证护口齐全完整。

当管路较长或转弯较多时，在穿线前向管内吹入适量的滑石粉。穿线时，两端的工人应配合协调一致。

⑥ 导线连接

导线接头不能增加电阻值，不能降低原机械强度及原绝缘强度。导线连接有两种备选方式：搪锡方式与螺旋接线钮拧接。考虑施工的方便性和安全性，灯具导线连接时应采用螺旋接线钮方式，插座导线连接时采用搪锡连接。

搪锡连接的技术要求：必须在接线后加焊、包缠绝缘层。锡锅加热时温度过高则搪锡不饱满，温度过低则搪锡不均匀。因此要根据搪锡的成分、质量及外界环境温度等因素，掌握好适宜的温度进行搪锡。搪锡完后必须用布将搪锡处的焊剂及其他污物擦净。

螺旋接线钮连接的技术要求：$6mm^2$ 及以下的导线在用接线钮连接时，把外露的线芯对齐按顺时针方向拧绞，在线芯的 12mm 处剪去前端，然后选择相应的接线钮按顺时针方向拧紧。要把导线的绝缘部分拧入接线钮的上端护套内。做法见表 3-33。

导线螺旋接线钮连接做法 表 3-33

接线钮剖面图	1. 削线	2. 扭线
3. 断线	4. 扭紧	
		削线时不得损伤导线，导线的绝缘层部分应旋入接线钮的导线空腔内

⑦ 线路检查

穿线后，应按规范及质量验评标准进行自检互检，不符合规定时应立即纠正，检查导线的规格和根数，检查无误后再进行绝缘测试。

⑧ 绝缘测试

电气器具未安装前进行线路绝缘测试时，首先将灯头盒内导线分开，将开关盒内导线连通。测试应将干线和支线分开，测试时应及时进行记录。

电气器具全部安装完后，在送电前进行测试时，应先将线路的开关、仪表、设备等全部置于断开位置，绝缘测试无误后再进行送电试运行。

7）电缆敷设施工技术要求

① 工艺流程（图3-23）

图3-23　电缆敷设工艺流程

② 水平敷设段的施工方法（图3-24）

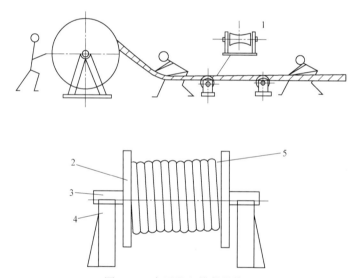

图3-24　水平段电缆敷设简图

1—电缆滚轮；2—电缆轴；3—电缆支撑；4—电缆支架；5—电缆

③ 电缆排列固定

桥架内电缆应排列整齐，固定点一致。电缆固定采用尼龙扎带，间距1m以内，每20m用金属电缆卡作加强固定。单芯电缆的固定卡不能形成闭合磁场回路。另竖井内竖向桥架内的电缆采用专用金属电缆卡进行固定。

④ 电缆头制作

所有接线端子均采用紧压铜端子，端子与电缆线芯截面相匹配，铜端子的压接采用手动式液压压接钳，采用热缩头、热缩管作为电缆头绝缘保护。

电缆终端制作好，与配电柜连接前要进行绝缘测试，以确认绝缘强度符合要求。同时电缆要作好回路标注和相色标记。

⑤ 电缆悬挂标识

沿电缆桥架敷设的电缆在其两端、拐弯处、交叉处应挂标志牌，直线段每间隔 20m 增设标志牌。标志牌规格应一致，并有防腐性能，挂设应牢固。标志牌上应注明电缆编号、规格、型号、电压等级及起始位置。

8）封闭母线安装施工技术要求

① 工艺流程（图 3-25）

图 3-25 封闭母线安装工艺流程

② 封闭母线检查验收

母线运到施工现场后，需要对母线的外观、尺寸、数量、试验报告、产品技术文件等进行检查验收。并对各段母线相与相、相与地、相与零、零与地之间进行绝缘测试，绝缘电阻值大于 20MΩ。

③ 放线测量

以深化图为依据，根据封闭母线安装的路线，采用有效的测量工具准确地对封闭母线线路进行现场实际测量。确定母线各分段的尺寸，以及弯头等配件的数量，制定记录表格按不同敷设路线和不同规格加以分类。

④ 支架制作及安装

根据施工现场结构类型，水平安装的母线选用吊杆和热镀锌角钢组合支架，垂直安装的采用弹簧支架。以现场的实际情况为基准，根据不同的分布形式采用吊架、地面固定支架，支架的加工制作按选好的型式和测量好的尺寸下料制作，加工尺寸最大误差控制在 5mm。

型钢支架用台钻或手枪钻钻孔，其开孔的孔径为大于固定螺栓直径 1.5mm 之内。吊杆采用热镀锌圆钢制作。

封闭母线的拐弯处以及与设备连接处增加固定吊架。直线段母线支架的距离为 2m。支架固定牢固，螺纹外露 2～4 扣，吊架用双螺母加平垫和弹簧垫夹紧。

⑤ 封闭母线水平安装

水平敷设距地高度不小于 3.2m，安装时应先校平吊架高度，然后安放母线，再上好紧固件。母线紧固螺栓统一由厂家配套供应，选用力矩扳手紧固。封闭母线水平安装为悬挂吊装。吊杆直径与母线槽重量相适应。封闭母线水平安装图如图 3-26 所示。

⑥ 封闭式母线垂直安装

垂直安装的母线主要集中在电气竖井内，封闭母线沿墙垂直安装时，固定支架的间距为 2.0m，当楼层高度超过 5m 时需增设中间弹簧支撑，过楼板处安装弹簧装置，并做防水台。封闭母线垂直安装图如图 3-27 所示。

封闭式母线安装长度超过 30m 以及跨越建筑物的伸缩缝或沉降缝处设置伸缩节。伸缩接头须能吸收由于母线槽温度变化而引起的热膨胀以及建筑物不少于 100mm 的垂直沉降，在封闭母线的端头需装封闭罩，封闭母线插接箱应进行可靠固定。封闭母线穿越防火分区的墙、楼板时，采取防火隔离措施。防火封堵做法如图 3-27 所示。

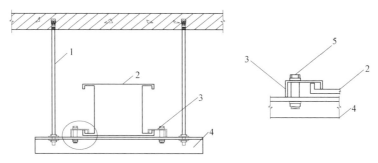

图 3-26　封闭母线水平安装图

1—吊杆；2—封闭母线；3—固定夹板；4—热镀锌角钢；5—ϕ12 镀锌螺栓

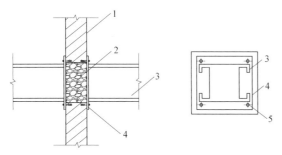

图 3-27　母线穿墙防火封堵图

1—墙体；2—防火封堵材料；3—封闭母线；

4—防火隔板；5—固定螺栓

⑦ 封闭母线测试

封闭母线在安装完毕后进行绝缘测试和交流工频耐压试验。绝缘测试之前，应将母线与其两端连接电气设备断开，用兆欧表对母线相与相、相与地、相与零、零与地之间进行绝缘测试，绝缘电阻值应符合规范要求。低压母线的交流耐压试验电压为 1kV，当绝缘电阻值大于 10MΩ 时，可采用 2500V 兆欧表，试验持续时间为 1min，应无击穿闪络现象。

⑧ 确认母线支架和母线外壳接地完成，母线绝缘电阻测试和工频交流耐压试验合格后，进行通电试运行。

9）灯具安装技术要求

① 工艺流程（图 3-28）

图 3-28　灯具安装工艺流程

② 荧光灯、筒灯嵌入安装

吊顶内安装的灯具应根据装修吊顶平面图中灯具分布的位置，以及不同的吊顶形式来确定灯具外型与吊顶板的接口样式。在装修安装吊顶龙骨的同时安装灯具的支吊架；在吊顶天花板安装的灯具，须单独在吊顶板几何中心开孔安装的灯具，应提前向装修单位提供不同区域灯具的开孔尺寸，并安排专人配合。待吊顶天花板及其他器具初步安装完毕后，配合装修施工人员调整灯具，达到整体美观的效果。

嵌入吊顶安装的荧光灯等矩形灯具边框的边缘应与顶棚面的装修直线平行。如灯具对称安装时，其纵横中心线要求在一条线上，偏斜控制在 5mm 以内。嵌入式荧光灯具的金属栅格应与灯具主体的接地可靠连接。嵌入安装的灯具如图 3-29 所示。

嵌入式筒灯采用卡具在装饰龙骨上固定，如果筒灯的重量超过 1.5kg，则需用 ϕ8 圆钢吊杆固定筒灯，镇流器与灯具的本体分开的筒灯，镇流器需要单独固定。

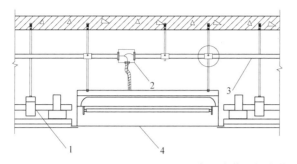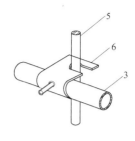

图 3-29 嵌入式荧光灯安装图

1—吊顶龙骨；2—接线盒；3—电线管；4—荧光灯；5—吊杆；6—单边管卡

筒灯安装如图 3-30 所示。

③ 链吊荧光灯安装

荧光灯吊链安装：吊链由 20mm 椭圆链环镀铬钢链制成。照明器的电源线为截面不小于 1.0mm^2 的三芯圆形软线由天花板上圆形出线盒内接线座引来。

④ 壁灯安装

将灯具的底托放在墙面上，四周留出对称的余量，以灯具的安装孔为准，采用电锤在墙体上开好出线孔和安装孔。将灯具的灯头线从出线孔中甩出，将电源线直接压在灯具的接线端子上，将余线塞入盒内。灯具外框贴紧墙面，采用自攻螺栓固定灯具，最后配好光源和灯罩。安装如图 3-31 所示。

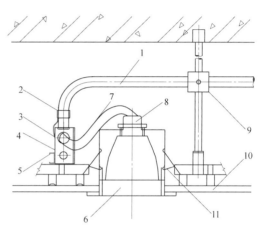

图 3-30 筒灯嵌入式安装图

1—电管；2—接地卡；3—接地线；

4—接线盒；5—支架；6—筒灯；

7—金属软管；8—接线器；9—电盒固定金具；

10—吊顶；11—灯具卡具

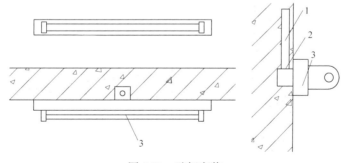

图 3-31 壁灯安装

1—电管；2—接线盒；3—灯具

⑤ 安全疏散指示灯安装

在安全疏散指示灯订货前应对厂家进行技术交底，包括统计安全疏散指示灯的面板样式、面板上箭头方向等，避免供货出错。

在墙上明装的疏散指示灯，按设计要求安装完毕的灯具应完全遮盖出线盒的边缘。嵌入轻质墙面安装的疏散指示灯，在需要加固的部位增加附加龙骨。疏散指示灯的金属外壳应与电管的接地线可靠连接。

⑥ 航空障碍灯安装

本工程主塔楼所选用障碍灯为中光强障碍灯和高光强障碍灯。中光强障碍安装在大楼29层，高光强障碍灯分别安装在大楼43层、55层以及大楼顶部。障碍灯采用集中控制。

灯具的集中控制箱安装在大楼55层以及74层障碍灯安装图如图3-32所示。

⑦ 停机坪定位灯安装

本工程主塔楼的屋顶设直升机停机坪，直升机平台为钢混组合结构。根据平台的结构形式以及停机坪的特殊规定，瞄准点灯具采用嵌入式安装，围界灯采用立式安装。灯具的电源控制箱安装在74层。

灯具安装图如图3-33所示。

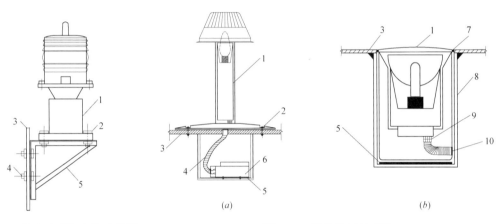

图 3-32　航空障碍灯安装示意图

1—灯具；2—M30 镀锌螺栓；

3—外玻璃竖向主龙骨；

4—M30 连接螺栓；

5—L40×40×4 热镀锌角钢

图 3-33　停机坪灯具安装

(a) 停机坪围界灯安装；(b) 停机坪瞄准点灯安装

1—灯具；2—φ10 镀锌螺栓；3—直升机平台；4—金属软管；

5—绝缘胶垫；6—整流器；7—环氧树脂密封；8—灯具固定支架；

9—接线孔；10—进线孔硅橡胶密封圈

⑧ 通电试运行

灯具通电试运行须在灯具安装完毕，且各照明支路的绝缘电阻测试合格后进行。照明线路通电后应仔细检查和巡视，检查灯具的控制是否灵活、准确。开关位置应与控制灯位相对应，如果发现问题必须先断电，然后查找原因进行调整。

10) 开关、插座安装技术要求

① 工艺流程（图3-34）

清理 → 接线 → 开关、插座安装 → 通电检查

图 3-34　开关、插座安装工艺流程

② 接线盒的清理

开关插座安装前，须用錾子轻轻地将盒内残存的灰块剔掉，同时将其他杂物一并清出盒外，再用湿布将盒内的灰土擦净。

③ 接线

同一场所安装的开关切断位置一致、操作灵活，接点的接头可靠；且相线须经开关控制。单相插座安装必须按照"左零右相，上接地"的规定接线，接地端子不应与零线端子直接连接。

同一场所插座的三相接线应一致。工艺用电的插座和市电插座在同一场所安装时，在工艺电源插座上进行标识。

④ 开关、插座安装

一般场所开关、插座安装。将盒内的导线理顺，依次接线后，将盒内的导线盘成圆圈，放置在接线盒内。所有开关的通断设置的方向必须一致，且操作灵活、接触可靠。

卫生间的开关、插座安装。根据装修最终确定的卫生间面砖的网格线，将开关插座的专用接线盒安装于面砖的几何中心位置的墙体内，且开关插座的面板应紧贴砖面，安装端正。

11）防雷与接地工程施工技术要求

① 工艺流程（图 3-35）

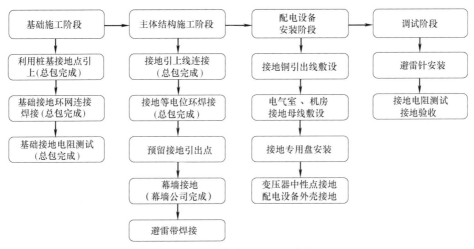

图 3-35　防雷与接地工程工艺流程

② 变配电室接地

本工程 10kVA 变配电所设置在地下二层及塔楼五十四层，其中地下二层设 2000kVA 的变压器 2 台，地下三层设 2000kVA 的变压器 2 台。L29 层设 2000kVA 变压器 4 台，冷冻机房设 4 台 2500kVA 的变压器，五十四层设 1600kVA 的变压器 4 台。

建筑电气工程总接地端子板在地下二层高低压变配电室、空调机组变配电房室。变电室等电位接地采用二根不小于 $\phi16$ 的结构内的主筋从联合接地体引上至变配电室内的侧墙或柱侧预留 150mm×300mm×5mm 的热镀锌钢板，接地钢板安装高度距地 0.3m，总等电位端子板由此钢板引出。接地铜带从总等电位引出并沿变配电室敷设一圈，接地铜带穿过墙壁时做绝缘处理。进出建筑物的总管与总接线端子用 150mm² 软铜排。变压器接地安装图如图 3-36 所示。

③ 发电机房接地

本工程发电机房设置在地下一层，设置 2500kVA 高压柴油发电机 2 台，1500kVA 低压柴油发电机 2 台，柴油发电机房等电位接地采用二根不小于 $\phi16$ 的结构内的主筋从联合

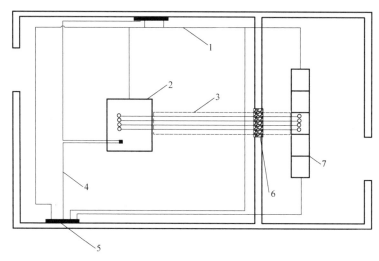

图 3-36　变压器接地安装图

1—接地铜带；2—变压器；3—封闭母线；4—中心点接地；5—接地端子板；6—防火封堵；7—配电柜

接地体引上至柴油发电机房内的侧墙或柱侧预留 150mm×300mm×5mm 的热镀锌钢板，此接地钢板安装高度距地 0.3m。同时与地下二层强电总接地端子板连接。接地铜带从镀锌钢板上引出并沿变配电室敷设一圈，接地铜带穿过门洞及墙壁时，做绝缘保护处理。发电机机架、配电屏、油箱、发电机中性线等均须与接地母线以不少于 150mm² 截面的导线相连接。

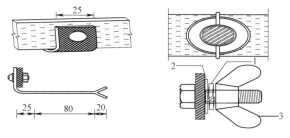

图 3-37　电气设备外壳接地连接图

1—镀锌垫圈；2—弹簧垫圈；3—蝶型螺母

配电室与发电机房沿图纸所示的路径均须敷设主保护导体，用以将所有外露非带电的导电部分和非电气装置的金属部分接地。因此在每一层上均须装置适当尺寸的接地终端。并且各设备与向其配电的配电箱之间接地连接可靠。如图 3-37 所示。

④ 强电间接地

电气竖井内的接地线，接地母线采用 50mm×6mm 的铜带由强电总接地端子板引至相应的电气竖井，并在强电间内侧墙设置接地端子箱，接地端子箱下口距地 0.3m。电井的接地干线用 50mm×6mm 的铜带沿井道敷设，分支接地母线采用 25mm×3mm 的铜带并用绝缘卡子作支撑固定。接地排安装图如图 3-38 所示。

在竖井内的所有电缆的金属外皮和电缆铠装，其两端都有效地接到其相关的装置上。电缆端进接线箱时，为保证电缆外皮和铠装已接到由该电缆连接的设备机架上，应在该机架和电缆外皮和铠甲之间专设一条连接铜带。

（4）弱电间及通信系统的接地

本工程弱电总接线端子板设置在一层消防中控室内，利用建筑结构内两根不小于 φ16 的钢筋与联合接地体连接，且在消防中控室的侧墙或柱侧预留 100mm×10mm×500mm 的热镀锌钢板，此接地钢板安装高度距地 0.3m。

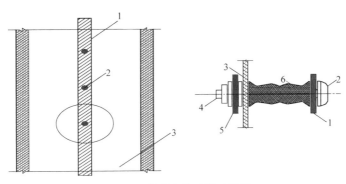

图 3-38 井道内接地排安装图

1—50×6 接地铜带；2—M10×20 镀锌螺栓；3—墙体；4—φ10 通丝杆；5—25×4 扁钢；6—支持绝缘子

弱电竖井采用 50mm×6mm 的 PVC 绝缘铜带由消防中控室的弱电总接地端子板引至相应层，分支接地母线采用 25mm×3mm 的 PVC 绝缘铜带连接至弱电竖井，并用 PVC 绝缘卡子作支撑固定，在弱电间内侧墙设置接地端子箱，接地端子箱下口距地 0.3m。从接地端子箱引出各弱电工作接地和保护接地的连接线以及各弱电机房防静电接地的连接线。

导线与接地端子箱内的端子排连接如图 3-39 所示。

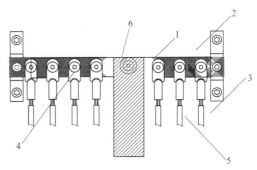

图 3-39 导线与接地端子排的连接图

1—等电位端子排；2—固定支架；3—箱内衬板；
4—M8×30 镀锌螺栓；5—连接导线；6—总接地母线

本工程的网络、电话、电视等系统设置在地下二层的通信站、总配线机房和程控交换机房。通信系统与建筑物外相关公共网络线路有连接，存在遭受雷击或感应电压的侵害的可能，因此信号线与楼内设备连接前要接入合适规格的避雷器。弱电系统防雷示意图如图 3-40 所示。

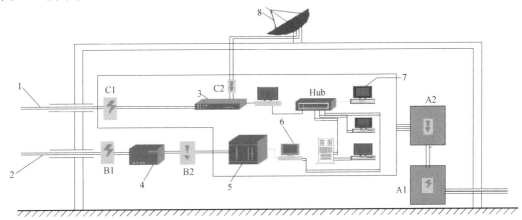

图 3-40 弱电系统防雷保护示意图

1—CATV引入；2—网络线缆；3—接收机；4—端口设备；5—交换机；6—服务台；7—工作站；8—卫星天线；

A1—电源一级保护；A2—电源二级保护；B1—信号第一级保护；B2—信号第二级保护；

C1—有线电视线路保护；C2—天线馈线保护

（5）总配线机房和程控交换机房内二根不小于 $\phi16$ 的结构内的主筋从联合接地体引上至弱电设备机房的侧墙或柱侧预留 150mm×300mm×5mm 的热镀锌钢板，此接地钢板安装高度距地 0.3m。接地端子由此钢板引出并由此至各层弱电机房。

（6）卫生间的等电位联结

卫生间所有外露正常情况下不带电的金属管道构件均做等电位联结。等电位联结线采用 4mm² 铜芯电线。

（7）主楼屋顶避雷带的敷设

塔楼屋顶避雷带采用水平敷设方式，支架间距不大于 1m，转弯处不大于 0.5m，避雷带采用 25mm×3mm 铜带。由于塔楼屋顶四周设置有高出屋面的玻璃幕墙，在玻璃墙顶沿其金属框架顶设置一圈 25mm×3mm 规格的铜带，铜带高出玻璃墙金属框架，用 25mm×3mm 规格铜带或 40mm×4mm 镀锌扁钢支持，同时此位置的一圈铜带需引下至防雷引下线预埋连接处与引下线可靠连接。裙房天面避雷铜带采用水平贴装方式，避雷带采用 25mm×3mm 铜带。

（8）防雷接地系统的测试

在基础底板接地网连接形成后，对接地电阻进行第一次测试，采用符合 IEC781 的三线测试法，测试方法如图 3-41 所示。

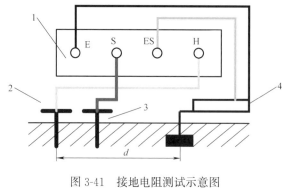

图 3-41　接地电阻测试示意图

1—接地电阻测试仪；2—电流探针；

3—电压探针；4—待测接地网

注：本工程取 d＝220m。测量三次，再取平均值，

即：$R＝(R_1＋R_2＋R_3)/3$

3.2.2　设备（油品合成装置）吊装施工方案

1．工程概况

（1）起重作业任务

油品合成装置区，2 台核心设备费托反应器就位吊装。

（2）起重作业范围、时间、特点及难度

2 台费托反应器（以下简称反应器）分段运输、吊装；运输、吊装及配合反应器分段组焊，时间为 2013 年 8 月～2014 年 3 月。

2 台反应器设备基础的中心间距为 18000mm；筒体直径大，是国内单件最重的反应器；由于该设备属超限设备，目前已在现场的专用制造车间内开始制造，然后通过专用运输拖车从制造车间经过场区道路运输到反应器基础的吊装位置上；根据拟定的吊装工艺设计专用吊耳和吊具；内件安装需要在下段筒体吊装完成后，在矗立状态下进行；54.7m 空中组对焊接环缝工艺难度较大。

（3）反应器吊装参数

反应器分上、下两段，在现场的制造车间内制造完成后，由相关单位负责组织现场运输并吊装就位。吊装参数，见表 3-34。

反应器吊装参数表 表 3-34

序号	设备部件	外形尺寸(mm)	重量(t)	数量(件)	安装标高(m)	备注
1	下段	φ9860×130×54400	2000	2	0.30	筒体不含内件
2	上段	φ9860×130×7100	238	2	54.70	含 60t 内件

（4）起重作业的规模及内容

每台反应器的下筒体在设备基础上吊装就位后，进行找正找平并及时完成基础螺栓的二次灌浆；101、102、201、301 内件安装在筒体内逐件进行；401、501 组内件在预制、工厂安装；601 组内件安装在下段外部，吊装上段，配合环焊缝焊接接头组对。

（5）反应器结构形式，材质、结构特征

反应器筒节（下段）总长 54400mm，共 21 节，筒节板厚 130mm；上下球形封头球瓣需要制造排版，壁厚 90mm；筒体、封头、人孔、接管材质为 14Cr1MoR；反应器内件已预制成组件，共 367 件，材质为 0Cr18Ni10Ti。

（6）6400 液压复式起重机

1）主要技术参数

整机工作级别：A2

最大提升高度：120m（本项目采用 74.10m）

桁臂中心跨度：22.2×20.1m

桁臂内跨：15.02m

最大起重量：6400t（本项目采用 4800t）

作业环境：6 级风以下；−20℃以上。

2）6400t 液压复式起重机结构形式如图3-42 所示。

（7）1600t 移动式单门架溜尾起重机

（8）1600t 下托旋转溜尾装置

（9）吊装方案主要步骤简述

图 3-42 6400t 液压复式起重机

1）反应器和 6400t 液压复式起重机基础同步施工。

2）反应器筒体主吊耳和溜尾吊耳、上封头吊耳，并对吊装过程反应器筒体稳定性进行了分析，采取了加固措施。同步完成反应器吊耳的制造与焊接工作。

3）6400t 液压复式起重机运输安装拆除工艺

起重机部件进场→按施工平面布置图堆放→组装部件、起重作业现场地基与基础处理→30m 以下组装→自顶升到吊装高度→26111-R001 反应器筒体吊装→降低塔架高度改变工况→设备内件安装→增加塔架高度、吊装设备上封头→自降拆除移位、二次组装→26112-R001 反应器筒体吊装→降低塔架高度改变工况→设备内件安装→增加塔架高度、吊装设备上封头自降拆除、临时堆放到现场→装车外运撤出施工现场。

4）反应器运输到起吊位置卸车工艺

6400t 液压复式起重机提升主吊耳、1600t 溜尾门架起重机提升尾部吊耳→解除运输反应器捆扎带→两台起重机同步起吊，使反应器缓慢脱离运输鞍座→运输车组驶出→反应器筒体吊装溜尾同步进行。

5）反应器筒体吊装溜尾、上封头吊装工艺

用6400t液压复式起重机扩展功能，1600t移动式门架溜尾起重机提升反应器裙座整体水平滑移。

反应器下段安装就位完毕，6400t液压复式起重机配合内件安装完，二次组装改变工况吊装反应器上段。

2. 编制依据

（1）高硫煤清洁利用油电化热一体化示范项目油品合成装置区费托反应器吊装进度规划。

（2）费托合成反应器设备图和平面布置图。

（3）施工现场地质资料、气象资料和吊装环境。

（4）工期要求和经济技术指标。

（5）反应器供货条件和经济技术指标。

（6）业主、设计单位对反应器吊装的有关要求。

（7）标准、规范

《重型结构（设备）整体提升技术规程》DG/TJ 08—2056—2009；

《化工工程建设起重规范》HG 20201—2017；

《大型设备吊装工程施工工艺标准》SH-T 3515—2016；

《建筑机械使用安全技术规程》JGJ 33—2012。

（8）6400t液压复式起重机使用说明书及350t履带式起重机性能表。

3. 施工部署

（1）费托反应器建筑安装责任单位工作面划分（表3-35）

费托反应器建筑安装责任单位工作面划分　　　　　表3-35

序号	责任单位	工作面	备注
1		进行反应器基础施工、地脚螺栓安装、基础交接及表面处理、垫铁制作与安装	
2		反应器下段(导流管已经安装完成)装车、运输到现场起吊位置	
3		进行反应器下段吊装工作，并负责设备找平找正与二次灌浆	
4		进行内件安装，并负责内件试压及验收合格。（总重约560t，单件最大重量为9t，最大件的外形尺寸为17000mm×4400mm×400mm）	2台设备内件安装需配合3个月
5		运反应器上段到现场(分离器已经安装完成)	
6		进行反应器上段吊装	
7		进行设备空中组对、焊接、热处理及无损探伤	
8		负责政府监检部门申请告知工作；负责设备安装试验各阶段沉降观测和记录；负责现场相关施工文件整理转交工作	

（2）吊装阶段控制程序（表3-36）

吊装阶段控制程序 表 3-36

阶段	控制环节	控 制 点
第一阶段	文件准备	设计交底及图纸会审
		大件吊装吊耳设计和加强措施业主确认
		6400t 液压复式起重机基础设计条件与中科确认
		提供运输、吊装方案(包括吊耳设计及其方位、设备加固加强措施、起重机基础处理措施等)
		项目部成立、主要管理人员任命文件(包含特种设备质量保证体系人员)提交业主
		施工现场及生活临时设施方案、施工临设总平面图报业主和监理
		施工合同、施工安全协议书、签订
		向当地技术监督局办理安装告知手续
		取得监理公司监理工作大纲
	资源配备	焊工入场前通过业主工作能力考试
		特种作业人员报业主、监理审查
		大件吊装专用吊具配置
		施工用商品混凝土供应
		施工现场和生活临建
		基础工程施工机械
		大件吊装大型机械调遣运输车辆
第二阶段	基础施工吊装准备	测量放线、水准点
		基坑开挖、破桩头(反应器、起重机、钢结构基础同步)
		反应器基础地脚螺栓定位模具制作
		反应器、起重机、钢结构基础逐步浇筑
		检验、验收合格回填
		大型起重机械组装、风缆系统锚点施工
		吊装作业区域夯实处理
第三阶段	反应器下段吊装内件安装	主吊 6400t 复式液压起重机安装
		1600t 移动式溜尾门架安装
		第一台反应器出厂 26111-R001
		反应器下段运输到起吊位置后卸车
		起吊就位、找正找平
		精平、电焊垫铁、二次灌浆
		内件安装/焊接、无损检测、试压
		上段吊装
		主吊 6400t 复式液压起重机移位安装
		1600t 移动式溜尾门架安装
		第二台反应器出厂 26112-R001
		反应器下段运输到起吊位置后卸车

续表

阶段	控制环节	控 制 点
第三阶段	反应器下段吊装内件安装	下段起吊就位、找正找平
		精平,电焊垫铁、二次灌浆
		内件卸车、分类、下垫摆放
		内件安装/焊接、无损检测、试压
		上段吊装
		检验、验收
		起重机拆除
	钢结构安装	钢结构卸车、分类堆放
		钢结构安装
第四阶段	反应器试压验收	组织办理反应器安装技术监督局监检报告
		整理安装竣工技术资料
		协助业主办理反应器使用证

4. 反应器与起重机基础布置方位

（1）反应器与起重机基础布置方位如图 3-43、图 3-44 所示。

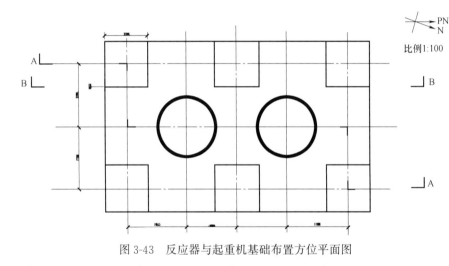

图 3-43　反应器与起重机基础布置方位平面图

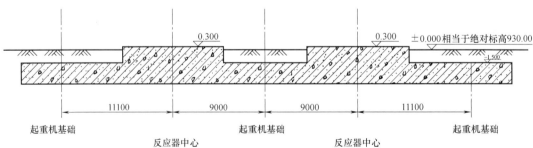

B—B剖面图

图 3-44　反应器与起重机基础布置方位立面图

（2）反应器基础地脚螺栓布置方位

如图 3-45 所示，图中方位为设备图制造方位，地脚螺栓按设备图要求的 60-M90×6 均布。预埋地脚螺栓与螺母配套加工和使用，为方便后续反应器的准确顺利安装就位，预埋地脚螺栓采用上下形式的双层定位模板定位，以保证螺栓固定位置的准确性。定位模板如图 3-46 所示。

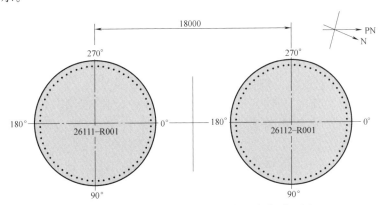

图 3-45　反应器基础地脚螺栓布置方位平面图

5. 选配起重机械

（1）主吊

反应器下段主吊采用 6400t 液压复式起重机：

吊装高度 74.10m>(54.4+0.3+1.0+0.5)=56.20m；

吊装件宽度尺寸 11m>反应器外径 9.86m；

拟使用 8 台 600t 液压提升器，额定起吊载荷 4800 t>反应器吊装最大载荷 2481.1t。

钢绞线规格 ϕ17.8mm，拟穿装数量为 30 根/台，合计 8×30＝240 根共同受力，查《预应力混凝土用钢绞线》GB/T 5224—2014：ϕ17.8-1×7-1860 钢绞线，破断力为 353kN，反应器下段吊装时的最大受力 2481.1t。

安全系数＝35.3t×240/2481.1t＝3.41>2。可满足施工安全要求。

600t 主提升器钢绞线穿装方式及数量示意如图 3-47 所示。

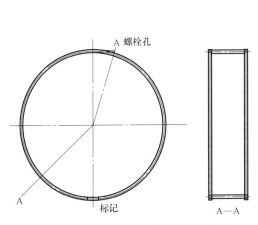

图 3-46　地脚螺栓双层定位模板示意图

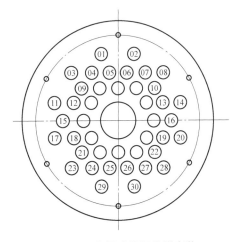

图 3-47　主提升器钢绞线穿装

起重机额定起吊载荷：6400t

起重机负荷率：$\frac{2986.79}{6400} \times 100\% = 46.7\%$

故：可满足安全施工要求。

（2）溜尾起重机

反应器下段溜尾采用1600t移动式单门架起重机和1600t下托旋转溜尾装置配合工艺。

1）1600t移动式门架起重机独立承载溜尾力时：

额定起吊载荷：1200t＞1068.72t

起重机负荷率：$\frac{1068.72}{1200} \times 100\% = 89.1\%$

抬尾钢绞线选择与强度计算：

拟使用2台600t液压提升器，额定起吊载荷1200t＞反应器吊装最大抬尾载荷1068.72t。

钢绞线规格ϕ17.8mm，拟穿装数量为42根/台（满穿），合计$2 \times 42 = 84$根共同受力，查《预应力混凝土用钢绞线》GB/T 5224—2014：ϕ17.8-1×7-1860钢绞线，破断力为353kN，反应器下段抬尾吊装时的最大受力1068.72t。

安全系数＝35.3t×84/1068.72t=2.77＞2。可满足施工安全要求。

抬尾索具选择与强度计算：查《粗直径钢丝绳》GB/T 20067—2017：选用ϕ190-8×61＋FC-1670钢丝绳，破断力为16300kN，使用时共4根同时受力。

安全系数＝1630t×4/1068.72t=6.10＞6。

本工程拟使用巨力公司定制的ϕ234钢丝绳无接头绳圈吊索，可满足施工安全要求。

2）1600t下托旋转溜尾装置独立承载溜尾力时：

额定起吊载荷：1600t＞1068.72t

起重机负荷率：$\frac{1068.72}{1600} \times 100\% = 66.8\%$

6. 1600t移动式单门架起重机和1600t下托旋转溜尾装置配合工艺

（1）准备阶段

旋转溜尾装置系统在吊装溜尾运行过程中，暂定承受全部溜尾力的50%，约500t。

把反应器下段运输到起吊轴线重合停止到起吊位置后，解除鞍座与设备绑扎锁具。1600t溜尾门架吊溜尾吊耳、6400t液压复式起重机起吊主吊耳同步提升，反应器下段脱离运输鞍座500mm后，拆除鞍座运输车辆退出吊装作业场地。

随后，旋转溜尾装置前行平移到反应器下段裙座后正下方，调整鞍座支撑调整杆，同时1600t溜尾门架和主吊钩同时下降将旋转溜尾装置和设备鞍座可靠连接固定，连接完成后1600t溜尾门架钩头逐级慢慢下降，下降过程中仔细观察旋转溜尾装置及地面各个受力点的是否出现变形，当任何一处出现变形情况时，溜尾钩头立即停止下降，立即启动临时应急预案，当设备溜尾力全部由旋转溜尾装置承受时，1600t溜尾门架钩头停止下降。观察一段时间后在地面和旋转溜尾装置没有任何状况下1600t门架开始提升，当1600t门架提升力达到50%受力时，停止提升。吊装作业人员再次对吊机及溜尾系统、检测、控制系统进行全面检查，确保无误后准备正式吊装。

（2）吊装阶段

解除鞍座支撑调整杆，1600t溜尾门架与1600t旋转溜尾装置进行同步平移爬行，同时与主吊提升速度进行实时不等速同步，保证溜尾门架、主吊门架、旋转溜尾装置满足安全操作参数要求。

（3）脱排阶段

反应器起吊仰角达74°时，进入脱排施加拽溜力时刻。1600t溜尾门架和6400t起重机同时进行提升，溜尾门架提升到74°旋转溜尾装置临界受力状态时，调整鞍座支撑调整杆，将鞍座可靠支撑，拆除鞍座与设备连接螺栓，将旋转溜尾装置退出，进入1600t溜尾门架脱排操作。

（4）旋转溜尾装置与溜尾门架控制技术要求

上段吊装

采用6400t液压复式起重机，塔架标准节组装高度74.10m，选配2台600t液压提升器，一组主梁平移功能。

吊装高度：76.0m＞(54.4＋0.3＋1.0＋0.5＋7.1＋8.0)＝71.30m

吊装件宽度尺寸：11m＞反应器外径9.86m

额定起重量500t＞238t

起重机负荷率：$\frac{238}{500}\times100\%=47.6\%$

故：安全。

当接缝处间断点焊牢固后，起重机吊钩降低吊装载荷80%，待焊接和热处理作业全部完成后，起重机吊钩缓慢松钩卸载。将起重机撤离作业区。

7. 施工方法和步骤

（1）6400液压复式起重机基础和反应器基础同步施工。

（2）6400液压复式起重机安装

1）标准节组装。

标准节由杆件轴销式连接，在现场组装如图3-48和图3-49所示。

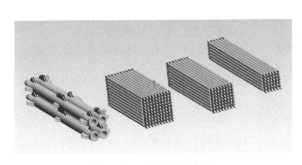

图3-48　4个标准弦杆8t

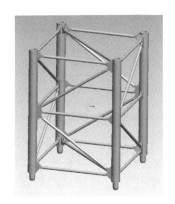

图3-49　标准节组装后状态

2）自顶升前安装

自顶升前，50t吊车吊装完成四节标准节的组装高度、顶升架、上部联系梁，300t履带式起重机吊装顶部滑移梁、吊装主梁、提升器底座、液压提升器、液压站等，如图3-50和图3-51所示。

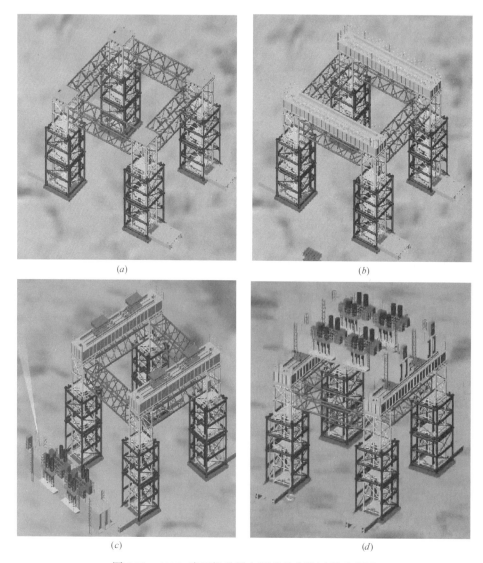

图 3-50　6400t 液压提升器自顶升前安装过程示意图

3）自顶升前安装标准节。

4）起重机附着电梯安装调试。

5）提升系统安装调试。

6）钢绞线安全检查：检查钢绞线的断丝情况，包括断丝根数及断丝分布状况等是否满足使用要求；检查钢绞线各磨损部位钢丝直径，确定磨损程度是否超出安全标准；检查钢绞线是否有锈蚀现象发生，判断腐蚀程度是否合格；检查钢绞线表面油脂状况，油脂含杂质情况，确保钢绞线润滑状况良好；检查钢绞线是否有扭结痕迹、压扁、损伤、松股或松捻现象发生，并判断其损坏程度及位置，以确保其变形和其他异常现象不影响其正常工作。

7）穿装提升钢绞线。

8）1600 移动式单门架溜尾起重机进场组装调试。

9）运输前复核吊耳位置、地脚螺栓孔尺寸、基础地脚螺栓尺寸、反应器基础处理、

图 3-51　6400t 液压复式起重机自顶升安装过程示意图

垫铁制备初平、运输路线、停车位置、人员培训、应急方案等。

10）下段卸车方法：运输平板车载运反应器下段在吊装前的预定位置停稳后，采用 6400t 液压复式起重机提升下段的主吊耳，采用 1600t 移动式门架溜尾起重机与主吊机配合同时提升下段的尾部吊耳，当支撑鞍座与平板运输车出现松动迹象时，两部起重机停止提升动作。解除鞍座上的封车绳索，继续将反应器下段筒体水平提升至适当高度，使其与鞍座分离 1500mm 后，运输平板车载着设备鞍座延筒体纵轴线向后退，当运输板车驶出 6400t 框架后，运输板车从 6400t 框架和溜尾门架中间驶离吊装作业现场。

（3）吊装作业、安全监测、反应器就位找正找平

（4）门架起重机自降式拆卸

（5）施工工序过程中质量标准和技术要求

反应器垫铁布置应符合《费托合成反应器安装方案》；反应器外形尺寸保持不变；反应器吊装一次就位成功。安装允许偏差见表 3-37。

费托合成反应器安装的允许偏差　　　　　　　　　　　　　　表 3-37

序号	项　目	允许偏差/(mm)	检查方法
1	中心线位置	10	用钢卷尺检查
2	标高	±5	用水准仪检查
3	方位	15	用钢卷尺检查
4	垂直度	不大于 30	用经纬仪检查
5	上环口水平度	6	用水平仪检查

注：表中依据现行国家标准《石油化工设备安装工程质量检验评定标准》SH 3514。

8. 反应器筒体吊装作业示意图

（1）反应器下段运输到起吊位置，两主吊耳中心垂线与反应器基础中心线重合如图 3-52、图 3-53 和图 3-54 所示。

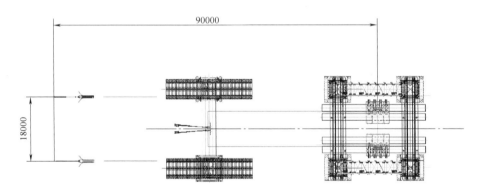

图 3-52　反应器下段运输到起吊位置状态平面图

（2）利用 6400t 液压复式起重机和 1600t 移动式单门架起重机卸车如图 3-55 和图 3-56 所示。

（3）反应器下段起吊过程

1）8 台液压提升器布置及主吊耳专用吊具的装配方式如图 3-57 所示：

2）溜尾吊具和拖曳绳连接方式如图 3-58 所示。

3）反应器筒体起吊过程如图 3-59 所示。

4）溜尾起重机脱钩前如图 3-60 所示。

5）反应器就位前如图 3-61 所示。

6）锚点要求如图 3-62 所示。

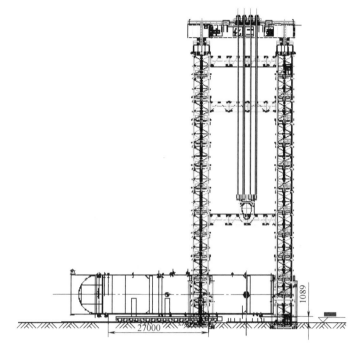

图 3-53 反应器下段运输到起吊位置状态立面图

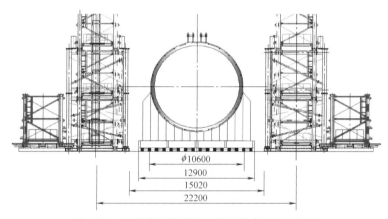

图 3-54 反应器运输到起吊位置状态后视立面图

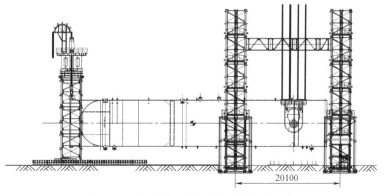

图 3-55 反应器脱离平板车状态示意图

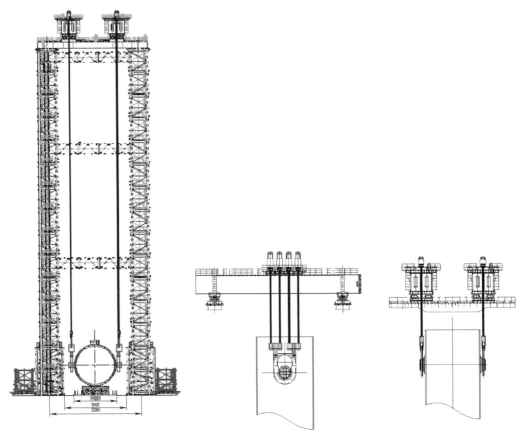

图 3-56　反应器卸车后临时支撑状态示意图　　图 3-57　主吊耳专用吊具装配方式立面示意图

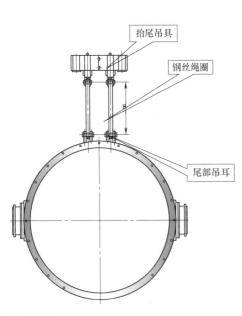

图 3-58　尾部吊耳专用吊具组装方法示意图

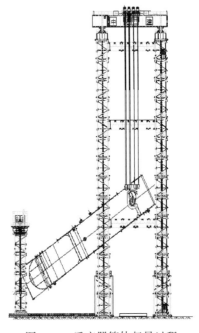

图 3-59　反应器筒体起吊过程

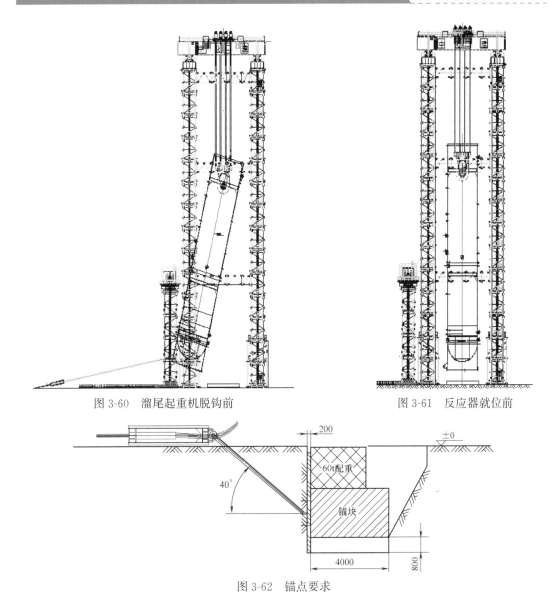

图 3-60　溜尾起重机脱钩前　　　　　　　图 3-61　反应器就位前

图 3-62　锚点要求

9. 1600t 移动式单门架溜尾起重机

由 2 台 600t 液压提升器、2 根 26m 主梁、主梁铰座装置、6 个塔架标准节、2 套滑移底座和 24m/条×2 条滑移轨道等部件组成，主梁顶高 23.80m。1600t 单门架滑移溜尾系统主要部件见表 3-38。

10. 吊装作业

（1）吊装前准备工作

1）液压提升系统的检查调试

① 检查泵站上个别阀或硬管的接头是否有松动，检查溢流阀的调压弹簧是否处于完全放松状态。

② 检查泵站启动柜与液压提升器之间电缆线的连接是否正确；检查泵站与液压提升器主油缸、锚具缸之间的油管连接是否正确。系统送电，检查液压泵主轴转动方向是否正确。

1600t 门架滑移溜尾系统主要部件 表 3-38

序号	名　　称	数量	备　　注
1	溜尾液压提升系统	2套	提升能力 1200t
2	1600t 吊梁	1组(2根)	下方与门架中心距 22.2m 匹配, 上面配置两台 600t 提升器底座
3	主梁与标准节连接座	2组	连接吊梁和标准节座
4	标准节	6节	标准节使用 6400t 起重机 6节
5	滑移座	2组	上连接标准节下连接滑移轨道
6	滑移底座	16组	有效滑移长度 24m/次
7	路基箱	32组	滑移底座与地面过渡减小压强
8	滑移推动系统	1组	1套液压泵站带动 4套爬行器
9	1600t 吊具	1组	连接两台 600t 提升器钢绞线下锚锚具与反应器尾部吊耳
10	拖曳系统	2组	2×200t 锚点及液压拉锚收紧及放送装置
11	门架行走平衡	4组	4×20t 滑车卷扬机平衡系统

注: 1600t 移动式门架起重机 (标准节 18m 工况) 自重约 600t

③ 在泵站不启动的情况下, 手动操作控制柜中相应按钮, 检查电磁阀和截止阀的动作是否正常, 截止阀编号和提升器编号是否对应。

④ 检查传感器 (行程传感器, 上、下锚具缸传感器)。按动各提升器行程传感器的 2L、2L－、L＋、L 和锚具缸的 SM、XM 的行程开关, 使控制柜中相应的信号灯启动。

⑤ 提升检查: 在安全锚处于正常位置、下锚紧的情况下, 松开上锚, 启动泵站, 调节一定的压力 (5MPa 左右), 伸缩提升油缸; 检查 A 腔、B 腔的油管连接是否正确; 检查截止阀能否截止对应的油缸; 检查比例阀在电流变化时能否加快或减慢对应油缸的伸缩速度。

⑥ 预加载: 调节一定的压力 (2~3MPa), 使钢绞线处于基本相同的胀紧状态。

2) 吊装前应具备的条件

① 6400t 液压复式起重机及 1600t 平移溜尾门架已安装完毕, 并经调试合格具备使用条件, 工况经测试合格。

② 反应器基础已施工完且已检查验收合格, 表面已处理, 强度符合设备安装条件, 所需设备垫铁已准备就绪。

③ 方案中确定的各岗位施工人员已全部到位, 且已进入正常工作状态; 液压提升器及操作人员已经报验并审查合格, 电焊工、起重司索工、起重司号工和起重机操作工等岗位人员操作证合格有效。

④ 技术负责人已经向参与施工的相关人员讲解了吊装方案的作业内容、技术要点和注意事项; 工地负责人已向相关施工人员进行了详细的技术及安全交底。

⑤ 吊装使用机具、吊具及索具按照方案要求准备完毕, 并应进行详细检查, 其工作状况应良好, 具备使用条件。

⑥ 施工场地的加固及平整处理符合起重机吊装作业的要求, 场地耐压能力及平整度符合施工质量要求。

(2) 下筒体吊装

1) 分级加载预提升

① 待结构措施检查工作无误和液压提升系统检查无误后且总指挥下达正式提升指令后开始正式提升。

② 根据预先通过计算得到的提升工况提升点反力值，在计算机同步控制系统中，对每台液压提升器的最大提升力进行设定。当遇到提升力超出设定值时，提升器自动采取溢流卸载，以防止出现提升点荷载分布严重不均，造成对吊装大梁结构件和提升塔架设施的破坏。

③ 开始提升时，提升器的伸缸压力逐渐上调，首次可施加到所需压力的 40％，在液压系统一切正常的情况下，可继续分级加载到 60％、80％、90％直到 100％。

④ 待设备筒体腾空 200mm 后停止提升，停止提升延续时间应在 1h 以上；对液压提升系统、结构系统进行全面检查，在确认整体结构的稳定性及安全性绝无问题的情况下，才能继续提升。

⑤ 通过液压回路中设置的自锁装置以及机械自锁系统，在提升器停止工作或遇到停电等情况时，提升器能够长时间自动锁紧钢绞线，确保提升构件的安全。

2）试提升

① 反应器起吊时，液压提升器和设备尾溜之间同时按比例受力，以满足液压提升器分级加载的要求，防止设备尾部鞍座过载并压坏设备。

② 反应器即将抬起时，应实行点动操作，以利于设备自动缓慢找正，待设备头部离开 50mm 后，才将反应器尾部提起。

③ 液压提升装置在起吊时，按 $1350t \times 20\% = 270t$、$1350t \times 40\% = 540t$、$1350t \times 60\% = 810t$、$1350t \times 80\% = 1080t$、$1350t \times 90\% = 1215t$、$1350t \times 100\% = 1350t$ 工况，检查塔架各部分变形及位移、立柱弯曲度变化、柱顶位移及基础下沉各项数据，并做好记录。

④ 检查并紧固液压提升器和吊具的下锚爪。

⑤ 设备提起后经 1h 观察，未发现问题，可认为试吊合格，可进入正式吊装。

⑥ 试吊合格后主提升器将设备筒体主副吊点均抬高 1m，将设备支撑鞍座拆除，清理溜尾单门架起重机的行走道路，在设备裙座下方垫道木，溜尾起重机吊钩下降使设备裙座着地，钩头带 50t 的载荷，进行设备剩余的保冷层及附塔管道施工。

⑦ 吊装时间安排：正式吊装时，从起吊到设备就位大约需要 10h 的时间，如果从早上 7∶00 正式吊装，至下午 5∶00 就可以将设备就位。

3）反应器筒体正式提升及滑移（溜尾）过程

① 反应器在正式吊装前，仍须进行上述各项检查，确认正常后才能进行起吊。

② 设备整个提起后，主吊液压提升器将设备头部上提，溜尾单门架起重机将设备尾部向前抬送。在反应器筒体滑移过程中，应控制主吊点的两组提升器上升速度保持一致，当两只主吊耳的高度相差过大时，应当用人工手动的方式随时进行调整，停止上升较快的一组提升器，继续提升较慢的一组提升器，直至两只主吊耳达到水平状态，可由专人负责进行观察及目测判断。

③ 随着主吊提升器的持续提升动作，溜尾单门架起重机持续向前抬送，并与主吊起重机提升器的提升动作保持协调，以保持主吊提升器钢绞线处于垂直工作状态，随着反应器仰角的逐渐增大，辅助溜尾单门架起重机的行走速度也会随之逐渐加快。

④ 当反应器筒体的仰角接近 60° 时，将事先拴挂在反应器尾部吊耳销轴上的 2 根 φ66-6×37FC 拖曳钢丝绳的另一端，分别与拴挂在拖曳锚点上的 2 个 200t 拉锚器的锚具可靠

连接。在之后的反应器筒体滑移过程中，随着溜尾单门架起重机的持续前移，拖曳拉锚器适时释放钢绞线，使拖曳钢丝绳在保持适度松弛的状态下随动前移，以保护溜尾单门架起重机不致失控。

⑤ 当辅助溜尾单门架起重机向前行走至滑移轨道的末端时，此时反应器筒体的仰角约为 74°，辅助溜尾单门架起重机停止前移。此时反应器尾部吊耳与反应器基础的中心距约为 18.36m，而且尾部吊耳销轴中心与设备基础地脚螺栓顶端的相对标高应不小于3.80m，吊装作业即将进入脱排阶段。

⑥ 开启 2 只拖曳拉锚器千斤顶，同时收紧 2 根拖曳钢丝绳，拖曳钢丝绳拉力值以主吊钢绞线开始出现向拖曳绳方向移动时为止。

⑦ 溜尾单门架起重机的 2 台提升器同时缓慢卸载，直至载荷值为零，并密切观测拖曳钢丝绳的拉力值，经检查确认安全后，拆除尾部吊耳上的钢绞线，将溜尾单门架起重机的受力钢绞线完全与反应器尾部吊耳分离。缓慢释放拖曳拉锚器钢绞线，使反应器的尾部逐渐向基础中心靠近，当反应器筒体完全处于自然悬停状态后，拖曳拉锚器卸载至零，将拖曳钢丝绳落在地面上，解除反应器尾部吊耳上的送尾吊具和钢丝绳。

⑧ 完成反应器筒体的脱排工序并脱钩后，调整好设备裙座的方位角，主吊液压提升器开始缓慢下降，将设备筒体在基础上就位。当设备裙座下落到基础的垫铁表面后，检查设备裙座与垫铁的接触情况，并测量设备筒体的垂直度进行找正调整，确认合适后，通过分级卸载程序，卸去主吊提升器载荷，使设备筒体的全部重量完全落在基础上，拧好地脚螺栓螺母，解除主吊耳上的吊具，完成吊装工作。

4）正式提升及过程检测

① 在试提升静止检查工作做完之后，且经过系统的、全面的检查无误后，现场安装总指挥检查并发令后，才能进行正式提升。

② 提升过程中重点检查：主吊耳及吊具的变形情况、提升大梁的下挠情况、提升大梁的垂直度变化和提升器各部位的压力值等。并在提升过程中，随时注意观测液压系统的荷载变化情况等，并认真做好作业记录工作。

③ 提升过程中，每个提升设备都要派专人监视；发现异常情况及时停止提升作业。

④ 在提升过程中，测量人员要测量设备主吊耳之间的水平高度差，当差值超过允许范围时，应及时向指挥人员报告，由液压提升操作人员进行调整，恢复正常后方可继续进行提升作业。

⑤ 提升过程中应密切注意提升下锚点、钢绞线、提升器、安全锚、液压泵站、计算机控制系统、传感检测系统等的工作状态。

⑥ 液压提升人员每人配备专用通信工具，通信工具专人保管，确保信号畅通。

5）反应器下段就位

垂直提升反应器下段，裙座底面约 2m 高时停止。人工清理设备基础上的回填土、安放设备裙座钢垫板、将反应器裙座在设备基础上进行就位、找平、找正并安装地脚螺栓紧固件。

主吊起重机分级卸载、松钩、解除吊具和钢绞线，提升大梁水平外移让出与设备筒体的安全距离，主吊机塔架自回落、依次拆除标准节、提升器和大梁等部件。

6）反应器下段就位超差纠偏调整

非正常情况下，反应器下段吊装回落，裙座螺栓孔不能对中预埋地脚螺栓，不能顺利就位。主吊4组提升器单独提升，调整下段设备裙座螺栓孔的位置和角度，使其能够顺利就位。如果偏差较大，则将设备临时放置在提前制作好的临时支撑结构，吊机载荷降为起吊总重的20%，对设备进行找正。

7）竖向中心轴线偏差调整

以设备基础纵横中心线为X、Y轴，测量反应器下段在X、Y轴方向上的偏差，然后根据测量值调整起重机滑移梁及提升器的位置，每次调整量不大于50mm。调整完毕后，吊机缓慢起吊使反应器下段脱离临时支撑结构，待反应器下段不再进行摆动时，再次进行下落试验（临时支撑结构暂不撤离），观察并测量调整后的偏差情况，当偏差量已经小于设备安装允许误差范围，则进行对管口方位角度的测量，否则再次进行修正。

（3）上段吊装

1）下段内件安装完成后，即可进行上、下段合拢吊装施工。选用6400t液压复式起重机的扩展工况，2台600t液压提升器，钢绞线规格ϕ17.8mm，拟穿装数量为12根/台，合计2×12＝24根共同受力，查《预应力混凝土用钢绞线》GB/T 5224—2014：ϕ17.8-1×7-1860钢绞线，破断力为353kN，反应器上段吊装时的最大受力238t×1.1＝262t。

安全系数＝35.3t×24/262＝3.2＞2。可满足施工安全要求。

74.1m塔架高度，单组主梁滑移的方式进行上封头的吊装作业。

2）吊装锁具采用ϕ87无绳头钢丝绳索具，双绳双弯（四肢）的拴挂方式，合计为8股钢丝绳共同受力，4只吊耳上各用一只80t卸扣与其相连接。门架起重机将上封头运送到设备筒体的接口位置上，由安装作业人员进行对口拼装。

3）当接缝处间断点焊牢固后，起重机吊钩缓慢松钩卸载，当钢丝绳索具处于临界受力状态时，进行一次全面认真的检查，确认一切正常后，落下吊钩并解除索具，将起重机撤离作业区。

11. 质量保证与技术措施

（1）实行质量责任制

1）总指挥：全面负责吊装施工，对吊装安全质量负总责。

2）副总指挥：负责劳动组织、进度计划、吊装方案的具体实施，对吊装安全负直接责任。安全总监：现场安全总监督。负责组织吊装安全联合大检查，吊装实施过程中的安全检查和监督，对吊装安全负重要责任。

3）技术总负责：对吊装技术负总责。对吊装方案的编制审核、吊重计算的正确性承担直接责任。

4）吊装责任工程师：吊装方案的准备及具体实施过程中的监督与技术指导。

5）安装责任工程师：负责设备就位方位及就位后的设备找正和安装质量。

6）质量责任工程师：负责基础、吊耳及加固质量检查，被吊设备的本体质量检查。

7）机械、材料责任工程师：负责起重机械的维护保养、安全运行的技术指导和吊装工程所需原材料的检查确认。

8）专职安全员：负责编制大型吊装HSE风险预案等技术文件，实施吊装作业安全检查。

9）吊装指挥：负责试吊和正式吊装信号指挥。

10）起重工执行岗位作业，吊车司机实施吊车吊装工艺操作，监测员负责规定部位的监测，施工中严格按国家、行业、地方标准规范要求进行管理与验收。

11）所用的吊装机具和索具必须要有合格证书和检验报告，否则，不准在现场使用，并落实检查制度。

12）严格实行"编制、审核、审批"制度。

13）贯彻"技术交底"制。吊装施工前，必须对施工队进行交底，并做好技术交底记录。

14）贯彻质量"三检制"。质量检查实行"自检为主，互检为辅"和"专业检查"相结合的原则。在施工中，关键检查吊车的作业半径、地基和臂杆的情况，钢丝绳的合格和完好情况，必须由两人以上进行确认。

15）认真检查吊耳及加固的焊接质量，严格按技术要求进行焊接和检测。

（2）岗位职责

在费托反应器吊装施工准备和施工过程中，质量保证体系必须建立并保持正常运转，以确保吊装作业的顺利进行。

试吊或正式吊装前，现场吊装总指挥应责成有关人员进行吊装前的检查，确认合格后，各责任人员和现场总指挥均应在"吊装指令书"中签字，并下达吊装指令，方可进行试吊及正式吊装作业。

（3）质量监测与控制信息传递流程（图 3-63）

图 3-63　质量监测与控制信息传递流程

12.安全技术措施

（1）一般要求

1）吊装施工方案经批准后方可实施，施工前应向操作人员进行安全技术交底。凡参加本工程施工人员，均要熟悉本工程内容、施工工艺及起吊方法，并按方案要求参与施工活动。

2）操作人员应持有特种作业施工操作证。在施工过程中，施工组织必须具体分工，明确职责，在吊装过程中，要遵守现场秩序，服从指令，听从指挥，互相配合。

3）吊装时施工现场由总指挥调配，各岗位分指挥要正确执行总指挥的指令，做到传递信号迅速，准确，并对自己负责的工作范围内负有责任。

4）施工场地应平整，作业场地地耐力满足要求，大型起重机吊装时应铺垫路基板。在整个施工过程中，要做到现场清洁，清除障碍物，以利施工操作。

5）高空作业用平台应设置正确，确保施工要求。操作人员高空作业时应遵守高空作业有关安全规定，并检查操作平台的可靠性。凡登高人员要戴好安全带，进入现场要戴好安全帽。

6）吊装作业前，应检查机索具配置是否合理，所用索具是否合格、符合方案要求，满足后方可用于吊装作业。吊索具要有出厂质量证明文件和合格证，并经过验收合格。

7）带电导体必须远离钢丝绳索具、钢绞线等受力杆件，以免有电造成损伤。

8）设备起吊前应掌握早期气象预报，不得在 5 级风以上或者雨雪天气吊装。不允许在大雨、大雾及 5 级以上大风情况下进行吊装作业。

9）吊装前应认真清理设备上容易脱落的杂物，防止吊装时物体坠落。多点吊装操作时要同步，起重机溜尾跟进要及时，要一直送尾到设备呈直立状态，整个吊装过程滑车组偏角不得大于 30°。

10）设备绳扣设置后，应检查判断，设备吊装过程中绳扣是否会与设备附件相碰。设备吊装时要稳，要注意观测，防止设备与塔架或周边建筑物相碰。

11）水平仪观测人员要注意观测，控制框架偏移量在 50 mm 之内，一旦偏移量接近 50 mm，要立刻停止吊装采取相应措施调正吊装尾溜索具，待偏移量消失后再进行吊装作业，尾溜索具要固定好，避免上滑。

12）吊装前要组织有关部门根据施工方案要求共同进行全面检查，经检查无误方可操作。吊装前应通知有关部门，确保电力供应不中断，并在现场配备 1000kW 发电机组一台，作为应急备用。

13）吊装作业场地应设警戒区，并设有明显的标志，并有专业人员现场警戒，未经许可无关人员不得进入吊装作业区内。

14）起吊施工现场要设专区，派员警戒。

15）做好应急预案，并保证可立即启用。

（2）6400t 液压复式起重机组装、拆卸及吊装施工时的安全技术要求

1）首先应对塔架基础进行检查验收，并应在塔架组装前、组装后、试吊时及设备直立时对塔架基础进行沉降观测。

2）塔架标准节组装顶升时，应做到顶升速度缓慢，四根塔架的顶升速度必须保持一致。

3）设备吊装前，塔架、设备、吊车、吊装索具等均按方案规定设置完毕后，还应经检查确认后方可进行试吊。

4）设备吊装前进行试吊，未发现问题方可正式吊装。试吊合格后，方可撤去鞍座。液压提升系统高空作业人员应与地面工作人员互相配合，通信联络可靠。

5）液压提升器加载时要按规定分级进行，钢绞线在试吊后要再紧固一次，每股钢绞线受力要均匀，钢绞线一端下落时要及时束好，避免与塔架或设备相挂。

6）辅助溜尾起重机抬送速度要确保提升器钢绞线呈铅垂状态（偏角不应超过 3°），并一直抬送到设备直立，不可过早脱钩，脱钩时钢绞线偏角控制在 2°内。

7）8 台液压提升器的工作速度要保持一致，并及时调整保持反应器下段两只主吊耳水平状态。

8）液压提升系统吊装时速度慢，时间长，操作人员应保持充沛的精力，并在作业过程中注意观察随时可能出现的突发情况。

9）当设备直立至与地面呈 70°仰角后，应注意观测设备管口或附件与主提升器间距离，防止碰撞。

10）对液压提升系统的机械及电气设备应经常检查其安全可靠性，并有必要的防雨、

防雷、接地措施（接地电阻小于10Ω）。

11）在设备裙座设置溜绳，当设备脱排后及时拉紧，防止设备晃动对塔架产生水平冲击力。

12）设备吊装就位找正完成后，方可撤去吊装索具和吊具。

13）吊装前应准备两套气割工具和一台焊机以备急用。

（3）履带式起重机和汽车式起重机吊装作业时的安全技术要求

1）加强施工现场安全管理，健全安全管理制度。吊装期间，吊装现场设置警戒区，并作明显标志，吊装工件时，严禁无关人员进入或通过。派专职保卫人员负责警戒，非作业人员严禁入内；严格遵守《建筑施工机械安全操作技术规程》JGJ 33—2012。

2）起重机进入作业场区前，应按吊装荷载的要求对作业场地进行耐力强度的复合，如果发现地耐力不符合施工要求时，应对场地进行加固，加固方法视具体情况商定。

3）起重机进场后，向起重机司机详细介绍吊装方案，明确统一指挥信号。

4）认真细致地做好吊装的准备工作，按方案要求备齐机具及工索具，严格执行吊装机具的性能检查，起重工索具检查，试吊、监测及吊装程序，确保吊装作业安全可靠地进行。

5）吊车站位和行走路线应按方案要求进行铺垫，在吊装过程中密切关注吊车支腿的沉降情况。

6）现场指挥人员与吊车司机的联系要及时可靠，指挥信号、旗语、手势要清楚、明了，如发现异常情况要及时汇报吊装现场总指挥，以便采取行之有效的措施。

7）风力在5级及以上时，雨天、雾天等严禁吊装作业，在雨天后进行吊装作业之前和之中，要特别注意检查吊装区域地基地耐力的变化，如有异常，应立即停止吊装作业。

8）吊装作业要统一指挥，作业人员各司其职，各工种密切配合，不得擅离工作岗位或各行其是。

9）在起重作业中，凡参加本工程的所有人员按指挥进入工作岗位，要切实遵守现场秩序，服从命令听指挥，不得擅自离开工作岗位。并有专人做好保安工作。

10）担任主吊和溜尾作业的履带式起重机的站位，及行走路线应按方案要求进行铺垫，在吊装过程中要密切关注起重机的稳定情况。

11）吊车应严格按照每台设备的吊装施工平面布置图的要求进行站位。

12）吊车每调整一次，都要在起吊前进行试吊，试吊时必须缓慢进行，待设备即将离地时，有关人员要全面查看吊车状况，确认无异常情况后，方可继续起升，试吊的起升高度不得超过100mm，进入正式吊装程序，在起升到预定的高度后，应停机观察，经检查情况正常后，即可结束吊装作业。

13）设备在吊装过程中严禁与起重机部件、现场构筑物或其他物体发生碰撞。吊装作业时吊钩的偏角不应大于3°。

14）吊车在起钩、回转、变幅操作过程中，均应缓慢进行。吊车及设备四周均应设专人看守。发现问题及时向指挥人员发出报警信号。

15）指挥人员应站在能看到吊装全过程，并被所有施工人员看到的位置上，以便直接指挥各个工作岗位，当指挥人员不能直接面对时，必须通过其助手及时传递信号。

16）吊装时，施工人员不得在吊车起重臂或工件的下面、受力索具附近及其他有潜在危险的地方停留。

17）吊装作业现场应设警戒区，非作业人员不得进入，固体废弃物要放在事先指定的位置，收工后统一处理。

18）吊装时，任何人不得随同工件或机具升降。特殊情况必须随同升降时，应采取可靠措施，并经总指挥批准。

19）高空作业要办理登高作业许可证。进行高空作业时，施工人员所携带的工具应拴牢保险绳，以防失手坠落伤人。禁止从高空扔下物体（包括工具、工件等）。

20）进行高空作业的施工人员的工作面，应有安装牢固的平台，并设有钩挂安全带的装置。施工人员必须按要求佩带劳保护品，安全带挂设要牢固可靠，否则不得上岗作业。

（4）配合施工的履带式起重机安全行走措施

1）起重机应在平坦坚实的地面上作业、行走和停放。在正常作业时，坡度不得大于3°，并应与沟渠、基坑保持安全距离。

2）起重机启动前重点检查项目应符合下列要求：

各安全防护装置及各指示仪表齐全完好；钢丝绳及连接部位符合规定，燃油、润滑油、液压油、冷却水等添加充足；各连接件无松动。

3）起重机启动前应将主离合器分离，各操纵杆放在空挡位置，并应按照规定启动内燃机。内燃机启动后，应检查各仪表指示值，待运转正常再接合主离合器，进行空载运转，顺序检查各工作机构及其制动器，确认正常后，方可作业。

4）作业时，起重臂的最大仰角不得超过出厂规定。当无资料可查时，不得超过78°。

5）起重机变幅应缓慢平稳，严禁在起重臂未停稳前变换挡位；起重机载荷达到额定起重量的90%及以上时，严禁下降起重臂。

6）在起吊载荷达到额定起重量的90%及以上时，升降动作应慢速进行，并严禁同时进行两种及以上动作。

7）起吊重物时应先稍离地面试吊，当确认重物已挂牢，且起重机的稳定性和制动器的可靠性均良好，再继续起吊。在重物升起过程中，操作人员应把脚放在制动踏板上，密切注意起升重物，防止吊钩冒顶。当起重机停止运转而重物仍悬在空中时，即使制动踏板被固定，仍应脚踩在制动踏板上。

8）当起重机如需带载行走时。载荷不得超过允许起重量的82%。行走道路应坚实平整，重物应在起重机正前方向，重物离地面不得大于500mm，并应拴好拉绳，缓慢行驶。严禁长距离带载行驶。

9）起重机行走时，转弯不应过急；当转弯半径过小时，应分次转弯，当路面凹凸不平时，不得转弯。

10）起重机上下坡道时应无载行走。上坡时应将起重臂仰角适当放小，下坡时应将起重臂仰角适当放大．严禁下坡空挡滑行。

11）作业后，起重臂应转至顺风方向，并降至400～600mm，吊钩应提升到接近顶端的位置，应关停内燃机，将各操纵杆放在空挡位置，各制动器加保险固定，操纵室和机棚应关门加锁。

12）起重机转移工地时，应采用平板拖车运送，特殊情况需自行转移时，应卸去配重，拆短起重臂，主动轮应在后面，机身、起重臂、吊钩等必须处于制动位里，并应加保险固定。每行驶 500～1000m 时，应对行走机构进行检查和润滑。

　　13）起重机通过地下水管、电缆等设施时，应铺设木板保护，并不得在上面转弯。

　　13. 主要施工机具及材料（表 3-39）

主要施工机具及材料　　　　　　　　　　　　　　　表 3-39

序号	名称	规　格	数量	单位	备　注
1	起重机械	6400t 液压复式起重机	1	台	反应器下段（及上段）
2		1600t 移动式门架起重机	1	台	吊装下段溜尾
3		QUY300 履带式起重机	1	台	反应器内件吊装
4		QUY150 履带式起重机	1	台	反应器内件吊装
5		QUY50 履带式起重机	1	台	配合液压复式起重机进行组装、拆卸、位移计变更工况等
6		55t 汽车式起重机	1	台	
7		25t 汽车式起重机	1	台	
8		液压千斤顶及配套油站	4	台	费托反应器装车
9	运输车辆	电子转向自行式液压平板车	1	套	费托反应器运输
10		40t 半挂式平板拖车	1	台	现场转运起重机构件与部件、路基板、枕木等
11		60t 半挂式平板拖车	1	台	
12		18～25t 箱式平板载重汽车	2	台	
13	发电机组	1000kW	1	台	备用电源，停电时应急使用
14	场内机械	ZL50 装载机	1	台	反应器运输道路及起重机作业场地基地加固与平整等使用
15		T140 履带式推土机	1	台	
16		18～20t 振动式压路机	1	台	
17		1.2m³ 履带式挖掘机	1	台	
18		5～10t 叉车	2	台	组装液压复式起重机标准节使用
19		轮式高空作业平台车	2	台	
20	钢绞线	ϕ17.8-1×7	96	t	钢绞线连续使用寿命为 4 次
21	道木	落叶松 2500mm×200mm×180mm	100	根	吊装作业工具
22		落叶松 1200mm×200mm×180mm	100	根	
23	麻绳	ϕ12～ϕ15	200	m	
24	钢丝绳扣	ϕ234—钢丝绳无绳头索具 下段吊装抬尾	8/2	m/根	定制巨力专用绳扣
25		ϕ87—钢丝绳无绳头索具 上封头扣盖	32/2	m/根	
26		ϕ65-6×61+1	40/2	m/根	吊装起重机大梁等
27		ϕ47.5-6×37+1	32/4	m/根	
28		ϕ32.5-6×37+1	22/8	m/根	
29		ϕ17.5-6×37+1	12/6	m/根	
30		ϕ66-6×37+1	85/2	m/根	溜尾拖曳绳

序号	名称	规　格	数量	单位	备　注
31	卸扣	BX 型 80t/55t/35t	各10	只	
32		BX(弓)型 20t/32t	各20	只	
33		DW 型 10t/5t/2t	各20	只	
34					
35	倒链	10t/5t/3t	各20	只	
36					
37	路基板	6000mm×2200mm×200mm	46	块	履带式起重机使用
38		5000mm×2800mm×200mm	32	块	溜尾门架起重机使用
39	跳板	红松木 50mm×250mm×3000mm	100	块	
40					
41	吊带	10t 级,长度 10m 左右	2	对	吊装表面易损的物件
42		5t 级,长度 10m 左右	2	对	
43	撬棍	六棱钢制成,长度约为 1.6m	6	根	
44	跳板	红松木 50mm×250mm×3000mm	100	块	
45	交通车辆	现场用皮卡车	1	台	职工通勤、后勤保障、施工应急等使用
46		现场用面包车	1	台	

说明：6400t 液压复式起重机在塔架升降作业及吊装设备时，需要现场配备 900kVA 的电力变压器一台

3.2.3　50MW 光伏电站工程施工技术与组织案例（安装工程）

1. 工程概况

（1）工程规模

本光伏项目规划容量为 50MWp，一次建成；工程采用 335Wp 单晶硅组件，安装 149256 块光伏组件，装机容量 50MWp。

（2）工程范围

本工程施工范围包括 P2 升压站设备安装、PC 桩及箱变基础、35kV 集电线路、电缆敷设和箱变安装工程、光伏组件安装工程。

光伏土建主要包括 PHC 桩施工、光伏支架、组件、箱逆变的基础，进场道路及检修道路。

光伏安装工程主要包括升压站一次二次设备安装、电缆敷设工作，光伏厂区电缆敷设接线、10kV 改造、电缆实验及设备调试等。

（3）主要工程量（表 3-40）

主要工程量　　　　　　　　　　　　　表 3-40

序号	安装工程	设备和主材	单位	数量
1	光伏组件	单晶硅 335Wp/块组件	块	149256
2	逆变器	2MW 逆变器集装箱(含 2 台 1000kW 逆变器,直流配电单元,1 台通信柜)	台	25

序号	安装工程	设备和主材	单位	数量
3	直流汇流箱	户外型,16 路输入,带浪涌保护器、数据通过通信接口送出	台	528
4	箱式升压变压器	双分裂变压器,容量 2000kVA	台	25
5	直流光伏电缆	1000V 耐压,1×4mm²	km	350
6	1kV 电力电缆	ZC-YJV22-0.6/1kV-2×50	km	52.8
		ZC-YJV22-0.6/1kV-3×240	km	2
		ZC-YJV22-0.6/1kV-3×4	km	1.6
7	1kV 电缆终端头	两芯(铜)2×50,1kV	只	534
		三芯(铜)3×240,1kV	只	264
8	35kV 电力电缆	ZC-YJV22-26/35-3×70	km	8.2
		ZC-YJV22-26/35-3×150	km	2.5
		ZC-YJV22-26/35-3×240	km	9.6
9	35kV 电缆分支箱	3 分支带 1 开关	台	2
		2 分支带 1 开关	台	6
10	35kV 电缆终端头	三芯 3×70,35kV	只	36
		三芯 3×150,35kV	只	52
		三芯 3×240,35kV	只	18
		三芯 3×240,35kV	只	18
11	电缆保护管	φ24 金属软管	km	20
		φ32 金属软管	km	20
12	方阵接地	采用放热焊接技术		
	水平接地体	φ12 铜覆钢	km	10.8
	接地连接线	φ10 铜覆钢	km	37
	垂直接地极	φ10 铜覆钢 L=2500mm	根	2500
	组件接地线	4mm² 黄绿线	km	50
	镀锌钢管	φ85	km	0.3
13	辐照气象站		套	1
14	红外预警系统	红外摄像机及安装支架	套	2
15	光伏监视系统	高清视频摄像机及安装支架	套	50
16	光伏厂区照明	LED 照明灯及安装支架,15W,光照感应。每个支架顶端安装 2 个灯,180°均布	套	100
17	35kV 铠装移开式开关柜(KYN-40.5)	内装:真空断路器 40.5kV,1250A,31.5kA,1台;电流互感器 LZZBJ9-40.5,40.5kV,800/5A,3 只;零序电流互感器 400/5A,0.5S,1 只;接地开关 JN22-40.5,1 组;避雷器 YH5WZ-51/125GY,51kV,附放电计数器,3 只;智能操控显示装置(带测温功能)AC 220V,1 个;带电显示器 DXN-35,1 套;微机保护装置 1 套	台	3

序号	安装工程	设备和主材	单位	数量
18	公用测控屏	公用测控装置1台;温度变送器及其测量元件1套;柜体及附件1套	台	1
19	远动屏	远动通信装置2台(含防雷器);网络交换机2台;调制解调器2台;集中式规约转换1台;通信管理机1台;通道隔离器2台;光电转换器1台;柜体及附件1套	台	1
20	35kV保护测控装置	保护测控装置就地安装于开关柜	套	3
21	后台监控系统	操作员工作站1)主机I5-3470\4GB\1TB、7200RPM\DVD＋RW\1G独立显卡\WIN7正版专业版;2)液晶显示器,22英寸;3)标准键盘及鼠标;4)多媒体语音报警装置;5)监控软件1套;6)其中1套配置为A4黑白打印复印机,1套配置为A3彩色打印复印一体机(2套后台总配置)通信设备(网卡、调制解调器)	套	2
22	二次防雷系统		套	1
23	故障录波屏		面	1
24	电能质量监测		套	1
25	有功无功控制系统		套	1

（4）施工要求

1）光伏组件、支架、汇流箱、35kV箱式变压器、逆变器、35kV开关柜、电缆分接箱、场区红外视频安防系统、场区监控系统、场区照明、光功率预测系统等全场电气设备安装、全场电力电缆、控制电缆及光缆敷设（此项中包含安装及相关的电缆沟开挖及回填）。

2）光伏电站接入系统通信、继电保护、安控系统、调度自动化系统设备安装。

3）光伏场区全部防雷接地工程和升压站站内独立使用设备防雷接地工程。

4）完成本工程所有电气设备和场区电缆线路及光缆线路的全部必要的交接试验，并提供当地供电部门认可的交接试验报告。

5）按环保、水保、安全"三同时"要求和批复方案进行施工，需满足政府相关职能部门验收。

6）承包人向发包人交付的应该是满足设计要求、满足规程规范要求、资料齐全、手续完备的具备带电条件的交钥匙工程。

7）光伏组件、组件支架、箱变和逆变器及汇流箱、高低压电缆及附件、智能节电柜、35kV开关柜、光功率预测系统、场区红外视频安防系统、场区监控系统等设备及材料由甲方提供，其余工程所需要的设备及材料包含但不限于（光伏场区电缆分接箱）等均由施工方进行采购安装和调试。

8）协助办理相关并网手续工作、负责涉网调试工作。

9）整理工程建设过程中的全部档案资料，按照项目创优标准及档案归档标准装订整理并完善相关签字盖章手续后移交甲方。

2．编制依据

《50MW 光伏电站工程施工招标文件》及施工合同；

《施工图纸及说明书》；

《工程建设标准强制性条文》；

《低压成套开关设备和控制设备》GB 7251—2013；

《电气装置安装工程　高压电器施工及验收规范》GB 50147—2010；

《电气装置安装工程　母线装置施工及验收规范》GB 50149—2010；

《电气装置安装工程　电气设备交接试验标准》GB 50150—2016；

《火灾自动报警系统施工及验收规范》GB 50166—2007；

《电气装置安装工程　电缆线路施工及验收规范》GB 50168—2006；

《电气装置安装工程　盘、柜及二次回路接线施工及验收规范》GB 50171—2012；

《建筑工程施工质量验收统一标准》GB 50300—2013；

《光伏发电站施工规范》GB 50794—2012；

《光伏发电工程验收规范》GB/T 50796—2012；

《电气装置安装工程质量检查验收及评定规程》DL/T 5161.1～5161.17—2002；

《110kV～500kV 架空电力线路工程施工质量检验及评定规程》DL/T 5168—2016；

《电力建设施工质量验收及评价规程　第 1 部分：土建工程》DL/T 5210.1—2012；

《职业健康安全管理体系》GB/T 28001—2011；

《职业健康安全管理体系》GB/T 28001—2011（第二章）；

《电力建设安全工作规程》DL 5009.1—2014；

《光伏发电工程施工组织设计规范》GB/T 50795—2012。

3．施工进度

（1）施工工期

本项目于 2018 年 03 月 15 日开工，2018 年 07 月 30 日完工，工期 112 日历天。

（2）施工进度计划重要节点（表 3-41）

施工进度计划重要节点　　　　　　　　　　　　　　　　表 3-41

序号	节点	完成时间
1	工程开工	2018 年 03 月 15 日
2	四通一平	2018 年 04 月 10 日
3	辅助及临时工程	2018 年 04 月 30 日
4	站内道路及零星工程	2018 年 07 月 10 日
5	110kV 升压站新增设备采购、安装、调试	2018 年 06 月 30 日
6	光伏支架、逆变器箱变基础施工	2018 年 05 月 30 日
7	太阳能支架及附件制作、安装	2018 年 06 月 10 日
8	组件、箱变逆变设备安装调试	2018 年 07 月 05 日
9	35kV 集电线路工程	2018 年 06 月 30 日
10	光伏方阵防雷接地工程	2018 年 06 月 25 日
11	站区消防及给水排水工程	2018 年 06 月 30 日

序号	节点	完成时间
12	电缆敷设、防火封堵、接线、实验	2018 年 07 月 05 日
13	全站安防工程	2018 年 07 月 20 日
14	投产（通过试运行期间）	2018 年 07 月 30 日
15	合同其他工程	2018 年 07 月 30 日

（3）施工进度控制要点

本工程范围为施工图纸范围内的全部建筑安装工程，含试运行、调试、培训、服务（包括竣工验收、试验、上网监督检验）等。关键路径为：PHC 桩基施工——箱逆变基础施工——调试。关键路径上的工作需严格组织，避免拖期。其他关键配合里程碑点为：支架安装、组件安装、箱逆变安装、电缆敷设等，上述配合关键配合里程碑点可在项目浮动时间许可的范围内进行施工，但要满足关键路径里程碑时间要求。

里程碑进度是工程施工进度控制的关键，土建、安装、调试作业的安排均应以确保里程碑进度的实现为目标。

（4）进度保证措施

1）该工程进度控制管理机构分为三个层次

第一个层次：以业主、监理方为中心，项目部作为业主、监理方的一个部门，接受上述两方的规划、指示和控制。

第二个层次：以进度控制管理组为中心，对施工管理部门进行管理。

第三个层次：以施工管理部门为中心，管理班组的进度计划编制和执行控制。

2）人力、机械保证措施

人员和机械是保证项目顺利进展的重要因素，针对该项目施工工期较为紧张，有效施工工期短的现实情况，制定有针对性的人力资源计划，细化人力资源配置计划，制定各专业人力动员计划并细化至周。同时对现场的施工进度情况进行监控，定期分析，根据需要调整人力资源投入。

最短的时间内完成项目所需机械的配置，并根据开工需要安排进场，保证工程尽早开工，施工过程中，将根据现场的实际进度和方案变化，及时调整增加适当机械，以保证现场施工的顺利进行。

3）技术保证措施

根据业主的要求做好厂区总体平面布置工作，施工临建的布置以靠近施工现场，运输通畅，减少二次搬运及反向运输为原则，从施工组织上保证现场施工的顺畅，同时针对该项目特点和工期要求，采取有针对性的施工方案，选用合适的施工机械；为加强现场文明施工，需提前策划，做好厂区道路、排水沟、施工用水管道及桩基工程的施工，为现场文明施工创造良好条件，加强交叉作业管理，细化工序的交接，保证现场施工有条不紊的进行，并针对工程特点，积极采用新技术、新材料、新工艺，从技术措施上保证工期。

4）计划管理保证措施

① 规范计划管理制度。在开工规定日期内提交初版的总体施工计划，根据业主要求加载图纸、设备、工程量、人力、费用等各类资源。在以后的计划跟踪控制中及时按照业

主要求进行更新上报，为确保计划的合理有效性，总体计划应把现场所有作业逻辑关系链接，形成网络计划，网路计划的节点根据业主批准的一级计划、二级计划确定，并定期提炼出项目的关键路径。加强计划的预警分析，在每次进行进度更新时，在更新后的总体计划基础上提取项目的关键路径，并对关键路径上的作业进行分析，对可能滞后的关键路径项目及时形成书面报告提交项目部和业主，以便及时采取相应的解决措施，保证计划的在控、可控。

②立工程数据报告制度。为便于及时掌握现场的整体进度，根据业主或监理的具体要求建立工程报告制度，按月根据业主要求在规定时间内提交进度报告，进度报告的内容涵盖工程进度报告、工程质量报告、工程安全健康环境报告，同时根据设计、供货进度情况和现场人力资源、机械资源、工作面等各个方面对施工的影响，形成计划工期与实际工期，计划资源与实际资源的对比曲线，对滞后的项目及时分析原因并采取相应的赶工措施。

③建立灵活的多级计划管理体系。为确保计划控制渗入到现场的施工作业层，强化作业层人员的进度控制意识，计划管理实行纵、横结合，按照项目目标，进行工作目标分解、细化，形成总体控制计划和实施计划，既能让作业层人员了解项目的整体目标及与其他专业或单项间可能存在的交叉施工，又能清楚自己从事专业或单项的细化工作目标。各级计划均由计划工程师编制、项目部审核、报业主及监理批准后实施。

④季节性施工保证措施。根据该项目所在地域气候的特点，在组织施工时充分考虑到天气对施工组织、机械调配、材料运输等工作的影响，有针对性的制定冬期施工措施、大风季节设备吊装预案等，提前规划特殊天气下的施工方案，把天气原因对工期的影响降到最低限度。

4. 主要施工技术措施

（1）光伏支架施工

1）支架安装前准备工作

采用现浇混凝土支架基础时应在混凝土强度达到设计强度的70%后进行支架安装。基础检查验收完成。采用预制管桩的基础要复验桩基位置及标高是否符合图纸要求。

支架到达现场后检查：外观及防腐镀锌层应完好无损。型号、规格及材质应符合设计图纸要求，附件、备件应齐全。

对存放在滩涂、盐碱等腐蚀性强的场所的支架应做好防腐蚀工作。

支架安装前，安装单位应按照《中间交接验收签证书》的相关要求，对基础及预埋件（预埋螺栓）的水平偏差、定位轴线偏差和高度偏差进行查验。

2）支架安装要求

固定式支架安装应符合下列要求：采用型钢结构的支架，其紧固度应符合设计图纸要求及《钢结构工程施工质量验收规范》GB 50205—2017的相关规定。支架安装过程中不应强行敲打，不应气割扩孔。对热镀锌材质的支架，现场不宜打孔，如确需，应采取有效防腐措施。支架安装过程中不应破坏支架防腐层。手动可调式支架调整动作应灵活，高度角调节范围应满足设计要求。支架倾斜角度偏差度不应大于10°。固定及手动可调支架安装允许偏差应符合规范要求。

3）支架安装工艺要求

支架安装工序为支架基础复测→立柱安装→横梁安装→拉杆安装→檩条安装→检查调整。

支架与基础螺栓连接前检查基础螺栓有无变形，出现变形应及时矫正，螺栓不应有倒刺毛边现象，如基础施工与设计要求偏差较大，应先进行基础纠偏合格后再进行安装。立柱安装：将立柱螺栓孔放置在施工完成的基础螺栓上。进行调整和固定，连接底拉杆，调整立柱长度方向中心线与（混凝土基础轴线）支柱中心线重合。用水准仪测量调整立柱的水平度，检查支架底框平整度和对角线误差，用锤球调整立柱垂直度，若基础表面标高偏差用垫块将立柱垫平后紧固地脚螺栓。调整前后梁确保误差在规定范围内用扳手紧固螺栓。拉杆安装：用螺栓、平垫圈、弹簧垫圈、螺母将支撑杆、固定杆和固定块安装在立柱上。支撑杆分别排成一条直线，然后用螺栓、平垫圈、弹簧垫圈、螺母将横拉杆安装在支撑杆上。对于螺栓连接的支架各部位的螺栓方向应一致，并按照螺栓大小满足相应力矩要求。

（2）35kV 配电装置安装

1）施工准备

开关室已达交付安装的条件；基础槽钢验收合格，槽钢基础高度高于最终地坪10mm；用墨线打出每列柜的中心线及边线。盘柜接地按设计要求使用接地材料，基础至少要有两个可靠的接地点。

2）盘柜安装

落实盘柜到货时间，盘柜到达现场后直接运输并吊卸至配电室内，避免盘柜二次倒运。

根据图纸核对盘柜位置无误后再开始就位固定。就位固定时要先卸掉每面盘柜的吊环，从 1 号柜侧开始，首先在每列盘的前面拉线以此线为基准，立第一块盘时要四个角挂线锤测量垂直，将开关柜点焊，开始安装第二块盘，与第一块顶面、盘面对齐，用螺栓由下而上与其对拧紧，测量符合要求后，再复查第一块盘有无变动，如有变动，加以纠正，如无变动，加以固定，同样方法进行其他盘柜安装。

3）主母线安装

根据设计图及厂家安装说明书要求进行，检查完好后，根据顺序在盘后摆放好，逐项进行穿装，偏差≤1mm，与盘内引下线相连。为避免穿装母线时刮坏绝缘，在盘柜安装完三面后就进行母线安装。安装时，先安装母线套管隔板，再安装穿墙套管，然后穿装主母线；主母线的接触面清理干净，并涂电力复合脂，用相应的螺栓紧固，母线不受外应力。用力矩扳手紧固螺栓时，其紧固力矩符合厂家设计规定。

4）盘柜内元件检查、调整

手车式柜调整手车推拉灵活轻便，无卡阻、碰撞现象，且相同型号的手车能互换，手车推入工作位置后，触头接触良好，调整好后，分别涂以电力复合脂。

接地刀闸：接地刀闸要求操作灵活、安全、可靠，合后接触紧密、拉开后动静触头距离满足相关要求，各种闭锁可靠。

二次回路：对照图纸检查盘内配线正确，螺栓紧固无松动。

5）开关柜检查、试验

对开关柜进行全面清理、检查，对开关柜内所有的避雷器、互感器、母线等按规程做交接试验，对所有仪表、继电器等均进行校验，综合保护按电厂给的定值单校验，35kV开关按照规程要求做特性试验和绝缘试验，不符合要求的开关请厂家及时调整，最后出具试验报告。

6）试运行

盘柜调试时，厂家代表应在现场进行技术指导。根据设计规程、规范对断路器、继电器、仪表、CT、PT、避雷器等进行调试及相关试验，并对 35kV 母线及断路器根据规范及供应商的要求进行绝缘、耐压等相关试验，确保试验项目齐全，试验合格。

（3）箱式变压器安装

变压器安装按《电气装置安装工程电气设备交接试验标准》GB 50150—2016 规定交接试验合格。安装位置正确，附件齐全。接地装置引出的接地干线与变压器的低压侧中性点直接连接；变压器箱体、变压器的外壳可靠接地；所有连接可靠，紧固件及防松零件齐全。

1）施工流程（图 3-64）

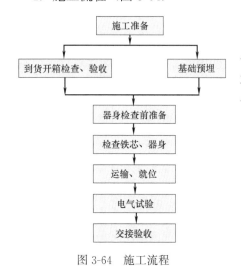

图 3-64 施工流程

2）设备就位

变压器采用吊车加专用吊具装卸。变压器本体的安装方向正确、中心线、水平度符合规范要求。箱式变压器基础必须两点可靠接地，并将柜体四角牢固焊接在基础型钢上。

3）变压器试验

测量绕组的直流电阻；

检查所有分接头的变压比；

检查变压器的三相结线组别；

测量绕组的绝缘电阻；

绕组的交流耐压试验；

测量与铁芯绝缘的各紧固件的绝缘电阻。

4）运行

变压器运行前，必须进行绝缘电阻测试，对其高、低压侧线圈分别用 2500V、500V 兆欧表测量，测得的绝缘电阻值应达到 $1k\Omega/V$ 的标准，且低压侧线圈绝缘电阻值不得小于 $0.5M\Omega$。

采用全电压冲击合闸。变压器第一次受电后，持续时间不少于 10min，进行五次全电压冲击合闸，无异常情况下，带负荷试运行 24h 为合格。

（4）二次设备安装

在继电器室安装系统保护柜、各间隔测控单元柜、变压器保护柜、GPS 同步时钟对时屏等设备；设备固定应牢固，使用镀锌螺栓与盘柜基础连接，盘柜间连接螺栓齐全，应符合规范要求。

按照厂家图纸要求布设预制连线（包括：电源线、网线、专用接地线、电缆线等），安装专用接地线，不少于 2 点与控制室外主接地网连接，接地标识清晰正确，系统总线应安装在电力电缆的底层，使用固定卡固定牢固。

控制保护屏、柜二次接线。

二次接线的编号头使用电子打号机统一制作，长度、内容应要求统一，编号头的孔径应与电缆芯线的线径匹配。电缆编号头按照图纸要求套穿，编号头的穿向正确。

接线完成后，再次核对图纸端子接线数量、位置、弓子线、端子配件等正确齐全，清理干净设备内部，恢复防护装置。

将正式电缆牌挂在相应电缆头下，高度一致、整齐、内容正确，用专用绑扎带绑牢。

电缆进盘后，固定牢固，做电缆头时，将接地屏蔽线引出，电缆头用热缩管包缠密实紧固；将剥出的芯线拉直，接线前应先查对线正确，然后分束绑扎，在盘内沿走向横平竖直地固定，随到位的芯线分出。盘内接线应弧度一致，号头齐全、方向正确，整齐美观，备用芯线预留长度至最远端子处。电缆标示牌应统一悬挂，标示牌悬挂对应电缆正确，悬挂观感美观。

（5）35kV 电缆施工

1）直埋电缆敷设工艺流程

准备工作→电缆沟开挖→铺砂→电缆敷设→隐蔽验收→覆砂盖砖→回填土→埋设标桩。

2）施工准备

电缆沟开挖深度和宽度符合要求。开挖时，槽外堆土距离应符合规范要求。沿电缆路径开挖时如遇到特殊地物，根据现场情况合理避让（如电缆需要加长，控制在 5% 范围内）。开挖完毕，选用符合设计要求的砂土进行铺底。

电缆管应进行疏通，清除杂物。

3）电缆敷设

按设计和实际路径计算每根电缆的长度，合理安排截取每盘电缆。

直埋电缆沟中多根电缆同沟并行敷设时，电缆与电缆间相互净距符合设计要求。

直埋电缆敷设于冻土层以下，当无法深埋时可在土壤排水性好的干燥冻土层或回填土中埋设，也可采取其他防止电缆受到损伤的措施。

沿电缆全长的上、下紧邻侧按标准或设计铺软土或砂层。沿电缆全长应覆盖宽度不小于电缆两侧各 50mm 的保护板，防止电缆在运行中受到损坏。

电缆敷设完要及时进行电缆头密封防止受潮。并应请建设单位、监理及质量监督部门作隐蔽工程验收，作好记录、签字。

回填土的土质要对电缆外护套无腐蚀性。回填土应及时并分层夯实。按照技术规范要求沿电缆壕沟方向每隔 50m 设置 1 处电缆标示桩。

4）电缆头制作完成后根据电缆的绝缘等级及规范的要求对每根电缆进行绝缘试验和校验，以检验电缆的完好程度，高压电缆要有试验报告。

5）全部电缆敷设好后，按设计及规程进行防火封堵施工。

5. 防雷接地施工

（1）太阳能电池板铝合金外框上留有用于安装接地线的螺栓孔位置，安装时用接地线将电池板铝合金外框和电池板支架可靠导通，所有支架采用等电位与水平接地带连通，根据现场土壤情况，选择合适的位置，采用 $\phi 10/L = 2.5\text{m}$ 镀铜钢设置垂直接地极，垂直接地极埋设深度不小于 2.5m。

（2）光伏方阵接地系统设置水平接地带和垂直接地极相结合的接地网。沿太阳电池方阵四周采用 $\phi12$ 镀铜钢设置一圈水平接地带，接地体埋设深度不小于 1.2m。光伏支架之间采用 $\phi10$ 镀铜钢连接后与方阵四周的水平接地带 2 点以上连接，接地电阻值不大于 4Ω。箱式变电站接地网至少引出 2 处接地线与光伏方阵接地网可靠连接。

（3）光伏阵列基座、逆变器室、箱式变压器和电缆分接箱可靠与接地网连接。每一排光伏板与接地网至少 2 点连接，光伏支架与接地或镀铜钢的连接为螺栓连接或放热焊接，暴露于空气中的部分不允许焊接。

（4）将各设备的接地引下线按设计、规范要求安装上。同一区域同种设备安装形式、安装方向、高度和条纹标示统一规范；接地线必须平直、紧贴设备基础和设备本体，接地线端子的结合面接触紧密，螺栓紧固。

（5）按设计、规范要求对接地网的接地电阻进行测试，出具试验报告。

6. 光伏组件安装

（1）光伏组件安装前准备工作

组件的运输与保管应符合制造厂的专门规定。电池组件开箱前，必须通知厂家、监理、业主一起到现场进行开箱检查，对照合同、设计图纸、供货单检查组件的尺寸、品牌、合格证、技术参数、外观等，并组织做好开箱检查、见证记录，检查合格后使用。组件安装前支架的安装工作应通过质量验收。组件的型号、规格应符合设计要求。组件的外观及各部件应完好无损，安装人员应经过相关安装知识培训和技术交底。组件的安装应符合下列规定：光伏组件安装应按照设计图纸进行。组件固定螺栓的力矩值应符合制造厂或设计文件的规定。

（2）组件安装允许偏差应符合规定（表 3-42）

组件安装允许偏差 表 3-42

序号	检查项目		质量标准	单位	检验方法及器具
1	组件安装	倾斜角度偏差	按设计图纸要求或≤1°	度	角度测量尺(仪)
		组件边缘高差	相邻组件间≤1	mm	钢尺检查
			东西向全长(同方阵)≤10	mm	钢尺检查
		组件平整度	相邻组件间≤1	mm	钢尺检查
			东西向全长(同方阵)≤5	mm	钢尺检查
		组件固定	紧固件紧固牢靠		扭矩扳手检查
2	组件连线	串联数量	按设计要求进行串联		观察检查
		接插要连接	插接牢固可靠		观察检查
		组串电压、极性	组串极性正确,电压正常		万用表测量

（3）光伏组件的安装应符合下列要求

1）光伏组件应按照设计图纸的型号、规格进行安装。

2）光伏组件固定螺栓的力矩值应符合产品或设计文件的规定。

3）光伏组件安装允许偏差应符合表 3-43 规定。

（4）光伏组件安装允许偏差（表 3-43）

光伏组件安装允许偏差 表 3-43

项　目	允许偏差	
角度偏差	±1°	
光伏组件边缘高度	相邻光伏组件间	≤2mm
	同组光伏组件间	≤5mm

（5）组件之间的接线应符合以下要求

1）光伏组件连接数量和路径应符合设计要求。

2）光伏组件间接插件应连接牢固。

3）外接电缆同插件连接处应牢固。

4）光伏组件进行组串连接后应对光伏组件串的开路电压和短路电流进行测试。

5）光伏组件间连接线可利用支架进行固定，并固定，并应整齐、美观。

6）同一组光伏组件或光伏组件串的正负极不应短接。

7）严禁触摸光伏组件串的金属带电部位。

8）严禁在雨中进行光伏组件的连线工作。

（6）光伏支架电池板安装检验标准（表 3-44）

光伏支架电池板安装检验标准 表 3-44

项目	要求	检查方法
外观检测	无变形、无损伤、不受污染无侵蚀	目测检查
支架安装	支架稳固可靠，表面处理均匀，无锈蚀	实测检查
光伏电池板	无变形、无损伤、不受污染无侵蚀，安装可靠	目测检查

（7）组件的安装和接线注意事项

1）组件在安装前或安装完成后应进行抽检测试，测试结果应按照规范的格式进行填写。

2）组件安装和移动的过程中，不应拉扯导线。

3）组件安装时，不应造成玻璃和背板的划伤或破损。

4）组件之间连接线不应承受外力。

5）同一组串的正负极不宜短接。

6）单元间组串的跨接线缆如采用架空方式敷设，宜采用 PVC 管进行保护。

7）施工人员安装组件过程中不应在组件上踩踏。

8）进行组件连线施工时，施工人员应配备安全防护用品。

9）不得触摸金属带电部位。

10）对组串完成但不具备接引条件的部位，应用绝缘胶布包扎好。

11）严禁在雨天进行组件的连线工作。

（8）组件接地要求

带边框的组件应将边框可靠接地。不带边框的组件，其接地做法应符合制造厂要求。组件接地电阻应符合设计要求。

（9）光伏组件安装

1）经"三检"合格后，才能进行光伏电池板的安装工作。做好中间检查施工记录。

组件进场检验：太阳能电池板应无变形、玻璃无损坏、划伤及裂纹。

2）测量太阳能电池板在阳光下的开路电压，电池板输出端与标识正负应吻合。电池板正面玻璃无裂纹和损伤，背面无划伤毛刺等；安装之前在阳光下测量单块电池板的开路电压应符合组件名牌上规定电压值。

3）组件安装：电池板在运输和保管过程中，应轻搬轻放，不得有强烈的冲击和振动，不得横置重压，电池板重量较重的在安装过程中应两人协同安装。

4）电池板的安装应自下而上先安装两端电池板，校核尺寸、水平度、对角线方正后拉通线安装中间电池板。先安装上排电池板再安装下排电池板，每块电池板的与横梁固定采用四个压块紧固，旁边为二个边压块，中间为二个中压块，压块螺栓片的牙齿必须与横梁"C"型钢卷边槽平稳咬合，结合紧密端正，电池板受力均匀。

5）安装过程中必须轻拿轻放以免破坏表面的保护玻璃；将两根放线绳分别系于电池板方阵的上下两端，并将其绷紧。以线绳为基准分别调整其余电池板，使其在一个平面内。电池板安装必须做到横平竖直，间隙均匀，表面平整，固定牢靠。同方阵内的电池板边线保持一致；注意电池板的接线盒的方向，采用"头对头"的安装方式，汇线位置刚好在中间，方便施工。

（10）太阳能电池组件的组串连接

1）各组件的连线严格按照设计安装图分组进行串联连接，分组专人负责。对每组连接进行细化分工，加强自检和互相监督，确保连接无误，不得多接和少接。同时要保证接地可靠。电线接头牢固，不脱线，漏线。现场制作的专用接插件必须严格符合组装工序合理组合，连接时专用接插件必须接插到位。

2）太阳能电池连接线和组串式逆变器的连接，每组串的连接线端头部分按照施工图给出的编号进行标记，并安装专用接头等连接装置，在组串式逆变器安装到位进行必要的检查后可以进行连接安装。安装同样采用分组专人负责制，严格按施工图施工，按照先接正极，再接负极的顺序安装。连接时必须先断开组串式逆变器开关，防止电流下引。

（11）电气调试和检测

1）太阳能电池板安装完毕，进行测试工作，以检验连接情况。

2）分组检测太阳能电池各组串连接状态和参数，需要检测的物理量有输出电压、输出电流和绝缘电阻等，以检测组串连接是否正常，并作好相应的记录。

3）确保太阳能电池组件和支架的可靠连接，确保组串式逆变器的可靠连接以及太阳能电池组件的可靠接地与绝缘。

4）打开组串式逆变器，用数字万用表检查每组检查电压、电流读数是否显示正常并作好记录。应特别注意：凡参加调试的人员均应作好安全保护工作。涉及用电设备的电箱要挂警示牌，开关要指定专人操作。安装检测完毕后应交付施工组长和现场监理做工程审查，审查合格后方可交付用户单位做竣工验收。

（12）特别注意事项

安装太阳能电池组件时，注意小心轻放，严禁野蛮施工，防止对太阳能电池组件造成损坏。分组分片/块施工，并有专人负责监督，并实行奖惩制度，杜绝人为疏忽。堆放不得超过 15 层，防止滑落。

7. 成套设备安装（汇流箱、逆变器、辅助设备安装）

设备开箱检查，由施工单位、业主和供货方共同参加，并做好书面记录。

（1）汇流箱安装

1）光伏汇流箱安装方式可以根据工作现场的实际情况做出选择，通常采用的有挂墙式、抱柱式、落地式。

2）汇流箱的防护等级满足户外安装的要求。

3）汇流箱尽量不要将其安装在阳光直射或者环境温度过高的区域。

4）户外安装汇流通信箱，在雨雪天时不得进行开箱操作。

5）箱体的各个进出线孔应堵塞严密，以防小动物进入箱内发生短路。

6）汇流并网箱安装前，用兆欧表对其内部各元件做绝缘测试。

7）将光伏防雷汇流通信箱按原理及安装接线框图接入光伏发电系统中后，应将防雷箱接地端与接地网进行可靠连接，连接导线应尽可能短直。接地电阻值应不大于4Ω。

8）配线要求使用阻燃电缆，要排列整齐、美观，安装牢固，导线与配置电器的连接线要有压线及灌锡要求，外用热塑管套牢，确保接触良好。接线完成后及时挂电缆标示牌。

9）汇流箱通过内部的断路器，可以关停汇流箱的交流输出。试运行前应满足以下要求：检查母线、设备上有无遗留的杂物；检查汇流箱内部接线是否正确；使用外用表对每路电压进行测量，查看每路电压是否显示正常；所有检查都合格后方可送电试运行。

（2）逆变器安装

1）产品在搬运过程中应避免强烈振动、摔跌、磕碰，严禁将包装箱倒置。

2）每台逆变器配有相同容量的独立防雷系统。在各级配电装置每组母线上安装一组避雷器以保护电气设备。在各电缆进线柜内安装一组避雷器以保护电气设备。

（3）辅助设备安装（监控部分及数据采集部分）

根据业主需要，在业主和供货方同时在现场调查的情况下选择监控位置与数据采集位置，做出相应调整。

8. 电气设备试验与系统调试

35kV电力电缆、电气设备、接地网等均要进行电气交接试验工作，交接试验符合规程和厂家设备出厂技术说明书的要求，交接试验记录报告齐全正确，签证手续齐备。

集控站计算机程序画面/光伏就地控制器测控程序、测点传输、控制指令传输等应符合设计和厂家技术要求，远方/就地传动试验正确可靠，通信畅通，调试技术记录资料齐全，签证手续齐备。

35kV配电装置母线保护、35kV集电线路保护、保护装置整定正确，传动试验动作正确可靠。

电站整套并网240h性能测试，集电线路/变配电设备运行试验测试报告齐全正确，签证手续齐备。

9. 施工措施

（1）季节性施工措施

冬、雨期施工面临雨雪多、风大、气温极端等不利环境因素的影响，这些不利的环境因素会直接危及现场施工安全，在施工过程中必须科学合理组织施工，采取有效安全技术措施，积极应对冬、雨期施工面临的各种不利状况。

（2）确保信息畅通

搞好施工现场的信息化管理，由于冬、雨期施工雨雪、暴风等恶劣天气的不确定性和突发性，对破坏程度难以进行预测，需要加强对气象信息的控制管理，及时采取有效的安全措施，加强防范。

（3）全面性防护

施工现场分布广，涉及的施工项目多，包括各部分现场和临时设施的安全防护以及全部人员的安全，因此在制定安全措施时一定要全面细致周到，不可因事小而不为，以留有隐患，带来损失。

（4）科学组织施工

编制施工组织设计时充分考虑冬季、夏季的施工特点，结合工程工期要求，合理安排施工计划组织施工，搞好工序穿插，提高工效和施工速度，遇到较大的暴风雨雪天气应停止施工。

（5）应急预案

快速反应做好防汛、防雪抢险救灾应急准备，在冬期和雨期施工时，各种防护设施要进一步加固，对仓库、防护棚、临时设施等采取有效的加强措施。确保抢险救灾物资人员到位，发生险情立即启动应急预案。

（6）防雷措施

建筑施工现场的防雷保护是一项不容忽视的重要工作。这关系到建筑设施、施工设备和人员的安全。遵照国家标准《电气装置安装工程接地装置施工及验收规范》GB 50169—2016的要求，建筑物在施工过程中，其避雷针（网、带）及其接地装置，应采取自下而上的施工程序，即首先安装集中接地装置，后安装引下线，最后安装接闪器。建筑物内的金属设备、金属管道、结构钢筋均应做到有良好的接地。这样做可保证建筑物在施工过程中防止感应雷。

光伏电场雨期施工生产中，雷电对人员设备安全影响巨大。针对光伏施工现场机械设备及施工项目，专门确定了具体安全措施，并根据可能出现的问题，提出了相应的预防措施。

（7）绿色施工措施

1）项目部建立以项目经理为第一责任人的绿色低碳施工管理体系，保证绿色低碳施工管理体系的正常运转，制定绿色低碳施工管理责任制度，采用低碳施工技术，定期开展自检、考核和评比工作。

2）项目部组织开展绿色低碳施工教育培训活动，增强施工人员绿色低碳施工意识。

3）在施工现场的办公区和生活区应设置明显的有节水、节能、节约材料等具体内容的警示标识，并按规定设置安全警示标识。

4）工程施工前，项目部应根据国家和地方法律、法规的规定，制定施工现场环境保护和人员安全与健康等突发事件的应急预案。

10. 施工资源计划

（1）劳动力需求计划表（表3-45）

劳动力需求计划表 表 3-45

人数＼工种		管理技术人员	建筑人员	电气人员	机务安装人员	综合人员	合计 人数	合计 人工工日数
2018 年	第 1 月	10	190	10	10	2	222	5550
	第 2 月	20	220	140	360	20	760	19000
	第 3 月	20	220	240	360	20	860	21500
	第 4 月	20	120	240	260	20	660	16500
总　计							2502	62550

（2）施工图纸深化计划（表 3-46）

施工图纸深化计划表 表 3-46

序号	卷册编号	卷册名称	交图时间
1	D0101	光伏电站电气总说明	2018.4.15
2	D0102	光伏电站主要电气设备材料清册	2018.4.15
3	D0103	35kV 集电线路施工图	2018.3.31
4	D0104	电缆分接箱安装接线图	2018.3.31
5	D0105	35kV 户外箱式变电站安装接线图	2018.3.31
6	D0106	逆变器、汇流箱安装图	2018.2.10
7	D0107	光伏方阵区防雷接地	2018.2.10
8	D0108	全厂防火阻燃设施施工图	2018.2.10
9	D0109	辅助设备安装图（红外预警＋光功率＋全站照明）	2018.3.31
10	D0201	方阵电缆敷设（1～5 号方阵）	2018.3.31
11	D0202	方阵电缆敷设（6～10 号方阵）	2018.3.31
12	D0203	方阵电缆敷设（11～15 号方阵）	2018.3.31
13	D0204	方阵电缆敷设（16～20 号方阵）	2018.3.31
14	D0205	方阵电缆敷设（21～25 号方阵）	2018.3.31
15	D0206	方阵电缆清册（1～5 号方阵）	2018.3.31
16	D0207	方阵电缆清册（6～10 号方阵）	2018.3.31
17	D0208	方阵电缆清册（11～15 号方阵）	2018.3.31
18	D0209	方阵电缆清册（16～20 号方阵）	2018.3.31
19	D0210	方阵电缆清册（21～25 号方阵）	2018.3.31

（3）主要设备供应进度计划表（表 3-47）

主要设备供应进度计划表 表 3-47

序号	名称	交付日期	备注
1	第一批 PHC 桩	2018.03.14	
2	第一组件	2018.03.18	
3	光伏支架	2018.04.01	
4	箱式变电站	2018.05.01	
5	逆变器	2018.05.01	
6	电缆	2018.05.01	

（4）施工机械设备与机具需用计划（表 3-48）

施工机械设备与机具需用计划　　　　　　　　　表 3-48

机械名称	规格型号	额定功率(kW) 容量(m³) 吨位(t)	出厂时间	数量(台)			新旧程度(％)	预计进场时间
				小计	其　中			
					自有	租赁		
旋挖钻机	SR150C	125kW	2013	4	4		80	2018.3.12
装载机	ZL50D 3m³	162.00m³	2014	1	1		85	2018.3.12
汽车吊	QY25B	20t	2015	1	1		90	2018.3.12

（5）工程主要的材料试验、测量、质检仪器设备表（表 3-49）

工程主要的材料试验、测量、质检仪器设备表　　　　　　　表 3-49

序号	仪器设备名称	规格型号	单位	数量
1	GPS	静态双频 GPS 接收机 V8	台	1
2	全站仪	莱卡 TS06	台	1
3	电子经纬仪	三鼎 DT-02L	台	2
4	水准仪	TDJ6E	台	4

11. 施工管理

（1）项目管理组织机构（图 3-65）

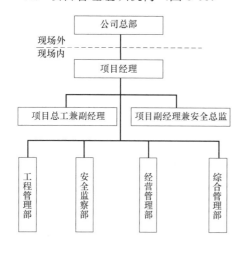

图 3-65　项目管理组织机构

（2）岗位职责

1）公司总部

为圆满完成本项目的施工任务，满足合同规定的各项要求，总公司作为项目施工的坚强后盾，提供项目所需的人力、物力、机械、资金、技术指导等支持，满足工程施工需要。并对项目管理进行监督，确保向业主交付满意的工程。

2）项目经理

代表公司经理全面履行项目合同，组织实现项目目标。向公司领导汇报工作。

是本项目安全生产第一责任人。全面贯彻执行国家、业主及公司有关安全生产的方针、政策、法令、法规。

根据业主和监理的要求参加其组织的项目管理活动，按合同规定的方式定期向业主和监理汇报工程管理情况。

负责现场的施工管理，确保安全、质量、工期等达到合同要求。负责现场施工的人力、机械、外协队伍使用等资源的合理调配，满足施工需要。

3）项目总工兼副经理

负责项目技术管理工作及分管的其他项目管理工作。向项目经理汇报工作，业务上接受公司项目管理中心和公司工程管理部的指导。

贯彻执行国家有关施工管理和上级颁发的有关技术规程、规范，解决施工中的重大技术问题，参加重大质量事故分析。

组织编写项目施工组织设计，审核报总部审批项目的施工作业文件，审批项目的施工作业指导书等技术管理文件。

组织项目管理体系的运行，建立项目的质量、环境、职业健康安全管理体系。

4）安全总监

负责项目安全管理工作及分管的其他项目管理工作。

开展安全生产管理工作，履行安全监督管理职责，对安全生产工作监管责任。

组织建立健全项目职业健康安全管理体系，并使之持续有效运行。

监管落实安全生产责任制和各项安全生产管理制度。

监督落实安全生产投入和资源保障的有效实施。

监督落实各单位安全生产检查与考核工作。

监督落实安全生产标准化、教育培训等基础管理工作。

监督落实企业隐患排查治理、应急管理等工作。

组织或参加安全生产事故调查与处理工作。

对安全生产管理工作提出建议。

12. 施工质量管理

（1）质量目标

建筑、安装各分项工程合格率为100％，建筑工程优良率大于90％，安装工程优良率大于95％。

（2）质量管理组织机构（图3-66）

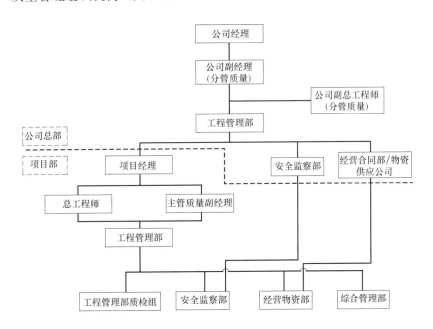

图3-66 质量管理组织机构

（3）主要质量管理职责

1）项目经理

是项目质量管理的第一责任人。项目经理负责"质量管理责任体系"的建立与实施。组织建立项目部质量保证体系，并督导实施。组织制定项目班子成员、各部门、各岗位的质量管理职责，并监督落实。组织并主持召开项目部质量工作会议，解决重大管理性质量问题。贯彻落实工程质量管理与经济挂钩的管理办法，确保质量管理费用合理支出。

2）项目总工程师

负责"质量管理技术体系"的建立与实施。对项目工程质量负全面技术责任。根据主合同，组织制定项目部《项目质量管理策划》，并督导实施。组织建立健全项目部及协作单位技术管理网络，解决影响施工质量的技术问题。组织编制、审批项目部有关质量文件，并督导实施；负责组织工程资料的整理、审核和移交工作。

3）项目副经理

监督质量管理制度、措施的执行和落实。组织对项目部及协作单位质保体系审核，保持质保体系的有效运行。组织对质量事故的调查工作，落实整改措施。定期对项目部各单位及协作单位的质量管理情况进行检查、考核。组织月度、年度质量管理情况分析会。组织开展项目部质量管理教育培训工作。监督各级人员质量管理职责的履行。

4）项目部质检员

协助主任做好本项目部的质量管理工作及质量教育工作。

编制月度施工验收计划，书面汇报上月验收计划完成情况；负责填写月度质量考核表。

参加专业公司每月一次质量工作会议及每周一次的施工质量例会，参加本专业质量工艺大检查。

指导、处理施工中存在的质量、工艺问题。

督促施工处质检员做好施工项目的自检记录、准备验收资料，培训、指导技术人员规范填写验评资料。

负责三级验收项目的验收及资料的整理，监督检查项目验收情况。

负责项目的四级验收申请及组织复查，参加、组织有关单位进行隐蔽工程和关键工序的检查、验收及签证，组织工序交接及签证。

组织本专业工程竣工档案的整理。

参加质量事故的调查分析，审查处理事故和防止事故再发生的措施。检查督促专业公司对质量问题通知单的处理与反馈。

对本专业存在的质量通病，组织召开专题会，制订预防措施，并监督执行。

负责不合格品的统计分析和纠正措施的制定，并组织落实。

负责工程竣工后本专业质量管理总结的编写。

5）项目施工员

严格遵守各项技术管理制度和操作规程，把质量缺陷消除在施工过程之中，确保工程质量达到施工验收技术规范和设计要求。

施工项目开工前，认真接受施工技术、质量交底，并在交底书上签字。

负责按图施工，施工中发现设计、设备、施工质量问题应及时中止施工，并向班长及质检人员汇报，处理后再施工。

施工项目出现质量事故应及时报告，调查事故时必须如实反映情况；分析事故时应积极提出改进意见和防范措施。

负责做好质量自检、互检及工序交接检查，做好施工记录的填写工作。

服从各级质检人员的监督、检查，虚心接受质检人员的指导，严格按照作业指导书中的要求施工。

（4）管理人员的控制措施

参与施工和管理的所有人员在进入本工程施工前均经岗位职责、专业技术、质量意识的教育和培训，并全部进行考核，合格人员方能进入本工程施工。

从事质量保证、质量监督、质量检验、计量检定、试验、操作、维修、拆卸等人员具备相应资格证书及资质培训记录，按规范要求和电力行业的管理制度均持证上岗。

（5）施工质量检验控制措施

1）制定分项工程质量检验评定计划

按照合同规定的标准和设备厂家提供的技术文件材料、设计院提供的设计文件材料以及国家和行业颁布的现行标准国家及行业发布的相关施工技术规范和质量检验评定标准，在工程开工前编制本工程三级质量检验评定计划，经监理审核批准后，作为工程质量验收评定依据。同时对施工中重点控制对象和薄弱环节，如隐蔽工程、特殊关键工序、被下道工序掩盖的工序等在工程开工前经监理和项目部共同确定，实施见证点（W点）和停工待检点（H点）控制模式，严格按照执行。

2）加强施工过程的质量检验控制

实施四级质量验收（包括业主验收）制度，即施工班组一、二级自检，工程管理部质检员三级验收，监理和业主人员四级验收。所有的验收均与工程同步进行且有验收人书面签证。

施工技术记录、质量检验评定、各类与业主监理、制造、设计单位的往来联系单等技术、质量文件以及质量检验控制情况全部应用微机管理，所使用的各类表式均符合有关规定且均经业主或监理审核备案。

保证施工及检验过程中所使用的计量器具以及起重、试验、检验等机械设备处于受控状态，由具有资格的检测机构出具符合使用要求的检定合格证书，且均在规定的检定或检验周期内。所有计量器具和设备在规定位置均有统一的检定检验状态标识，随时供质量检验、监督人员和业主或监理的检查监督，以此来确保量值传递正确、有效，机械设备技术性能参数及使用操作符合技术要求和质量保证能力。

施工过程中将依据业主或监理工程师按合同签发的施工指令施工，在施工过程中随时接受业主或监理工程师的检查检验，为检查检验提供便利条件，并按监理工程师的要求进行返工、修改。

施工质量保证达到合同规定的工程施工质量检验及评定标准规定的评定等级。如工程质量达不到规定的质量标准，无条件接受业主或监理工程师提出的返工指令，并在规定的时间完成。施工的各项目质量评定等级以监理工程师最终的判定为依据。

3）严格执行质量见证和停工待检控制模式

严格按照质量检验计划确定的隐蔽工程项目和质量见证点（W点）、停工待检点（H

点）实行转序签证管理制度。

隐蔽工程项目施工结束后，在完成班组、工程管理部三级验收合格后，向监理工程师提出书面验收申请，在监理工程师书面（隐蔽工程验收签证单）批准隐蔽施工前，该项目的任何部分不得覆盖或隐蔽。

保证监理工程师有充分的机会对将予以覆盖或掩蔽的任何工程进行检查和测量。为监理工程师的检查和测量提供方便。

对质量检验计划中确定的质量见证点，在三级自检合格的基础上书面申请监理工程师见证，并签署见证意见。提供充足的见证时间，以便监理工程师有充分的见证准备。

对质量检验计划中确定的停工待检点，在三级自检合格的基础上书面申请监理工程师检验并签署意见，如检验不合格或检验后未签证，将不得进行下道工序施工。

所有的隐蔽工程项目和质量见证点、停工待检点项目将与项目施工同时形成独立的质量记录，该质量记录将以监理工程师签署的意见为检验依据。

（6）质量监督、检查控制措施

工程管理部及各级质检专工、质检员将始终坚持"质量第一、预防为主"的质量控制原则，重点做好质量的事前预防、事中控制和事后监督，加强巡回检查、监督，发现施工质量问题或施工工艺不合格的，及时采取纠正措施，让每项工程的施工始终都处在监控状态中。

积极配合业主或监理的一切与质量有关的质量抽查、监督和中间检验，严格执行并积极配合上级部门的质量监督检查，并履行公司在质监检查中应承担的责任和义务。严格执行并配合业主或监理履行工程开工、停工、复工有关程序和手续，实施业主或监理施工全过程的质量控制要求。

各单位工程开工前，对开工条件在自查的基础上，经业主或监理的复查签证确认后方可开工；对业主因施工质量、事故等原因提出的停工通知，严格按照"三不放过"原则进行整改和防范，经业主或监理确认并提出书面复工通知后方可继续施工。

（7）质量文件管理控制措施

与业主、监理以及设计单位的往来技术质量文件将全部受控，确保在业主、监理、设计单位规定时限内执行完毕。

业主、监理和设计单位提出的设计变更、工程质量联系单等技术质量文件，由分管项目经理确认实施部门执行，执行结束后由有关质检人员确认封闭，如业主监理要求，将由业主或监理有关人员确认。

所有往来技术质量文件及执行情况在施工中均妥善保存并备目录索引，随时可供追溯。业主或监理发出的技术质量文件要求在规定的时间内予以答复。

质量、技术管理全面实施计算机管理，各类施工技术记录、质量验评记录、质量验收控制、不合格品管理以及往来技术设计文件等全部进入计算机系统。

建立质量控制数据库，每天汇总质量验收及质量状况，经统计分析后，每周向业主和项目经理部经理通报当周的质量波动和控制情况。

（8）施工技术控制措施

1）严格按施工作业指导书组织施工

项目开工前编制施工作业指导书，没有编制施工作业指导书的项目不得开工。

业主或监理要求编制施工作业指导书的项目，编制完后需经业主或监理工程师审核批准。未经审核批准的项目不得开工。

作业指导书编制依据主要是合同规定的所有规程、规范和标准、设计院的施工图、设计变更通知单及联系单。作业指导书主要内容按经业主批准的质保体系文件中的要求执行。

2）加强图纸会审和技术交底

没有经过图纸会审和技术交底的项目不得开工。

开工前由工程管理部组织专业图纸会审，重点解决施工中接口管理，及时发现问题。各班组施工前，按照规定的施工技术交底程序交底，接受技术交底的必须是所有的施工人员，并以书面签证为依据，以确保对每个施工人员进行技术质量控制。

13. 技术文件管理

（1）施工施工作业文件控制措施

执行工程项目开工前都编制施工施工作业文件，没有编制施工施工作业文件的项目不得开工的制度，并确保可操作性。

业主或监理要求编制施工施工作业文件的项目，编制完后需经业主或监理工程师审核批准。未经审核批准的项目不得开工。

施工作业文件编制依据主要是合同规定的所有规程、规范和标准、设计院的施工图、制造厂提供的技术文件、设计变更通知单及联系单。施工作业文件主要内容按经业主批准的质保体系文件中的要求执行。

（2）图纸会审和技术交底控制措施

执行没有经过图纸会审和技术交底的项目不得开工的制度。

开工前由工程科组织专业图纸会审，重点解决各专业施工接口管理，及时发现问题。各班组施工前，应进行施工技术交底的程序，接受技术交底的必须是所有的施工人员，并以书面签证为依据，以确保对每个施工人员进行技术质量控制。

（3）建立质量管理计算机网络

本工程的质量、技术管理全面实施计算机管理，各类施工技术记录、质量验评记录、质量验收控制、不合格品管理以及往来技术设计文件等全部进入计算机系统。

建立质量控制数据库，每天汇总质量验收及质量状况，经统计分析后，每周向业主和项目经理部经理通报当周的质量波动和控制情况。

要用计算机建立的数据库运用于质量控制的统计技术，主要控制项目有焊接质量、盘内接线、电缆敷设、阀门及中低压管道控制、不合格品的控制等。

技术记录和质量验评等竣工资料将保证用光盘完整、正确地按时移交。

（4）分部试运转前技术文件包管理

施工过程中要建立技术文件包，技术文件包以一个单位工程为主体，机组单机试运转前，要完成全部安装验收技术文件的收集工作，所有静态验收签证均已完成。资料齐全，资料不齐或资料不合格的项目不得参加试运。

文件包的有关内容和记录将进入计算机网络管理，根据业主或监理的需要，及时汇总各类情况，通过计算机网络和书面文件提供各类所需技术资料。

（5）加强施工技术质量文件的周转和执行控制

与业主、监理以及设计单位的往来技术质量文件将全部受控，确保在业主、监理、设计单位规定时限内执行完毕。

业主、监理和设计单位提出的设计变更、工程质量联系单等技术质量文件，由分管总工确认实施部门执行，执行结束后由有关质检人员确认封闭，如业主监理要求，将由业主或监理有关人员确认。

所有往来技术质量文件及执行情况在施工中均妥善保存并备目录索引，随时可供追溯。

业主或监理发出的要求答复的技术质量文件要在规定的时间内予以答复。

3.2.4　压力管道焊接施工方案

某电厂蒸汽管道焊接施工方案

1. 工程概况

某电厂二期工程 2×330MW 燃煤发电机组为国产引进型火力发电机组，锅炉与汽机设备分别由美国巴布科克·威尔科克和法国 BECALSTHOM 公司供货，主汽系统设计温度 540℃，设计压力 17.75MPa。主汽系统管道（包括主蒸汽管及其疏水管）除去疏水管二次门后管段外，管子全部采用 A335P91 钢制造，主管道焊口规格为 $\phi325\times30\text{mm}$。焊口设计为双 V 型坡口，如图 3-67 所示。

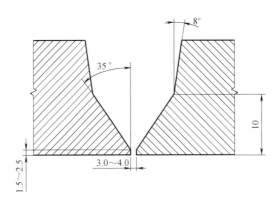

图 3-67　焊口双 V 型坡口图

A335P91 钢是一种改进型 9Cr-1Mo 钢，该钢合金元素含量较高，总量约为 10%。该型号钢具有较高的断裂强度、抗氧化耐腐蚀性、低的热膨胀系数及高的热传导率，被广泛用作火力发电厂的主汽管及联箱等材料。

2. 编制依据

1)《现场设备、工业管道焊接工程施工规范》GB 50236—2011；

2)《压力管道规范工业管道》GB/T 20801—2006；

3)《工业金属管道工程施工规范》GB 50235—2010；

4)《城市供热管网工程施工及验收规范》CJJ 28—2014；

5)《碳钢焊条》GB/T 5117—2012；

6)《热强钢焊条》GB/T 5118—2012；

7)《不锈钢焊条》GB/T 983—2012；

8）其他现行有关标准、规范、技术文件。

3. 施工准备

1）技术准备

① 压力管道焊接施工前，应依据设计文件及其引用的标准、规范，并依据我公司焊接工艺评定报告编制出焊接工艺技术文件（焊接工艺卡或作业指导书）。

② 编制的焊接工艺技术文件（焊接工艺卡或作业指导书）必须针对工程实际，详细写明管道的设计材质、选用的焊接方法、焊接材料、接头型式、具体的焊接施工工艺、焊缝的质量要求、检验要求及焊后热处理工艺（有要求时）等。

③ 压力管道施焊前，根据焊接作业指导书应对焊工及相关人员进行技术交底，并做好技术交底记录。

④ 对于高温、高压、剧毒、易燃、易爆的压力管道，在焊接施工前应画出焊口位置示意图，以便在焊接施工中进行质量监控。

2）焊接设备

选用逆变式直流弧焊机，型号为 ZX7-400ST。

3）焊接材料

① 被焊管子（件）必须具有质量证明书，且其质量符合国家现行标准（或部颁标准）的要求；进口材料应符合该国家标准或合同规定的技术条件。

② 焊接材料的质量必须符合国家标准（或行业标准），且具有质量证明书。焊接材料选用国外与母材成分基本相当的焊丝和焊条（9CrMoV-N 焊丝及 9MV-N 焊条），焊条在使用前必须按说明书的要求进行烘焙处理（350℃×1h），现场焊接时，焊条要放入专用焊条保温桶（80～120℃）中，并接通电源，随用随取。焊丝焊前用砂纸打磨清除表面铁锈、油物等脏物见金属光泽。焊材施焊前应再次检查确认型号是否符合工艺文件要求，否则不得施焊。

③ 压力管道预制和安装现场应设置符合要求的焊材仓库和焊条烘干室，并由专人进行焊条的烘干与焊材的发放，并做好烘干与发放记录。

4）焊接人员

① 压力管道焊工应具备按《特种设备焊接操作人员考核细则》考试合格的焊工合格证，且其合格项目与施焊项目相适应，并在规定的有效期内。

② 焊条烘干人员、焊条仓库管理人员要严格按照本公司《焊接过程控制程序》的规定执行。

4. 焊接工艺

1）压力管道焊接施工流程图（图 3-68）

2）A335P91 钢焊接性分析及工艺确定

现场 A335P91 焊接采用氩弧焊打底，手工电弧焊盖面的方法。A335P91 钢属于马氏体钢，焊接性较差。为防止产生冷裂纹，焊前必须进行预热，并在焊接过程中保持层间温度不低于预热温度，考虑到冷却速度过慢，会使奥氏体向铁素体转变，预热及层间温度不应过高。A335P91 钢焊后不能立即进行高温回火处理，而应首先对焊接头在 Ms 和 Mf 点之间进行后热处理，其目的一方面是进行消氢处理，减少热应力，防止在冷却过程中裂纹的产生，更主要的另一方面，进行一定时间的恒温后热处理可使接头高温金属实现由奥氏

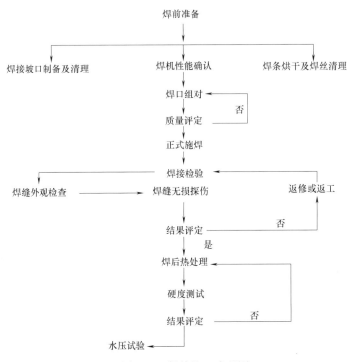

图 3-68　焊接施工流程图

体向马氏体的充分转变，从而避免残余奥氏体组织在回火冷却后转变成新的未回火马氏体。后热处理完成后，应及时进行高温回火处理，以得到综合性能良好的回火马氏体组织，并减弱焊接残余应力。

根据以上的分析，在焊接工艺规程的基础上，模拟现场条件，进行了多次工艺评定试验，最终确定了符合钢材焊接性能要求的现场焊接工艺。以主汽母管大口为例，所采用的焊接工艺参数见表 3-50。

焊接工艺参数　　　　　　　　　　　　　　　　　　　　　　　　表 3-50

焊层道号	焊接方法	焊接位置	焊材直径	焊材型号	电流范围（A）	电压范围（V）	电流极性	焊接速度（mm/min）
1	氩弧焊（两层）	2G	$\phi2.4$	9CrMoV-N	100 ± 10	10 ± 2	直流正	120 ± 10
2	电弧焊（两层）	2G	$\phi2.5$	9MV-N	90 ± 10	22 ± 2	直流反	120 ± 10
3	电弧焊	2G	$\phi3.2$	9MV-N	120 ± 10	22 ± 2	直流反	130 ± 10
其他	电弧焊	2G	$\phi4.0$	9MV-N	130 ± 10	22 ± 2	直流反	150 ± 10
1	氩弧焊	5/6G	$\phi2.4$	9CrMoV-N	100 ± 10	10 ± 2	直流正	120 ± 10
2	电弧焊	5/6G	$\phi2.5$	9MV-N	90 ± 10	22 ± 2	直流反	120 ± 10
3	电弧焊	5/6G	$\phi3.2$	9MV-N	120 ± 10	22 ± 2	直流反	130 ± 10
其他	电弧焊	5/6G	$\phi4.0$	9MV-N	130 ± 10	22 ± 2	直流反	150 ± 10

3）主汽管道现场施工程序

① 蒸汽管道就位，打磨坡口用角向磨光机对坡口及其内外两侧 15～20mm 范围内打

磨清除水、油、锈等脏物，见金属光泽。

② 对口装配

A. 点固焊采用定位块点固在坡口内，点固块材质选用 Q235 或 16 Mn 钢，但须在管子点固处堆焊一层 9MV-N 焊材，防止对口其他不利元素成分渗入母材造成裂纹等缺陷。点固焊前火焰或电阻加热点焊区 250～300℃，选用正常施焊时相同的焊材，焊接电流增大 10～15A。

B. 对口装配是将管道垫置牢固，不得在管道上焊接临时支撑物。

C. 管道对口错口不超过 1mm，P91 钢对口间隙 3～4mm，钝边 1.5～2.5mm。

D. 点固焊及正常施焊过程中不得在管子表面试电流、乱引弧。

E. 正常焊接到定位块时，将其除掉，并将焊点用砂轮机打磨，不得留有焊疤等痕迹，后用肉眼及低倍放大镜观察，确认无裂纹等缺陷后，方可继续施焊。

③ 焊口预热

焊前用电阻远红外履带式加热器加热坡口两侧 150mm 左右，TIG 预热 150～200℃，保温 0.5h，SMAW 预热 250～300℃，保温 0.5h，均应使管道内外壁温差＜30℃方可施焊。

④ 充氩并进行焊接

A. 为防止根部焊缝氧化烧焦，管道内部充氩保护，在管道两内侧距坡口 250～300mm 处贴两层可溶纸，以耐高温胶带粘贴牢固，做密闭气室（可用打火机在气室打火，若不着火，则证明气室密封良好），以防止氩气从管道中流失造成充氩不足而产生焊缝根部氧化。氩气流量 20～30L/min。

B. 铜管端头插入氩气皮带内并伸入一定长度，铜管长度 200mm 左右，采用铜管端头敲扁充气法充气，以便于伸入管道间隙，同时防止焊态加热时，由于焊接区域温度较高，烧坏皮带造成铜管脱落。铜管端头弯曲成 70°～90°，可防止打底焊接时充氩气流直吹焊接区造成熔池铁水搅动产生气孔。

C. 两层 TIG 打底焊接

双层打底焊可以防止单层打底焊接在电焊填充时因操作不当击穿焊道。打底起弧前将堵塞在坡口内的矿砂棉拨开一段约 50～100mm，施焊一段，利用焊丝再拨开一段继续施焊。引燃电弧后，待焊缝钝边熔化后，迅速送丝，熔池铁水相连形成焊缝，送丝动作要轻，不能像焊接碳钢和低合金钢一样靠焊丝送进的力来突出根部焊缝。否则容易造成根部焊缝未熔、夹焊丝头等焊接缺陷的产生。送丝应贴靠钝边内部，在熔池与焊丝不脱节的情况下，采取自然过渡送丝方式。打底焊过程中，仔细观察熔池铁水流动情况，铁水相对较软，说明打底焊接质量较好；熔池铁水流动情况差，铁水发硬或熔池表面软根部发硬，说明充氩不良，容易造成根部焊缝未熔或烧焦。出现这种情况，应及时调整充氩气体并消除缺陷后，再进行焊接。氩弧焊打底收头、熄弧动作一般在电流衰减后，电弧移向坡口边沿时完成。衰减电流速度不易过快，防止熔池高温状态下温度陡降，产生弧坑裂纹。

焊接至充气点时，先预留充气点，将其余打底焊道焊接完毕，在施焊第二道打底焊道时再将充气铜管抽出一点，进行打底封口焊接，逐步缩小封口面积至封口结束。

D. 电焊条焊接时采用多层多道焊，两人对称施焊，电焊第一层应选用小直径焊条，小规范，防止击穿打底焊道。焊层厚度以焊条直径为宜，单焊道宽度以三倍焊条直径为宜。每次收弧时均应衰减电流，以防止弧坑裂纹等缺陷产生。

E. 焊层（道）间清理

每焊一层（道）完后，用角磨机或钢丝刷清除焊渣和飞溅，特别是焊道中间接头及坡口边缘处。

⑤ 焊口进行后热处理及高温回火处理，后热处理以完成焊缝组织的全马氏体转变，高温回火处理以改善焊接接头应力分布状态，降低焊接残余应力。

⑥ 检验

国外引进机组焊接质量检验按引进国技术标准和规范、规程及合同规定执行，若无规定，按国内电力行业规范《火力发电厂焊接技术规程》DL/T 869—2012 执行。焊缝外观检验合格后，无损检验项目包括硬度检验（焊缝硬度不超过 350HB，且与两侧母材硬度差小于 100HB，若有焊接工艺评定，且热处理按工艺文件执行，温度曲线无异常，则可以免除硬度检验），超声波检验（Ⅰ级）。

⑦ 检验合格后，进行下一道口焊接

若焊口需做返修处理，应在分析原因后，重新编制返修作业指导书审批后进行预热、焊接、后热及热处理、检验工作。

⑧ 返修焊口一般不超过两次，否则应锯掉焊口，重新整口焊接。

4）施工中需注意的问题

① 对口应尽量采用单向作业，即总保持一端为自由伸缩端，以便减小焊接时的应力，防止裂纹产生。

② 尽量在环境温度适宜时进行焊接，按照《火力发电厂焊接技术规程》DL/T 869—2012 的规定，P91 钢焊接的最低环境温度为 0℃，考虑到 P91 焊接对整个热循环的温度要求较严，焊接时的最低环境温度控制在＋5℃为宜。低于此温度焊接时需采取措施。

③ 采取有效的防风防雨措施。施焊前要搭设好防风防雨棚，以避免焊缝遭受风雨侵袭。尽量避免在雨、雾等不良天气条件下施焊，以减少焊缝含氢量，提高焊接质量。

④ 保证焊接、热处理的连续性，避免由于意外断电导致焊接及热处理非正常中断。为此有必要为焊接及热处理配备两路专用电源，其中一路为备用。

⑤ 对焊口返修要特别谨慎。为保证返修质量和成功率，最好采用机械打磨的方法消除缺陷。应保证将缺陷打磨干净后再进行补焊，必要时，在补焊开始前应请金属试验室专业检验人员对缺陷清除情况进行确认。

⑥ 为避免产生裂纹等缺陷，焊后在焊口附近取消打钢印或焊接钢印牌的传统做法。

5. 质量检查及评定

1）焊缝质量检查

焊缝应进行外观自检和专检，自检率为 100％，专检率根据设计要求执行。外观检查质量应符合设计要求，当设计无规定时，应符合以下要求：

① 焊缝外观成型良好，与母材圆滑过渡，其宽度以每边盖过坡口边缘 2mm 为宜。

② 焊缝表面不允许有裂纹、未熔合、气孔、夹渣、飞溅等存在。

③ 设计温度低于－29℃的管道、不锈钢和淬硬倾向较大的合金钢管道焊缝表面，不得有咬边现象。其他材质管道咬边深度不大于 0.5mm，连续咬边长度不大于 100mm，且焊缝两侧咬边总长不大于该焊缝全长的 10％。

④ 焊缝表面不得低于管道表面。焊缝余高≤1＋0.2mm 焊缝坡口宽度，且不大于 3mm。

⑤ 焊接接头错边不应大于壁厚的 10％，且不大于 2mm。

2）焊缝无损检测

① 压力管道焊缝无损检测方法：抽检率、合格等级和执行的标准应按设计要求执行。

② 按百分比抽检的焊接接头，应由质量检查员根据焊工和现场的情况指定检测位置。

③ 同管线的焊接接头抽样检验，若有不合格时，应按该焊工的不合格数加倍检验，若仍不合格，则应全部检验。

④ 不合格的焊缝同一部位的返修次数，非合金钢管道不得超过 3 次，其余钢种管道不得超过 2 次。经返修后的焊缝按原要求复检合格。

3）合金焊缝光谱分析按设计规定执行。焊后热处理质量检验根据设计规定进行，当焊缝的硬度值超过规定的范围时，应按班次作加倍复检，并查明原因，对不合格焊缝重新进行热处理及硬度测试。

6. 安全技术措施

1）所有带电设备必须有良好的接地，焊工及热处理工在启动带电设备时，必须首先检查设备接地是否良好。

2）非电工严禁拆装一次线，焊接及热处理设备的接线、检查、维修必须在切断电源后进行。

3）焊接设备裸露部分、转动部分及冷却部分均应设保护罩，焊工所用导线必须是绝缘良好的橡皮线，在连接电焊钳一端的接头至少有 5m 绝缘软导线。

4）焊工在闭合和断开电源开关时，应戴干燥手套，通电后不准触摸导电部分。

5）焊工离开工作场所时，必须随即切断电源，检查施焊场地确无火种后离去。

6）禁止焊接带有压力的管道；禁止在存有易燃易爆物品的车间、室内及其周围 5m 的地方进行焊接与切割。

7）高空焊接与热处理时，应戴安全帽、安全带并携带工具袋，所使用的工具一律放在工具袋内，并放置在可靠的地点。在焊接与热处理场所上部临时吊装物体时，焊工及热处理工应自动避开。

8）高空作业使用的脚手架一定要用软铁丝扎牢固，焊工及热处理工使用前要认真检查，禁止登在梯子的最高层进行各种操作。

9）打药皮时，要防止药皮伤害眼睛，两人对称焊时，应互防弧光打眼。

10）热处理部位应设明显的警示和隔离措施。加热电缆及热电偶信号电缆应尽可能悬挂设置，防止意外损伤。

3.2.5 锅炉安装施工方案

1. 工程概况

余气发电项目配套一台 220t/h 高温超高压燃气锅炉，该锅炉为单锅筒、自然循环、集中下降管、一次中间再热、倒 U 型布置；锅炉前部为炉腔，四周布满膜式水冷壁，炉腔上部布置屏式过热器，水平烟道内设有高温对流过热器和高温再热器，水平烟道转向室和尾部前、后侧均采用膜式壁管屏包覆，并由中间隔墙使尾部形成双烟道，前烟道布置低温再热器，后烟道布置低温过热器，低温再热器及低温过热器下布置烟气调温挡板，后依次为省煤器、空气预热器；锅炉构架采用全钢结构，由 12 套部件组成（锅筒、水冷系统、钢结构、过热器、省煤器、空预器、本体管道、燃烧设备、炉墙及门类、再热器等）。

施工工期：2018 年 5 月 15 日至 2018 年 9 月 15 日。

2. 编制依据

设计院图纸；

锅炉厂家图纸及技术资料；

《电力建设安全工作规程 第 1 部分：火力发电》DL 5009.1—2014；

《电力建设施工技术规范 第 2 部分：锅炉机组》DL 5190.2—2012；

《电力建设施工技术规范 第 5 部分：管道及系统》DL 5190.5—2012；

《电力建设施工质量验收及评价规程 第 7 部分：焊接》DL/T 5210.7—2010；

《火力发电厂焊接技术规程》DL/T 869—2012（火力发电厂焊接篇）；

《锅炉安全技术监察规程》TSG G0001—2012；

《工程建设标准强制性条文（2016 版）》《电力工程部分》；

电力建设工程施工技术管理导则（国电电源〔2002〕896 号）；国家及部颁的各种现行有效版本的技术规范、规程、标准等。

3. 设备技术参数及施工技术要求

（1）锅炉主要参数（表 3-51）

锅炉主要参数　　　　　　　　　　　　　表 3-51

名　　称	单　位	数据
额定蒸发量	t/h	220
额定蒸汽压力	MPa	13.7
额定蒸汽温度	℃	543
给水温度	℃	253.6
空预器出口温度	℃	224
冷风温度	%	92
设计燃料		高炉煤气、焦炉煤气

（2）锅炉基本尺寸（表 3-52）

锅炉基本尺寸表　　　　　　　　　　　　表 3-52

名　　称	单　位	数据
炉膛尺寸（长×宽）	mm	7570
锅筒中心线标高	mm	32760
锅炉最高点标高	mm	37570
锅炉长度	mm	21000
锅炉宽度	mm	18400

（3）锅炉钢架

锅炉构架为采用全钢构架悬吊结构，炉架由炉顶板、柱、梁、垂撑构成一个立体桁架体系，连接形式为焊接，钢架固定形式为筋包柱，为了减少高空作业量，钢架在地面组对成片后进行集中吊装、调整就位，合计 8 片，钢架总重量 150t；

顶板梁表面标高 37 米，主要连接承重梁 66 根，总重合计 51t；其中主梁为 4 根，顶板梁采用单根高空组装的方式进行安装，除主梁 2、主梁 3 采用 100t 吊车吊装外，其他梁均采用 5013 平臂吊进行吊装。

锅炉炉架沿高度方向分 11 层平台扶梯：分别在 4.8m、7.95m（8.8m）、11m、13.4m、16.3m、18.6m、21.3m、24.7m、27.1m、31.5m、35.6m；平台扶梯重量总重为 68t，平台、栏杆地面组对后，按相应的位置吊装就位。

（4）汽包

汽包外形尺寸为 10226mm×1770mm×85mm（长×直径×厚度），重约 42t；汽包就位标高为 32760mm，汽包材料为 DIWA353 低合金钢，除允许在预焊件上施焊外，锅筒其他部位严禁引弧和施焊；由于构件跨度尺寸小于汽包，汽包需倾斜起吊，汽包到场后直接运输至锅炉零米，并且使得汽包中心与锅炉中心线重合，拟使用 2 台 200t 吊车进行抬吊就位。汽包吊点选择需等汽包图纸到现场后确定。

（5）受热面

锅炉承压部件是指省煤器、水冷、过热、再热等几大系统，包括炉室四侧膜式水冷壁、包墙、后烟道内部蛇形管排、内悬吊管、外置式换热器内的蛇形管、汽包、各部联箱、导汽管、本体管路及其相关支吊架、刚性梁、连接件、孔门、附件、密封铁件等，合计 528t。

过热蒸汽流程：锅筒→饱和蒸汽引出管→顶棚入口集箱→顶棚管中间集箱→后包墙下集箱→后侧包墙下集箱→侧包墙上集箱→前包墙下集箱→前侧包墙下集箱→侧包墙上集箱→两侧的侧包墙上集箱→低温过热器→一级减温器→屏式过热器→二级减温器→高温过热器。

再热器由高温再热器和低温再热器组成。

再热器流程：再热器母管→事故喷水减温器→低温再热器入口集箱→低温再热器→低温再热器出口集箱→微量喷水减温器→高温再热器入口集箱→高温再热器→高温再热器出口集箱→汽机。

受热面安装可分前炉膛、水平烟道、尾部竖井三部分同时展开，组件吊装先上部后下部。这三部分工作基本结束后，可进行顶棚管、一次密封、炉顶汽水联络管、本体管路的安装工作。受热面主要规格见表 3-53。

受热面主要规格　　　　　　　　　表 3-53

序号	名　称	材质	规格	备注
1	水冷壁	20G	$\phi60×6.5$	
2	顶棚过热器	20G	$\phi51×5$	
3	省煤器	20G	$\phi38×4$	
4	包墙过热器	20G	$\phi38×5$	
5	低温过热器	12Cr1MoVG	$\phi38×4.5$	
6	屏式过热器	12Cr1MoVG/20G	$\phi38×5$	
7	高温过热器	12Cr1MoVG	$\phi38×5$	
8	低温再热器	12Cr1MoVG	$\phi51×3.5$	
9	高温再热器	12Cr1MoVG	$\phi42×3.5$	

锅炉受热面组合

因炉膛尺寸较宽，膜式壁刚性梁长度方向可能为整件供货，膜式壁单片供货，采用刚性梁与膜式片整体组合的方法，整段起吊，以节省工期。

水冷壁主要采用分段散吊就位方式，为了使水冷壁与尾部包墙过热器的同期吊装，水冷壁主要用卷扬机进行吊装。蛇形管排受热面按设计及供货的悬吊管分段进行组合。

包墙和水冷壁以及蛇形管排共用组合平台，受热面在组合安装前必须分别进行通球试验，通球前应先用压缩空气吹扫管内杂物，通球的压缩空气压力不小于 0.4MPa，试验应采用钢球，且必须编号并严格管理，不得将球遗留在管内，通球后应及时封闭，并做好记录。

（6）水冷壁安装

1）施工流程图

设备清点→组合架搭设→上部水冷壁组合、组件验收→上部水冷壁附件安装、水冷壁刚性梁安装→上部水冷壁吊装找正→下部水冷壁吊装、找正→下部水冷壁焊接→水冷壁整体找正、验收→四角拼缝→刚性梁连角→临时固定 割除→四级验收。

2）水冷壁组合方案

水冷壁分左右侧墙、前后墙等水冷壁组合件进行地面组合。各段管组的对接，各管组之间的拼接，刚性梁安装等工作应在经过找正的有足够刚性的固定组合架上进行，并确保组装过程中组合架不变形，不下沉。

立柱采用 14 号槽钢制作，支架底座用 14 号槽钢制作十字，该组合架按水冷壁组件长度每 3m 设置一件，同时在各水平支撑中间拉设 50mm×5mm 的角钢作为稳定部件，并以避开组对焊缝、刚性梁、人孔门等适当调整，距焊缝每边 1~1.5m 为宜。

组合前首先要对集箱和水冷壁管组进行检查与清理。检查管子外表面有无裂纹、擦伤、龟裂、压扁、砂眼和分层等缺陷；表面缺陷深度缺陷深度超过管子规定厚度的 10%且大于 1mm，应提交监理、建设单位研究处理。清理集箱内部，不得存有异物，尤其要注意管座处有无"眼镜片"。检查管组集箱各孔位方向的正确性。检查管组集箱尺寸的正确性，不符合者应予以纠正。

各管组的对焊拼缝工艺，要保证整体水冷壁墙的几何尺寸符合图纸要求。焊接时应采取措施防止变形。组装时可将管端处鳍片从中间割开 500~1000mm 调整对口，对接焊后再补焊鳍片割口。

将水冷壁下段吊装就位悬挂于水冷壁上段之下，空中对口焊接。工地安装水冷壁时，必须严格控制各管屏间的安装间距，与图纸要求相符。空中对口焊接搭建临时平台，用架管和钢隔板做稳固临时平台。

3）水冷壁吊装

水冷壁组件在锅炉组合场组合验收完后，由卷扬机配合滑轮组起吊就位；手拉葫芦接钩对口焊接，选用 5t 卷扬机两台。

（7）过热器

过热器系统由炉顶过热器、包墙过热器、低温过热器、一级减温器、屏式过热器、二级减温器、高温过热器及集气集水箱等组成。低、高温过热器系统采用分片现场安装，其余部分采用组件安装。

（8）省煤器安装

省煤器布置与尾部竖井烟道中，分左右两列对称布置，锅炉给水分别从两侧集水箱供水，省煤器管排在锅炉组合场将每一片的上、下二段组合为一片，上、下之间的定位板同时组合焊接好。省煤器采用平臂吊进行安装。

（9）炉顶密封

本锅炉的炉顶密封是由钢板，梳型板、弯板、Z型板、扁钢和伸缩节等组成，工作量大，施工面广，有很大的施工难度。炉顶密封施工是在四侧水冷壁、包墙、过热器等安装找正后进行的。

炉顶密封装置的安装分为两个阶段，即一次密封和二次密封。

一次密封是指锅炉水压试验前必须安装的需要与汽水系统管道进行焊接的密封部件。由于锅炉水压试验结束后不能在汽水管道上进行任何焊接工作，所以一次密封的所有部件必须在水压前完成。

锅炉水压试验后安装的密封部件为二次密封，二次密封的钢板安装后即对锅炉炉顶大部分管道进行了封闭，如果水压前施工，在水压期间顶部出现的缺陷就无法发现，所以二次密封的部件一定要在水压试验后安装。但部分二次密封的钢板由于锅炉本身结构的限制，必须在汽水系统的管道安装对口结束之前预先穿入存放，在锅炉水压试验结束后，再正式安装这些密封板。

（10）锅炉附属管道安装

锅炉附属管道包括排污、事故放水、集箱的疏放水管道、放空气管道、就地压力表、吹灰器汽源引出管道、锅炉房燃油管道、连续排污扩容器和定期排污扩容器及其放水管道等。安装方案如下：

1）锅炉附属管道在一般情况下除管径比较大的管道图纸给出了具体施工图外，其余小管径管道图纸只给出了大致走向，并没有详细的定位尺寸。所以，在施工前要通过现场的实际测量，根据现场的具体情况确定管道的走向。

2）锅炉附属管道的支吊架有一部分为现场配制的，现场制作时，要根据实际情况下料，支吊架的形式必须符合图纸中提供的支吊架标准图。

3）管线中阀门在安装时根据图纸设计的大概位置，布置整齐，便于操作与检修，且不能影响平台通道。对有特殊要求的阀门在安装时详细阅读说明书，在说明书的指导下进行安装，安装时要特别注意介质的流向和阀门标示的流向一致。

（11）燃烧器

燃烧器布置于炉膛前后墙，依靠自身的固定直接与水冷壁焊接，运行时随水冷壁向下膨胀，燃烧器安装前认真检查，各连接处均应有良好的密封性，以防止漏风漏气。

（12）空气预热器

采用立式管箱结构（管箱总量为8件），错列单层布置管箱高度3.79m，合计70t；单件重8t左右，安装前应进行外表检查，有损伤的管子要修复，管子要畅通，护板严格按图进行焊装，防止因焊装不妥造成护板刚性较差，出现来回振动的现象。

（13）水压试验

锅炉受热面系统安装完成后，进行整体水压试验：

水压试验范围：锅炉本体主蒸汽系统自给水操作台至集汽箱出口水压用阀门；再热器

系统自低温再热器进口水压用阀门到再热器出口管道水压用阀门。

锅炉试验压力为汽包工作压力（14.8MPa）的 1.25 倍，$P=14.8×1.25=18.5$MPa；

再热器单独进行水压试验，试验压力以再热器进口压力（2.68MPa）的 1.5 倍 $P=2.68×1.5=4.02$MPa；

升压速度缓慢平稳，压力≤0.98MPa 时升压速度≤0.244MPa/min，压力升至 0.98MPa 时暂停升压进行检查，无异常，稳压 15min 继续升压，升至 5.88MPa 时暂停升压，观察压力变化，无异常，继续升压到 9.8MPa 后放慢升压速度，使其≤0.196MPa/min，当压力升至 11.77MPa 时暂停升压，检查有无异常。无异常，继续升压，直至合格，压力升到水压试验压力（18.5MPa），并在此压力下保持 20min，水压合格后，疏水泄压。

4. 施工部署

（1）施工主要内容

锅炉安装主要内容为：钢结构、汽包、水冷系统、钢结构、过热器、再热器、省煤器、空预器、锅炉范围内的管道及阀门仪表、燃烧装置、炉墙及门类等。

（2）工程的重点和难点

锅炉钢架 1m 线划定和大板梁吊装、汽包吊装、受热面管焊接为工程的重点和难点。

5. 施工进度计划

（1）主要项目施工进度计划（图 3-69）

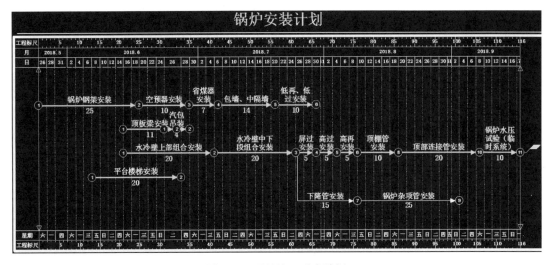

图 3-69　项目施工进度计划

锅炉钢结构安装周期：2018 年 05 月 26 日～2018 年 06 月 18 日

锅炉大板梁就位：2018 年 06 月 15 日～2018 年 06 月 25 日

锅炉汽包吊装：2018 年 06 月 25 日～2018 年 06 月 28 日

锅炉受热面组对吊装：2018 年 06 月 15 日～2018 年 09 月 14 日

锅炉整体水压试验：2018 年 09 月 15 日～2018 年 09 月 20 日

（2）施工综合进度保证措施

根据工程进度要求，编制材料计划、进行图纸会审、编写作业指导书，施工前的工器具配备、施工辅助材料准备等。

编制月施工计划，并根据此计划合理安排每周施工内容，同时每天下午下班前由班长与技术人员碰头，详细制定明日的施工计划。

确定主要关键项目的施工，合理安排、明确目标，使关键项目准点完成。

加强设备、材料的管理，应设立专人负责联系、清点材料设备，确保材料设备满足施工需要。

根据锅炉安装顺序，联系材料设备科按此顺序进货，对个别急需的设备要提前通知，避免因设备未到而影响施工。

根据现有施工组合及机具配置，合理利用。

加强技术管理和质量管理。每一项目开工前必须编写作业指导书并经交底，使施工人员清楚施工范围和要求以及注意事项。在施工过程中加强监督检查，及时发现问题及时处理。施工中严格执行质量管理制度和工艺质量要求，减少返工，保证施工质量和工程进度。

技术人员根据提供的参考图纸，提前进行消化吸收，尽早统计施工主材，减少主材的申报周期。

加强施工人员的专业培训工作和职业道德思想教育，提高施工人员工艺水平和敬业精神，来保证施工质量和进度。

合理配备资源，投入足够的人力、机械，实现关键项目准点运行，以满足工程总体进度。

6. 施工准备与施工资源配置计划

（1）主要机具配置（表3-54）

主要机具配置 表 3-54

序号	名称及型号规格	单位	数量	用途
1	TC5013-16 平臂吊	台	1	锅炉安装（小件吊装）
2	200t 汽车吊	台	2	汽包吊装
3	25t 汽车吊	台	1	组合
4	130t 吊车	台	1	锅炉钢架吊装
5	运输卡车	辆	2	设备运输
6	卷扬机 5t	台	5	受热面吊装
7	电动试压泵 $P=30MPa, Q=3.5m^3/h$	台	2	锅炉水压
8	逆变电焊机	台	25	设备焊接
9	叉车	台	1	现场设备卸车倒运
10	手动试压泵 $P=2.5MPa$	台	1	低压小管道水压
11	弯管机 WC27-108	台	1	弯管
12	1~10t 手拉葫芦	只	30	配合安装
13	油压千斤顶 100t	只	4	配合安装
14	空气压缩机 W-6/7	台	2	通球，气压

（2）主要机具布置

根据施工组织总设计的施工总平面布置图，并结合锅炉安装的实际情况，锅炉主要机具具体布置位置如下：

在锅炉北侧布置一台 TC5013 平臂吊，作为小件吊装，锅炉南侧根据安装进展布置 200t 汽车吊及 100t 汽车吊，其主要用途为吊装锅炉汽包及顶板梁主梁 2 和主梁 3。

在施工现场还配置了移动式汽车吊，用于设备的转运和小型设备的就位等。

（3）劳动力计划

为了确保锅炉总体进度，结合机炉工程处具体情况，为充分发挥劳动力潜能，我们采取综合调度劳动力，并加强职工技能培训，实行一工多能，合理安排工程施工顺序和进度，并制定机炉工程处各阶段劳动力计划。

7. 施工工艺质量管理

（1）施工工艺质量要求

1）密封

密封件材质、规格、数量经核实，符合图纸要求。安装位置及尺寸符合图纸。无漏装、漏焊、错焊、假焊。密封件接口要平整，热膨胀满足要求。

外观检查，无缺陷。焊接处必须清理干净，符合焊接要求，焊接缝应均匀，无夹渣、气孔，焊渣及时清理检查。焊接时必须采取合理的焊接顺序和焊接电流，以防变形严重和将密封件焊通。

密封件安装与保温密封交叉施工时，按图施工后须经有关部门验收合格，办理签证后方可进行下道工序施工。

2）平台、栏杆

栏杆制作安装符合设计要求，切割宜机械切割。用火焰切割应平齐，并打磨；安装焊缝须打磨光滑并及时油漆防护；栏杆安装横平竖直，不变形弯曲，立杆间距布置均匀，标高平齐；拐弯栏杆宜使用冷弯机械加工或订购热压弯头，人工冷弯或热弯弯头应圆滑，不得有扁状或裂痕；立柱根部应满焊，并清理检查，防止点焊、假焊现象。

平台表面应平整，栅格板应整齐平整；平台接头处应对齐，不错边，并增铺栅格；平台未接通，栏杆未安装的缺口处应用红白相间一样的临时栏杆封闭，并挂警示牌，临时栏杆要横平竖直。

3）小口径管道

小口径管道施工前根据系统图并结合现场实际勘察，组织业主、技术人员、施工负责人确定管路走向，阀门布置位置由技术人员总体考虑确定，经审批后方可施工。

小口径管道宜采用集中布置，走向有序，不相互交叉，整齐水平、坡度一致。同一位置同一口径管道弯曲半径相同。高温管道应增设膨胀弯，同一管系冷弯与热弯弯头不得混用。统一布置，管间节距应均匀。

小管道施工必须使用机械弯管。管口须机械打磨合格，集中布置管道焊口尽量控制在同一位置。

支吊架应符合设计要求，集中布置的管道支吊架应尽量使用同一根部，支吊架的花角铁规格统一，机械切割，花角铁超过包箍的长度要一致，U 型螺栓露出部分应基本一致，以 2～3 牙为宜。

小口径管采用丝扣连接时，连接前丝口应清理干净，并涂好密封涂料，冷却水管丝口上应缠好生料带，紧好后，接口不允许摇动，固定牢。

4）烟道

根据图纸进行清点、复核，外观检查合格后方可安装，拼装应在样板台上定位进行；烟道就位后，水平找正再对口焊接。严禁强力对口，对管壁厚大于 3mm 的应打磨坡口符合要求后方可焊接；焊缝焊完后应清理干净，能做渗油试验检查的，必须进行渗油试验合格，不能检查的应加强外观检查并合格。

对口处法兰连接，接口要平整，螺栓孔须机械加工，间隙均匀。

挡板安装符合要求，调整装置灵活自如，柄轴上有与挡板一致的方向标识。临时加固铁件割除干净，不得伤及母材，必要时打磨干净。

5）油系统

油系统设备应无缺陷，内部无杂物，清理干净；阀门必须水压合格，均经签证认可。

管道安装前必须清扫干净，并及时封口，对口焊接必须符合焊接要求，坡口采用机械打磨，焊口一律采用氩弧焊打底的焊接工艺。

所有开孔应在安装对口前进行，开孔后清理干净，杜绝铁屑、焊渣等杂物进入管道。

法兰连接的结合面应使用耐油垫片，法兰结合面应平整，无缺陷，结合面间隙均匀，连接螺栓方向一致，螺纹露出一般 3～5 牙。

（2）锅炉安装质量验收要求

锅炉安装标准执行《电力建设施工技术规范 第 2 部分：锅炉机组》DL 5190.2—2012，锅炉验评资料执行《电力建设施工质量验收及评价规程 第 2 部分：锅炉机组》DL/T 5210.2—2009。

锅炉安装施工质量的检查、验收，由施工单位编制质量验收划分表，经监理单位审核，建设单位确认后，三方签字、盖章后执行。

检验批、分项、分部工程，应有监理单位组织，相关单位参加；单位工程的验收，由建设单位组织，相关单位参加。

施工项目必须施工完毕后，方可进行质量验收，对施工质量验收，施工单位应自检合格后，且自检记录齐全方可报工程监理、建设单位进行质量验收。

隐蔽工程应在隐蔽前，由施工单位通知监理及有关单位进行见证验收，并完成验收记录及签证。

检验批项目验收合格，方可对分项工程进行验收，分项工程验收合格方可对分部工程进行验收，分部工程验收合格，方可对单位工程进行验收。

8. 安全文明施工措施

（1）组织措施

建立安全文明施工管理网络体系，实现安全文明施工标准化；制定安全文明施工管理制度，加大管理力度，杜绝各类违章现象，实行区域环境管理，创建文明环境示范区；加强物品堆放定置化管理，确保施工现场整洁有序。

专职安全员负责现场安全文明施工的监督检查及安全措施的落实工作，对不合要求的及时要求整改，不听从管理者，下处罚整改通知单，限期整改，并做登记备案工作，每月考核，按管理规定进行处罚，必要时作下岗处理。

施工班组负责人对各自的施工区域，按规定要求做好安全文明施工管理工作，对不能做到的，按管理制度进行处罚，工地每月进行考核备案。必要时作下岗处理。

施工人员对各自的施工场所及施工范围按规定要求做好安全文明施工工作，同时做好自身的安全及他人的安全工作，相互督促。对违反规定的，按管理规定进行处罚并备案，每月进行考核，必要时下岗处理。

（2）技术措施

1）施工准备阶段

工地按施工区域划分安全文明施工责任区，对差的区域由施工负责人根据检查结果实施限期整改，并按规定考核。所有施工人员必须经考核、检查合格后上岗。

施工现场的二级配电箱应采用同一规格型号，布置位置根据施工需要由电工统一布置，安装的配电箱应整齐美观，电源线按正式布置要求布置，并由专门电工负责管理维修。

施工用的皮线、氧乙炔皮管走向须沿平台旁或架空用专用挂钩悬挂，严禁随地任意布置，要求做到排放整齐美观。

2）安装阶段

各级项目技术负责人在编制作业指导书时，针对项目施工特点，编制具体的安全文明施工措施，经审批后付诸实施，并督促检查。

对必须填写安全施工作业票的作业项目，应按规定逐级审批后，经专业工长交底后施工，并办理交底手续。

加强对施工区域的安全文明施工检查，专职安全员每天一次，及时发现问题及时整改，对危险区域应采取防护措施。

机具由专人负责管理维修，每月对所用的机械进行一次安全质量检查，对不能使用的应作标识、隔离，投入使用的机具应完好。

起吊或悬挂钢丝绳部位应采取防护措施，加垫包箍或加垫木进行保护。

施工区域配备足够的安全消防器材，尤其辅机检修间、油系统施工区及其他重要的防火区等。

炉架吊装区域采用色标栏杆设立隔离区。炉架上的临时脚手统一设计、统一制作。柱接头上方设置临时安全带悬挂扣，临时通道区域设好水平扶绳拉环。

炉架吊装中通道处均及时设水平扶绳，构成井架结构后设安全网。

转运到主厂房区域的钢架（立柱、横梁、斜拉条等）、平台、扶梯等均按指定位置顺序存放。

炉顶梁吊装前设立焊接固定式临时栏杆及爬梯。

锅炉上焊机采用集装箱式布置，快速接头接线方式，焊机出线沿钢架绑扎布线。

锅炉及主厂房区域照明采用灯架式碘钨灯照明及2kW卤素灯照明相结合的照明方式。

抢水压阶段，安装脚手架逐步检查、拆除，确保上下通道及平台的畅通。

水压期间锅炉零米四周设临时活动式防护围栏，楼梯通道、向空排气门、阀门侧面等危险区域等均设置醒目安全标志。

另外，所有气瓶不能置于电、气焊火花、飞溅内外的区域内。必要时，应采取安全隔离措施。照明电源必须采用12V安全电源。

3）调试阶段

对调试单位提供的酸洗及临时冲管安全技术措施应突出防化学药剂伤害，防蒸汽烫伤等针对性防护措施，并严格执行。

设立冲管安全区，增设出口消音器，挂设安全警示牌。拆除表盘、设备等的包装防护，全面进行设备的清理，擦拭及标识工作；整套启动试运时，做好油、水系统的检查，防止断油、断水、漏油等事故的发生。

9. 施工技术管理

建立施工技术管理网络，认真贯彻执行《电力建设工程施工技术管理制度》，遵照本公司的质保体系文件（质保手册、程序文件、实施细则）以及项目部的《质量计划》和其他相关文件，结合锅炉专业施工特点，制定并做好全过程施工技术管理，使施工技术管理工作标准化、规范化、程序化。

项目开工前加强对施工图纸的会审工作并形成记录，尤其是对各专业之间，各相关系统之间，设计院图纸与制造厂家设备图纸之间的接口的审核，以便及早发现问题，避免返工和影响施工。

按单位工程实行文件包管理制度，定期进行检查、评比并对技术人员进行考核，采用必要的奖罚手段加强对文件包管理，提高施工技术管理水平。

加强施工技术资料管理，认真做好图纸领用、发放、图纸会审记录、材料计划表、作业指导书、交底记录、施工记录、验收签证单、材料设备质保书及合格证、试验报告等资料的编制、收集、整理工作，利用微机等现代化管理手段，提高技术资料管理水平，并按达标要求及时高质量完成竣工资料的整理移交工作。竣工资料做到内容完整、数据准确、真实、可信、清晰有序，移交及时。

推行新工艺、新材料、新方法在工程中的应用，并经认证切实可行，大力提倡技术革新和合理化建议，对工程起到提高工程质量和降低成本以及促进工程进度的，实行必要的奖励，鼓励职工的技术创新精神。

每一项目由技术人员制定全过程质量控制工艺流程卡，主要包括：施工准备、外观检查、检修、组合、安装。按施工顺序编制，交施工负责人，每一工序的验收应由相应施工负责人、技术员、质检员签字认可。

严格按程序文件规定的要求制定本专业的施工质量计划，并在施工中贯彻实施。

分包单位的施工技术管理纳入工地管理，作为班组管理，由分管技术员负责。

每一项目开工前必须由技术人员编制作业指导书，经审批后进行技术交底并办理签证，技术交底须符合交底要求。施工人员必须按施工图纸和作业指导书进行施工。

技术人员编报材料计划应认真核对图纸及相关图纸，防止照抄材料清单现象，对施工中结余的材料分析其原因，因技术人员不负责任编报计划的，进行考核并与奖金分配挂钩。

工程技术人员应协助安装副经理做好施工工程量、工期、材料消耗、劳动力等资料的积累工作，为以后更好地安排工作提供经验积累。

项目检查验收按三级验收划分表进行，班组自检合格、工地复检合格，报项目部质检最终验收的方式，有外部参加验收的项目由项目部质检部门通知验收。每道工序验收合格方可进行下道工序施工。

工程项目开工后，各级管理人员做好工程日记，工程结束后认真做好施工总结工作，为以后工作积累经验。

各班技术员根据文件包名称一览表建立文件包管理制度，及时收集、整理作业指导书、图纸会审记录、交底记录、材料质保书及合格证、设备缺陷记录、设计变更通知单、设计修改通知单、设备厂家修改通知单、工作联系单、施工安装记录、验收签证单等工作。

10.职业健康安全

（1）安全管理保障措施

坚持"安全第一，预防为主，综合治理"的安全生产方针，深入贯彻公司有关安全生产的指示精神，以安全文明施工为重点来组织推动各项生产工作。

健全安全监察体系，完善各项安全管理制度，以有效的监察手段和严明的管理制度来保障安全文明施工的顺利进行。

严格执行业主安全文明施工的有关制度和规定，接受业主方对我方安全文明施工的监察。

建立安全风险、制约机制，层层签订安全文明施工目标责任承包书，真正把安全文明施工摆上首要的议事日程；同时实现安全风险抵押金制度，以强化全体职工的安全生产意识，有效地规范职工安全文明施工的行为。

加强安全宣传教育，大力开展多种安全施工竞赛活动，认真抓好班组建设，营造良好的安全文明施工氛围。

严格安全奖罚制度，加大对习惯性违章违纪行为的惩处力度，确保安全施工。

坚持定期的安全大检查制度，除坚持日常的安全监督和检查外，项目部明月组织对现场安全文明施工进行一次全面大检查，以及时发现并消除隐患。

坚持定期的安全例会制度，做到每月一次项目部领导亲自组织主持召开的安全工作会议，以统筹安排、协调处理安全文明施工的有关问题。

为加强对现场安全文明施工的领导和监察，及时协调、处理安全文明施工的问题，项目部实行领导跟班制度，同时坚持做到安全文明施工日讲评、月总结，在现场碰头会上对当前的安全文明施工进行具体的讲评和总结。

加强对为外包队伍的安全管理，严格做到招用安全资质审查合格的外包队，对招用的外包队必须在安全教育考试合格且签订安全文明施工协议后，才允许进场开工。

（2）安全健康技术保障措施

1）根据现场情况与施工经验，对本工程重大危险、危害因素进行辨识。

2）对一般的危险、危害因素按《安全操作规程》和安全管理制度进行控制，对重大危险危害因素除按规定、程序控制外，还要制定管理方案。管理方案中对安全措施计划、步骤、实施责任部门和人员、监督检查部门、人员及实施时间进行确定。

3）主要管理方案内容：

① 高处作业管理方案：针对工程安装高处作业量大、交叉施工频繁的特点，为减轻高处作业场所脚手架搭设的劳动强度，消除高处作业、交叉作业的不安全因素，在该工程安装中拟采用钢架夹板架、骑马架以减少锅炉钢架吊装阶段脚手架的搭设工作量，为高处安全施工提供保障；采用水冷壁对接脚手架以消除水冷壁高空对口、组合的不安全因素；分层铺设满堂滑线安全网，牵设安全绳以保障锅炉钢架吊装、大件吊装阶段高处施工的人身安全。

② 施工现场沟道、孔洞危害因素管理方案：对施工现场沟道、孔洞等危险处均加盖标准、规范的孔洞盖板或安全围栏。

③ 施工现场用电设施、电动工具使用管理方案：施工现场用电设施多、电动工具使用频繁，为确保用电安全，避免触电事故的发生，对电气设施采取可靠的接地、接零措施；施工电源盘及现场动力控制电源均采用标准规范的盘、柜定点布置；小型电动工具电源均使用带漏电保护器的电源小箱；在金属容器内或潮湿地域等处使用电动工器具时，另须加设安全隔离电源。

④ 大型施工机械使用、起吊管理方案：建立机械管理制度，使施工机械的管理、使用、维护、保养、维修有一整套操作规程和岗位责任制、交接班制，并严格督促按制度执行。大型施工机械的操作、指挥、维修人员均须持证上岗，禁止无证上岗和违章作业。完善大型施工机械安全保护装置，并经常检查维护，确保其性能完好。严禁施工机械带病运行和超负荷使用。完善吊装作业方案或措施，对大型起重机械及起重工具、索具坚持每月进行不少于2次专业性的安全检查，以保证其性能良好可靠。

⑤ 射源辐射管理方案：建立完善的射源保管、领用及运输的管理制度和安全操作规程，并严格遵守执行。配备齐全的安全防护用品，并督促正确使用。射源使用须按规定时间作业，在使用前和有关单位联系，通知现场人员撤离并设立安全警戒线、悬挂警示标牌。

⑥ 火灾事故控制管理方案：布置充足的消防器材，易燃、易爆物品分类集中存放、放置间隔符合防火安全检查要求，存放地点有可靠的消防设施。高处从事焊接、切割作业时，应清除下方的易燃物品，如无法清除，需采取可靠的隔离措施。

⑦ 季节性施工管理方案：本工程根据工程所处地理位置，对冬、雨期施工编制具体措施。

3.2.6 机电工程管线综合布置施工协调案例

1. 质量管理组织设计优势

BIM 可视化虚拟仿真技术，是以三维可视化数字模型为基础，利用数字仿真，模拟模型的三维几何信息和非几何信息（如进度、材质、体量）。BIM 可视化展示工程结构的体量以及施工方案难点。利用 BIM 的可视性在变更前按图纸信息添加管线、设备，做到严格按图施工，且同步更新，同时还可以检查各种系统是否完整无遗漏。如图 3-70 所示。

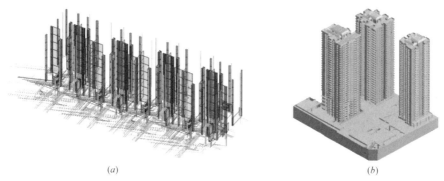

(a)   (b)

图 3-70 BIM 可视化展示

2. 安全管理组织设计优势

任何事故都是可以避免的，通过 BIM 模型的漫游全楼体进行巡视，进行危险源识别。

提前预知危险区域。对于所发现危险区域可设置防护栏，防护网，增加灯光等安全管理设施。为工程的施工安全保驾护航。如图 3-71 所示。

(a)   *(b)*

图 3-71　全楼巡视

3. 成本管理组织设计优势

通过 3D 模型可以在施工场地布置之前进行模拟施工，检查每一个项目节点的布置是否合理，通过建立场布模型，排布临建设施、规划道路及物料堆集区等，合理安排、最大化利用现场空间，避免返工、也变相节约了项目成本。如图 3-72 所示。

(a)   *(b)*

图 3-72　模拟施工

4. 施工进度管理组织设计优势

（1）得益于 BIM 应用，利用管井和立管编号的唯一性，避免系统缺漏。利用模型对管道井进行优化排布，保证各类阀门及附件的安装空间，综合管线整体布局协调合理，保证合理的操作与检修空间，并使技术交底一目了然，合理安排施工工序，提高生产效率，保证质量一次成优。如图 3-73 所示。

（2）通过 BIM 软件的调用能够全面掌握结构的细部特征，对管线进行优化排布后，根据钢腹板不同的规格，提前预制洞口，提高安装净空间，并减轻钢构重量，节约成本。如图 3-74 所示。

（3）建模过程中即融入空间管理的概念，通过不改变风管截面积而只进行高宽比例的调整，从而保证了净空标高。如图 3-75、图 3-76 所示。

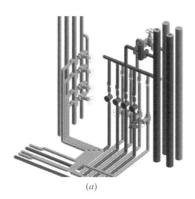

(a)　　　　　　　　　　　　　　(b)

图 3-73　管井和立管排布

(a)　　　　　　　　　　　　　　(b)

图 3-74　管线优化

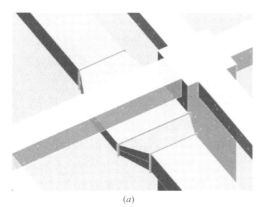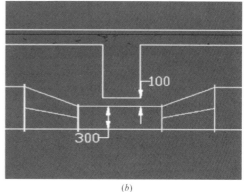

(a)　　　　　　　　　　　　　　(b)

图 3-75　风管建模

（4）同时利用 BIM 的优化性，在模型排布过程中提前发现问题（如图纸的错、漏、碰、缺或标高不达标等问题），及时更改方案，优化管线为施工进度的顺利进行做好前期保障。

（5）利用 BIM 的模拟性，可以提前对设备选型提供保障，为业主获得效益（图 3-77 中将电机外置式离心风机换成轴流风机解决了车位标高不达标问题）。

（6）利用 BIM 的可出图性，可以出具区域净空图、剖面图、预留洞图、支架图完善了设计院二维图纸上个别区域剖面过少，图纸表述不清等问题。

（7）利用 BIM 技术可有效的导出设备基础图，为安装单位提供可靠的数据保障。如

图 3-76   风管布置

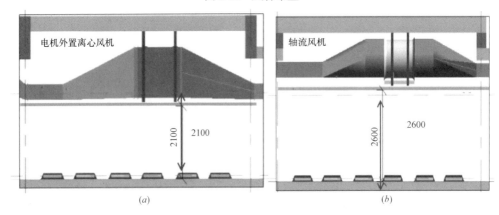

图 3-77   风机选型

图 3-78 所示。

（8）对于机房等重点区域，通过各种管线布置及管径大小可为材料进场提供依据，同时有经验的项目经理可预估此机房需要派多少劳动力、多久能完成此机房排布避免了人员及材料的浪费。如图 3-79 所示。

（9）在预制安装方面可导出零件拆分图，提高工程质量和生产效率，降低制作、安装的成本，还可以促进设计、施工的精细化。同时采用预制安装的方式大大降低了大型管道焊接、烟尘等一系列环保问题。同时也节约了工期节省了劳动力成本。如图 3-80 所示。

（10）对于大型设备较多，机房管线复杂，管径大（最大 DN1000），利用 BIM 技术快速、准确实现空间模拟。提前预见问题，解决现场工人难度大，各类材料机具占用等问题。如图 3-81 所示。

5. BIM 应用案例

（1）梅溪湖商业综合体

本工程制冷机房空间狭小，机房泵组数量多且多为侧进侧出，在进行泵及其前后管线排布时，可利用的空间非常有限且严重影响支吊架的排布。根据选型后真实产品的尺寸、现有的空间范围、原设计的排布方式，泵与泵之间间距狭小，根本无法正常进行泵进出口管线的安装。

利用 BIM 技术，现场测量核实结构尺寸，查询已采购的泵的技术规格尺寸，严格按泵进出口的实际接管位置，依照原设计方案进行三维模拟，无法满足现场实际安装需求；

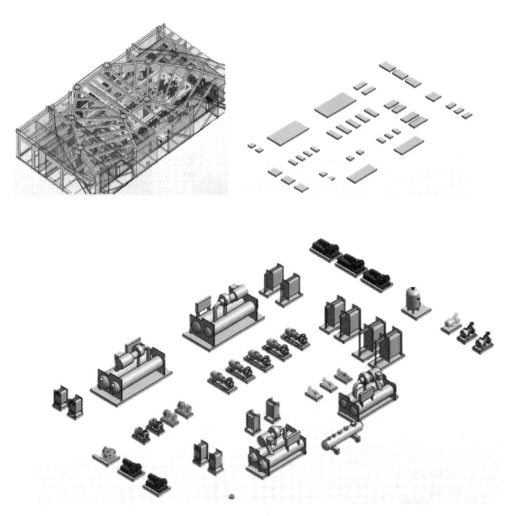

图 3-78　设备基础图

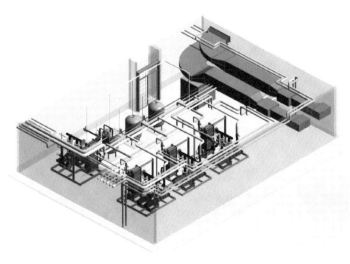

图 3-79　管线布置

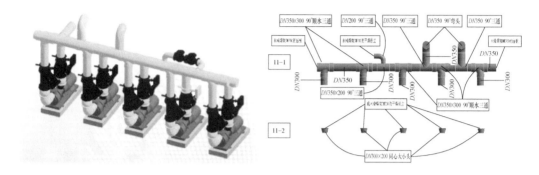

图 3-80 预制安装

随后对所有泵进行一正一反排布，仍然无法避免泵与泵之间进出水管道互相碰撞，阀门安装困难，与主管（DN1000）连接处交叉碰撞较多且无法避让，很难进行支吊架排布；最终通过 BIM 技术模拟，把泵朝同一方向进行斜 30°排布（见图 3-82 方案 3），错开泵与泵之间的进出水管道的位置，保证每一进出管单独占据约 1.5m 的距离，在有限的空间完成了泵及其进出口管线的安装，统筹安排机房管线空间位置及排布，提前解决设计不满足问题，减少施工返工，满足现场实际施工要求，且机房排布效果美观整齐。

屋面冷却塔涉及多个施工单位、供应商等，在各方图纸不全和频繁变更下，主动利用 BIM 演示与多方沟通、全面排布，综合考虑多单位施工条件，实现了局部的全专业设计，通过局部大样展示和出图，指导各方快速进入施工面，完成现场施工。为各方工作面的开展提前了近一个月。如图 3-83～图 3-86 所示。

（2）旬邑药厂项目案例

本工程总投资 2 亿元。机电安装投资 7000 余万元。该车间包含数条药物生产线，四季抗病毒合剂提取生产线是其中之一，其操作流程主要为，前处理、投料、煎煮、泵药、浓缩、倒药、收膏、合剂。本工程是省市重点项目；工艺要求严，专业多，介质复杂，且大多数工艺管道不能进行翻弯，机电系统多达 22 个；管线、设备多为不锈钢材质，造价成本极高；洁净度要求高、管道焊接要求高。该工业项目 BIM 应用，是企业 BIM 技术向工业领域拓展的急先锋。自建族库 30 余种，通过 BIM 技术分专业、分楼层建立模型，实现模型样板化，易于统一管理。对工艺管道、储罐进行排布方案得出最优方案，既保证施工质量，也保证观感。如图 3-87～图 3-99 所示。

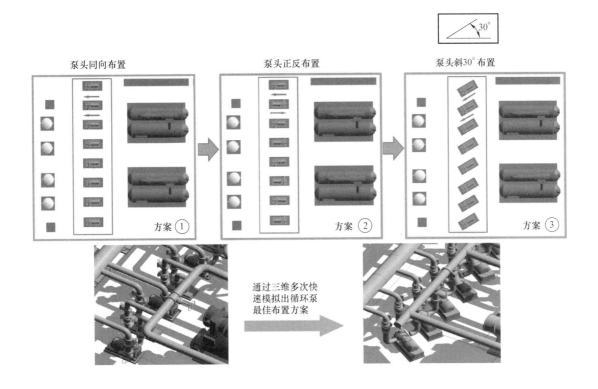

图 3-81 BIM 技术空间模拟

（3）上海大宁住宅项目案例

本工程是上海市重点项目，地理位置敏感，文明施工要求高；属于高档精装修住宅，机电安装一次成优，金茂十项新技术试点项目，且业主方具有严格的考核管理制度，同时对企业市场拓展具有重要的战略意义。

依据投标模型继续细化。建立了项目整体模型，如图 3-100 所示。

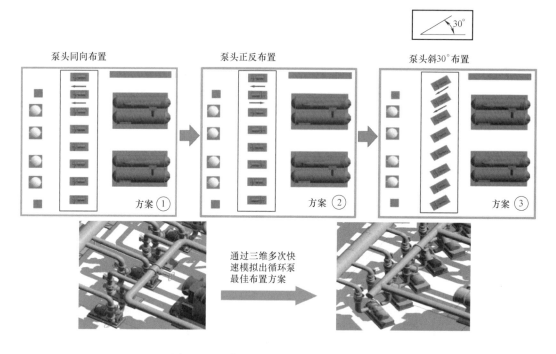

图 3-82　泵斜置平面图与泵进出口连接图

图 3-83　各专业交叉点三维效果

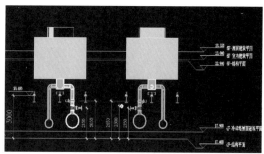

图 3-84　各专业出图

图 3-85　模型效果

图 3-86　现场实景

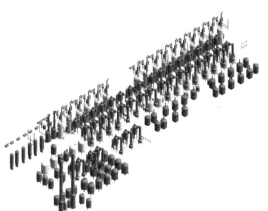

图 3-87　自建族库

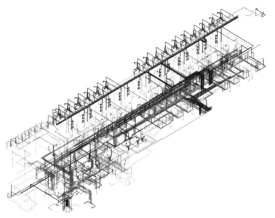

图 3-88　工艺管道模型

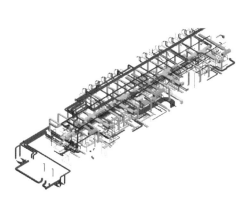

图 3-89　非工艺管道模型

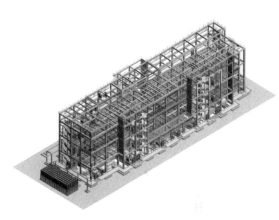

图 3-90　建筑结构模型

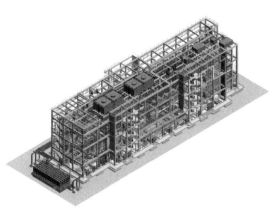

图 3-91　综合模型

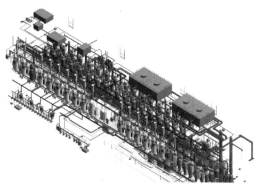

图 3-92　模型效果

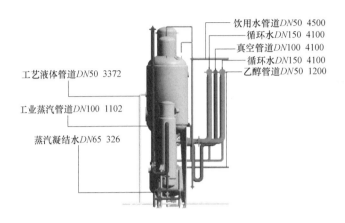

工艺液体管道DN50 3372

工业蒸汽管道DN100 1102

蒸汽凝结水DN65 326

饮用水管道DN50 4500
循环水DN150 4100
真空管道DN100 4100
循环水DN150 4100
乙醇管道DN50 1200

图 3-93　单效浓缩器

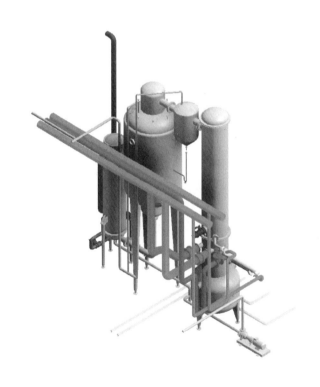

图 3-94　单效浓缩器三维

　　地下室管线密集，标高要求严格，建模时进行合理的空间排布，避免专业间大面积的碰撞，减少后续深化工作量。如图 3-101 所示。

　　此处区域受梁，防火卷帘，车位限高等多方面因素影响，空间难度大，深化时考虑了水平位置、净高要求，最终使得车道标高提升 230mm，且解决了 3 个车位无法满足标高问题。如图 3-102 所示。

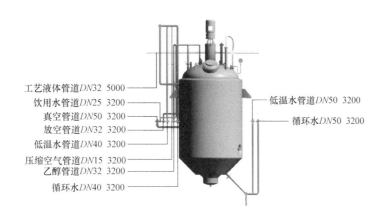

图 3-95　4110 醇沉罐模型

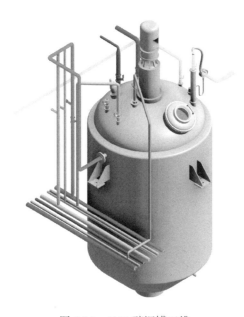

图 3-96　4110 醇沉罐三维

图 3-97　酒精蒸馏塔模型

　　利用 BIM 技术进行地下室管线综合排布，采用电机外置离心风机排布完成后，车位标高仅为 2.1m，远远无法满足业主要求，经项目部讨论，建议业主改为轴流风机使标高提升至 2.6m，最后业主与设计院沟通，确认更换设备选型。解决了地下室 12 个车位净空不达标问题，为业主获得经济效益，得到业主好评。如图 3-103 所示。

　　本项目通过运用弱电过路箱，减少传统翻弯节约桥架、线缆约 5.3%；同时大大提升了管线净空间，效果美观。如图 3-104～图 3-107 所示。

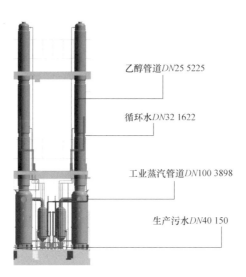

乙醇管道DN25 5225

循环水DN32 1622

工业蒸汽管道DN100 3898

生产污水DN40 150

图 3-98 酒精蒸馏塔

(a)

(b)

图 3-99 模型与现场对比

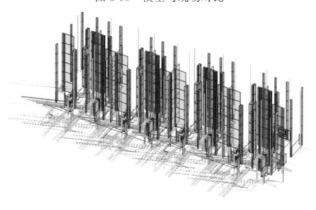

图 3-100 6 号楼模型

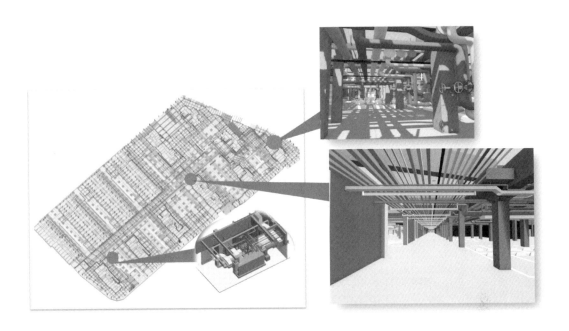

图 3-101 地下室模型

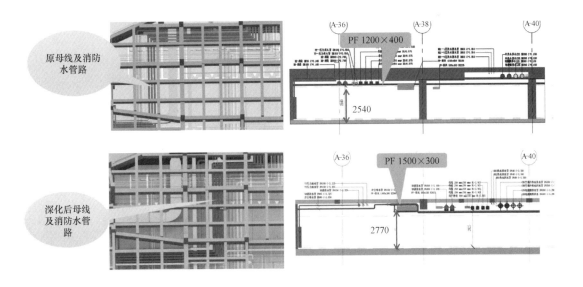

图 3-102 深化设计

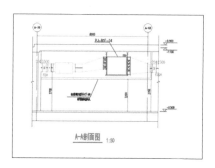

变更前风机大样图

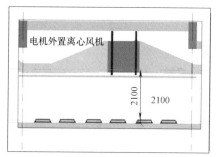

原设计

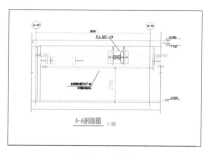

变更后风机大样图

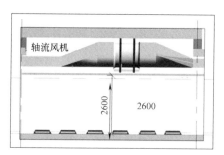

变更后

图 3-103　变更设计

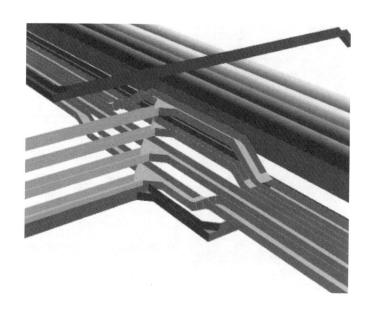

图 3-104　传统施工方法

图 3-105 现场安装实物图

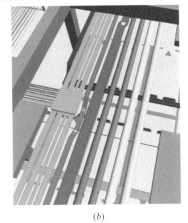

(a)   (b)

图 3-106 工法对比

(a) 传统施工方法；(b) 采用新方法

图 3-107 现场照片